工 业 建 筑 节 能

王 怡 著

中国建筑工业出版社

图书在版编目(CIP)数据

工业建筑节能/王怡著. —北京：中国建筑工业出版社，2018.7

ISBN 978-7-112-22285-8

Ⅰ.①工…　Ⅱ.①王…　Ⅲ.①工业建筑-建筑设计-节能设计-研究　Ⅳ.①TU27

中国版本图书馆CIP数据核字(2018)第114074号

本书内容共分5章，分别是：导论、工业建筑环境、工业建筑通风节能技术、工业建筑供暖与空调系统节能技术和工业建筑体形与围护结构的设计策略。本书从工业建筑室内环境需求及能耗出发，阐明了工业建筑节能设计分类方法。深入浅出地讲述了工业建筑环境控制能耗的相关理论和技术。重点介绍了高效通风技术、供暖空调技术及围护结构热工参数，同时配合《工业建筑节能设计统一标准》GB 51245—2017中的具体条文进行阐述。

本书可供高校及研究院中从事建筑通风、环境与节能方向研究的科研人员，以及相关工业建筑设计院的设计人员参考使用。

责任编辑：石枫华　王　磊　李　杰

责任校对：焦　乐

工业建筑节能

王　怡　著

*

中国建筑工业出版社出版、发行（北京海淀三里河路9号）

各地新华书店、建筑书店经销

北京红光制版公司制版

北京富生印刷厂印刷

*

开本：787×1092毫米　1/16　印张：14　字数：346千字

2018年9月第一版　2018年9月第一次印刷

定价：**58.00**元

ISBN 978-7-112-22285-8

(32141)

序

节约工业建筑能耗，是建筑业绿色发展的重要方面。业界在过去的30年间，对建筑节能关注的问题普遍集中于民用建筑，基础研究和技术推广得到长足发展，节能标准体系亦比较健全。然而工业建筑明显滞后，相对而言工业建筑节能鲜有创新性成果。究其原因，在于发达国家工业生产发展速度回落，工业建筑不再是其关注的问题，我国建筑节能的科学研究和技术应用，也在总体上导向民用建筑。故而工业建筑经常借用或参考民用建筑节能的研究成果，但二者无论从基本原理还是技术路线，都存在非常大的差异，将民用建筑节能的方法应用于工业建筑，常常并不节能。

中国工业建筑数量巨大，降低工业建筑能耗的国家需求，带动了一批研究和技术人员在工业建筑领域持续性的探索。王怡教授长期坚持从事工业建筑环境与节能的研究工作，是我国该领域的领军人物之一，围绕解决工业建筑中高污染高能耗问题，在国家及省部级多项课题的连续支持下，带领团队经十五年坚持努力，在工业建筑节能设计原理和环境控制能效提升方法等方面取得了可喜成果。系列研究成果成为我国首部工业建筑节能设计标准编制的重要依据，并应用于二十余项大型工程项目，其中多数为社会公益性质项目，对于改善工业建筑环境质量、控制工人职业病源头并降低建筑能耗起到重要作用，很多案例成为企业节能环保工程的典范。

鉴于上述成就，王怡教授2014年成为国家杰出青年科学基金获得者，2015年度入选科技部中青年科技创新领军人才，2016年度成为第十四届中国青年科技奖获得者，2017年入选教育部长江学者特聘教授。更加可喜的是，改善工业建筑环境质量并降低运行能耗的迫切需求，为科学研究提供了广阔的空间，催生了科研成果的积累，也锻炼出了一只充满活力的科研队伍。王怡教授带领的团队是陕西省重点科技创新团队，他们注重理论联系实际，同时，注重瞄准学科前沿、加强国际合作。团队的通力合作，不仅取得了现有的成果，也昭示着这支队伍不断进取、逐步提升的未来。

《工业建筑节能》一书，是王怡教授带领团队十余年科研成果的积累，是该领域国际最新发展趋势的综合体现，也是工业建筑节能技术推广和标准实施重要的参考书，其必将成为中国建筑节能发展史上的里程碑。值此出版之际，谨表祝贺，是为序。

刘加平

2018年6月于西安

前　　言

绿色发展是我国实施制造业强国战略的基本方针，绿色工业建筑是绿色制造的基本保障。我国既有工业建筑总面积超过100亿平方米，自2011年起年竣工面积超过5亿平方米，单体建筑规模也不断增长，节约工业建筑能耗并提高其环境质量是国家重大需求。

相对于民用建筑，工业建筑环境所需解决的问题侧重点不同，所以科学问题不一样，导致节能技术对策亦不同。工业建筑室内环境需满足工人健康和生产工艺的要求，为达成所需的环境要求，节能是必须考虑的约束条件，其环境控制能耗的多寡，受到工艺过程的重要影响，工业建筑室内的热源及污染源，是影响环境与能耗的重要因素。对于高热量散发的工业建筑，建筑节能不在于一味加强保温或隔热，而在于针对气候条件、热源强度，采取适宜的通风方式及恰当的建筑围护结构形式。对于高污染散发的工业建筑，通风系统污染物控制能效的提升则成为建筑节能的关键。

近年无论从政府还是业界，对保护环境和工人健康的意识在不断增强，但技术水平和能力仍有待提升，这就导致投入的能耗急剧增大，而问题却经常未能非常有效地解决。民用建筑的快速发展，使其环境与节能问题成为研究的热点，工业建筑相对滞后。自上世纪末，中国建筑节能设计标准逐步走向健全，至今从不同气候区，到不同建筑类型，乃至既有与新建建筑形式，基本都有对应的国家与行业标准的指导，但这些标准基本针对民用建筑特点，这种状况延至首部针对工业建筑的《工业建筑节能设计统一标准》于今年初的实施。鉴于此，无论是进一步完善细化工业建筑的基础研究，还是宣传贯彻工业建筑节能设计标准，都需要系统梳理工业建筑节能的关键科学问题以及近年来的技术进展，上述需求成为编著本书的出发点。

全书从降低工业建筑能耗并提高环境质量的基本理论和节能原理开始，逐步落实到设计理念及技术方法。内容以作者及其团队近十年主持完成的科研项目成果为基础，并阐述了作为主要编制人完成的《工业建筑节能设计统一标准》的编制原则和关键技术。全书共分6章，由王怡主稿参加撰写的人员包括西安建筑科技大学工业建筑环境与节能创新团队的青年教师和博士研究生，他们是曹智翔、孟晓静、周宇与黄艳秋。此外，团队的多名硕士研究生为本书做了大量的文字处理、图表绘制工作，使得本书能够如期完成。

工业建筑以其通风技术为代表，在建筑环境学科领域有着悠久的历史。当今，随着人们保护环境和健康意识的逐渐增强，室内空气品质及大气环境质量，已经成为全民关注的焦点、热点问题。希望本书的出版，有助于加强社会对工人作业环境的关注度，进一步提高学界对工业建筑问题的重视，提升工程设计的技术水平，为改善工人作业环境、降低工业建筑能耗，尽微薄之力。

书稿完成之际，特别感谢我的两位导师。本科毕业投到马仁民教授门下进行硕士阶段学习，开始了懵懂的科研路程，期间完成了置换通风的课题，从此与建筑通风结缘。后有幸成为刘加平教授的博士研究生及团队骨干，在团队中的研究工作奠定了我对建筑节能的系统全面认知，真正开启了我对科研的兴趣与追求。两位先生高屋建瓴、睿智通达的品格，对我产生了深远的影响，成为激励我不断争取进步最重要的源动力，并引导我逐步形成了针对工业建筑的明确研究方向。

由于著者水平有限，书中难免存在问题和不足，希望读者多提宝贵意见和建议。

目　录

第 1 章　导　　论

1.1　工业建筑概述及其能耗构成

1.1.1　工业建筑概述

工业建筑是由生产厂房和生产辅助用房组成的。其中，生产厂房顾名思义，是指用于生产过程以及为生产准备主要原料的房屋，例如：在黑色金属冶炼工厂里，主要生产厂房为炼铁厂房、炼钢厂房等。生产辅助用房是为生产厂房服务的，生产辅助用房包括仓库及公用辅助用房等。

工业建筑在国家建设和国民经济发展中占有重要的地位。我国目前正处在一个工业建筑快速发展的阶段，我国工业建筑的规模、数量及建设速度位于世界前列。我国每年工业建筑竣工面积如图 1-1 所示，2009～2010 年，工业建筑每年竣工面积的年增幅超过 14%。从 2011 年起，工业建筑年竣工面积超过 5 亿 m^2。2015 年，工业建筑年竣工面积有所降低，但仍保持在一个较高的水平。同时，目前我国既有工业建筑数量也十分庞大。

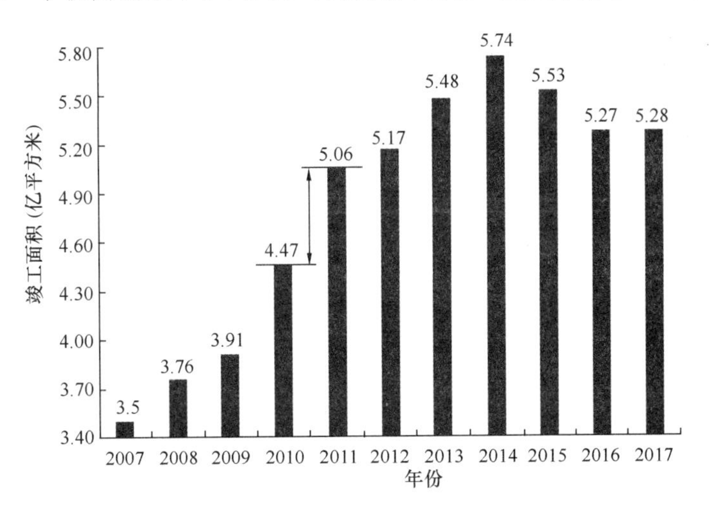

图 1-1　我国工业建筑每年竣工面积

我国产业结构门类齐全、独立完整，根据《国民经济行业分类国家标准》GB/T 4754—2017，我国行业类型分为采矿业、制造业、建筑业等 20 个门类，以制造业为例，分为计算机、通信和其他电子设备制造业、食品制造业、仪器仪表制造业、医药制造业、纺织业、黑色金属冶炼和压延加工业、石油加工、炼焦和核燃料加工业、化学原料和化学制品制造业等 31 个大类。国务院印发的《中国制造 2025》是我国实施制造强国战略的第一个十年行动纲领，制造业是国民经济的主体，是科技创新的主战场，工业建筑是制造业发展的基本保障，绿色工业建筑是绿色制造的重要组成，工业建筑节能潜力巨大，工业建筑节能整体水平亟待提升。

不同行业的工业建筑形式千差万别，生产过程各个工序之间的衔接对建筑的要求往往左右建筑布局。从工业建筑的基本形式上，可分为单层厂房和多层厂房。其中，单层厂房适用于室内设备或机具高大，在生产过程中往往散发大量余热或污染物的厂房，具有防爆、防震、防辐射等特殊要求的厂房也多为单层厂房。多层厂房适合于生产需要垂直运输、生产要求在不同层高作业的情况，例如面粉厂和化工厂。总体来说，多层厂房具有节约用地的优势，对于生产环境要求较高的电子、精密仪表类企业，以及仓储型厂房，生产上无特殊要求，但设备及产品都比较轻，运输量也比较小的情况，都可采用多层厂房。

1.1.2 工业建筑能耗构成

工业建筑既要为生产服务，满足生产工艺的要求；又要为广大工人服务，满足职业卫生环境的要求。工业建筑室内环境不仅关乎室内作业工人的安全健康，会对生产作业产生重要影响，同时工业建筑中的污染物排放对大气环境亦产生重要的影响，面对不同的环境控制需求，可能产生大量的能耗。

工业建筑能耗不包括生产工艺能耗，它是指工业建筑在使用过程中所消耗的各类能源的总量，包括为保证工业建筑中生产、人员所需的室内环境要求，及其为满足向室外大气的排放标准所产生的各种能源耗量，还包括建筑供水系统及其水处理所产生的各种能源耗量等。生产设备的能耗不计入工业建筑能耗，与工艺设备一体化配套出厂的环保设备能耗不计入工业建筑能耗。

工业建筑能耗的范围主要包含有空调、供暖、给水排水、通风除尘、照明及其他。当涉及其他建筑能耗时，如电梯、电热水器和电风扇等，可根据运行情况，对该部分能耗进行计算。

值得注意的是，余热、可再生能源用于生活、改善室内环境时，是对矿物能源进行补充，作为工业建筑能耗的消减项，应在工业建筑能耗中扣除。余热是按对工艺余热用于生活、改善室内环境的全年热水量进行计算。可再生能源是按可再生能源发电用于生活、改善室内环境的全年电量进行计算。当回收的热能用于生产时，为回收该部分能量所消耗和回收的能量均不计入工业建筑能耗。

工业建筑全年能耗可按式（1-1）计算：

$$Q = Q_1 + Q_2 + Q_3 + Q_4 + Q_5 + Q_6 - Q_7 \tag{1-1}$$

式中 Q——工业建筑年能耗（kWh）；

Q_1——工业建筑空调系统年能耗（kWh）；

Q_2——工业建筑供暖系统年能耗（kWh）；

Q_3——工业建筑给水排水系统年能耗（kWh）；

Q_4——工业建筑通风除尘系统年能耗（kWh）；

Q_5——工业建筑照明系统年能耗（kWh）；

Q_6——其他工业建筑能耗（电梯、电热水器、电风扇等）（kWh）；

Q_7——余热、可再生能源利用量（kWh）。

工业建筑能耗和民用建筑能耗有较大区别。民用建筑的能耗主要包括供暖、空调、通风、热水供应、照明、电气、炊事、电梯等方面的能耗。从能耗的构成来看，工业建筑和民用建筑能耗都包括供暖、空调、通风、照明等方面的能耗。但工业建筑能耗不考虑炊事方面的能耗，民用建筑能耗不考虑除尘净化系统、污水处理等方面的能耗。从不同能耗所占的比例来看，工业建筑能耗主要集中在供暖、空调、通风等系统的能耗，而民用建筑能耗主要集中在供暖、空调、照明等系统的能耗。

1.2 工业建筑节能途径

在工业建筑使用过程中，环境质量是控制目标，节能是约束条件。因此，节能的基本途径包括以下三个方面：最大限度地降低用能设备负荷、缩短用能设备的运行时间、提高设备能效。

工业建筑节能是指在工业建筑规划、设计和使用过程中，在满足规定的建筑功能要求和室内外环境质量的前提下，通过采取技术措施和管理手段，实现零能耗或降低运行能耗、提高能源利用效率的过程。

为了实现工业建筑节能，从总体设计上应考虑以下几点：

（1）工业建筑厂区选址应综合考虑区域的生态环境因素，充分利用有利条件，即综合考虑用地性质、交通组织、市政设施、周边建筑等基本因素，充分考虑气候条件等生态环境因素对工业建筑室内外环境及能耗的影响。

（2）在厂区总图设计中应避免大量热、蒸汽或有害物质向相邻建筑散发而造成能耗增加，应采取控制建筑间距、选择最佳朝向和绿化等方式，避免相互影响，利用风压通风消除影响。如果在总图阶段未妥善处理建筑群间的相互关系，将会造成对相邻建筑间的不利影响。总体设计应尽量缩短能源供应输送距离，冷热源机房宜位于或靠近冷热负荷中心位置，以减少输送能耗及冷热损失。

（3）厂区绿化可以有效减少太阳辐射对夏季热环境的不利影响，通过蒸发作用降低空气温度，降低空调运行能耗，还可以对有害物起到吸附、阻滞和过滤作用，减少噪声源对厂区及其周围环境的干扰。

（4）现今随着集约化生产的需要，联合厂房是工业建筑设计的大趋势，在满足现行消防规范的前提下，生产流程间越紧凑越好。对此，在满足工业需求的基础上，建筑内部功能布局应区分不同生产区域，合理划分生产与非生产、不同热源强度、污染源强度、人员操作区和非人员操作区，对于大量散热的热源，宜放在生产厂房的外部并有生产辅助用房保持距离，对于生产厂房内的热源，宜采取隔热措施。

根据工业建筑能耗的构成，工业建筑节能设计的途径如下：

1. 建筑围护结构节能

降低用能设备设计负荷、缩短用能设备运行时间，是提高建筑节能率的基础和关键。建筑围护结构不是建筑的耗能系统，但其对建筑用能设备的设计负荷和运行时间起到至关重要的作用。围护结构的节能手段包括：提高围护结构的保温隔热性能；提高门窗的密闭性能；合理采用自然通风、天然采光、遮阳等被动式技术。在室外气候、室内热源、经济技术条件允许的情况下，通过被动式技术，可以实现零能耗建筑设计。

2. 供暖系统节能

在我国严寒和寒冷气候区，供暖能耗在建筑能耗中的占比很大，上述气候区经常具有三个月以上的供暖期。供暖系统节能手段包括：提高锅炉热效率；热源装机容量应与供暖计算热负荷相符；调节好水力平衡，选用变频水泵；管道保温；提高供暖系统运行维护管理水平；完善室温控制调节和热量按户计费等。

3. 空调系统节能

随着工艺对环境要求的不断提高，工业建筑中空调系统的应用日趋广泛，由于工业建筑空间往往比较高大、室内热源强度高，工业建筑单位面积空调系统负荷和能耗可比民用建筑高出许多。空调系统的节能手段包括：合理的气流组织方式、提高制冷机的制冷效率；通过变风量系统减低风机运行能耗，机组风量风压合理匹配，选择最佳经济点运行；设置热回收装置；考虑过渡季时全新风或加大新风比的需求等。

4. 通风除尘系统节能

工业建筑环境控制与民用建筑最大的区别在于，室内污染源种类繁多、排放点集中、排放强度高，通风除尘能耗在高散发类工业建筑中是重要的能源消耗，在工业建筑中，通过高效通风技术提高对污染物的控制效率，是工业建筑改善室内环境质量和节能的关键技术，也是工业建筑节能不同于民用建筑节能的最显著的差异。通风除尘系统的节能手段包括：合理采用自然通风、局部通风、吹吸式通风、复合通风、地道通风等高效通风技术；降低通风系统风管阻力；选用高效低阻的除尘净化设备等。

5. 给水排水系统节能

给水排水系统的节能手段包括：设置用水计量水表和耗热量表；给水排水系统器材和器具选用低阻力、低水耗的产品；选择合理的给水系统、高效的供水泵等。

6. 照明系统节能

充分利用天然采光；选用高效节能的光源、灯具与照明电器；采用智能照明控制系统等。

7. 余热、可再生能源

利用生产余热作为供暖空调系统的热源；充分利用太阳能与建筑一体化设计方法，合理采用太阳能光热与光电装备；在条件允许的情况下，采用热泵技术提高供暖系统能效等。

约 100 年前，建筑物的供暖降温以及照明还是属于建筑师领域的工作，也就是靠建筑物自身的建筑学设计来完成。供暖是通过紧凑的设计和壁炉来实现，降温是通过自然的通风及遮阳来实现，照明是通过开窗实现，现在我们常常把这些方法称为被动式技术。到了 20 世纪中期，工程师设计的机械设备成了环境控制的主要手段，即主动式技术。然而，随着现代环境控制技术和设备的不断发展，建筑设计日渐忽视了对建筑环境的调节，造成建筑能耗增加的原因是多方面的，但建筑设计方案未能充分利用被动式调控，不可避免地成为室内热环境恶劣、对设备依赖性增强的重要原因。从 20 世纪 70 年代起，发生世界性石油危机以来的几十年间，建筑的用能观念产生了很大变化，人们普遍认识到建筑供暖降温及照明的最佳途径是建筑物自身设计与机械设备两者并重。总的来说，建筑节能的发展主要表现在两个方面：被动式节能设计重新得到重视；注重用能效率提升和可再生能源利用并举。

近年来民用建筑节能的基础理论与关键技术水平均得到很大提升，相关内容可供工业建筑借鉴，但工业建筑中照搬套用带来的问题依然非常突出。从经济性角度，工业建筑中的生产活动是以企业盈利为目的，其环境控制成本与企业的利润息息相关。因此，本书倡导的节能技术，都是以比较低的经济投入达到环境控制的目标，不倡导高投入的节能技术。

1.3 工业建筑节能设计标准

在我国，建筑分为民用建筑和工业建筑，民用建筑包括居住建筑和公共建筑。我国的建筑节能研究始于20世纪末，建筑节能研究主要围绕民用建筑展开。1986年建设部颁布的《民用建筑节能设计标准（采暖居住建筑部分）》JGJ 26—1986是我国第一部建筑节能设计标准，其节能目标是在20世纪80年代通用居住建筑能耗的基础上将供暖能耗降低30%。1995年修订后的该标准JGJ 26—1995，将节能目标提高至降低50%的供暖能耗。2010年再次修订后该标准更名为《严寒和寒冷地区居住建筑节能设计标准》，其基准能耗沿用1980年代通用居住建筑，将采暖能耗降低65%作为其节能目标。针对公共建筑，《公共建筑节能设计标准》GB 50189—2005，其节能目标是在1980年代公共建筑能耗的基础上将能耗降低50%。2015年修订后的该标准GB 50189—2015与2005版相比，总能耗减少约20%～23%。

从民用建筑节能设计标准的发展来看，节能目标不断提高，但针对工业建筑还一直缺少节能设计标准。主要原因是由于工业建筑涉及不同行业，行业标准虽然也涉及环境控制节能技术措施方面的条文，但是这些节能和技术措施往往存在“头疼治头，脚疼治脚”的现象，很多行业里面提出了局部要求，但是没有具体的措施。例如，工业建筑中的通风除尘系统，仅采用高效低阻的除尘设备，而排风罩捕集效率不高，所需通风量较大，整个通风除尘系统的能耗仍会较高，导致从整个系统节能效果来说是不理想的。实际工业建筑环境控制能耗是整体能耗，如果只考虑局部控制或从解决局部问题的角度出发，缺乏系统整体对环境控制的考虑，容易引起顾此失彼的情况。

鉴于工业建筑节能的迫切需求，为提高工业建筑环境控制能效，改善工业建筑环境质量，2013年10月住建部正式批准编制国家标准《工业建筑节能设计统一标准》。经编制组多年努力，《工业建筑节能设计统一标准》编制完成，2017年5月住建部正式发布该标准实施公告，自2018年1月1日起实施。

《工业建筑节能设计统一标准》编制的原则包括以下三个方面：

第一，宏观、通用原则。从各类工业建筑的共性问题出发，编制宏观的、导则性的工业建筑节能设计统一标准，涉及工业建筑节能设计分类、节能设计参数、建筑及其围护结构热工设计、暖通、空调、采光、照明、电力等专业节能设计的指导性条款，形成通用性标准。

第二，聚焦建筑物节能原则。工业建筑节能标准的目标是在保证建筑物基本使用功能的前提下，利用现有的各专业技术追求最大的节能效果。工业建筑节能是以工业建筑物为目标，集成与建筑物相关的建筑、暖通、空调、照明、电气等专业节能技术和节能要求。因此，要和工业节能区分开来。

第三，借鉴基础上创新原则。工业建筑和公共建筑、居住建筑一样，属于建筑物的类型之一，在建筑节能方面有共同部分，工业建筑节能和公共建筑节能更相近。因此，借鉴国内外现有公共建筑技术标准的内容，立足创新，围绕工业建筑源项（热源、污染源）、围护结构、设备系统特点增加新的内容，进而形成工业建筑特有的节能设计标准。

《工业建筑节能设计统一标准》GB 51245—2017 的制定对我国工业建筑节能事业的发展有着非常重要的意义，本书内容将对其中主要条文的含义和要求进行说明和解释，为标准实施起到积极的作用。

1.4 工业建筑节能设计分类

工业建筑节能设计分类是为了在工业建筑节能设计过程中根据不同类型的工业建筑而采取不同的节能措施，而不是对工业建筑形式和行业进行的分类。

不同行业的工业建筑室内环境特征、工艺要求千差万别，其环境控制及能耗方式存在较大的差异。工业建筑节能设计不可一概而论，但也无法按行业分类制定节能设计方法和标准，其原因在于行业种类繁多，并且在同一行业中，工业建筑环境和能耗特点也不尽相同，甚至会有很大差异。

工业建筑虽然行业种类繁多，但是工业建筑能耗主要是指环境控制能耗，环境控制能耗与环境特征息息相关，而环境特征在不同行业中既有差异又有共性。由此，可从环境控制和节能设计角度，提出工业建筑分类，为工业建筑环境控制和节能设计工作奠定基础。具体根据主要环境控制及能耗方式、室内源项特征将工业建筑分为两类，其类别有可能是指一栋单体建筑或一栋单体建筑的某个部位。一类工业建筑及二类工业建筑具体分类情况如表 1-1 所示。

工业建筑节能设计分类　　表 1-1

类别	环境控制及能耗方式	室内源项特征	建筑节能设计原则
一类建筑	供暖、空调	通常无强污染源及强热源	通过围护结构保温和供暖系统节能设计降低冬季供暖能耗；通过围护结构隔热和空调系统节能设计降低夏季空调能耗
二类建筑	通风	通常有强污染源或强热源	通过自然通风设计和机械通风系统节能设计，降低通风能耗

对于一类工业建筑，冬季以供暖能耗为主，夏季以空调能耗为主，通常无强污染源及强热源，其环境控制方式和节能设计方法与民用建筑相近，如图 1-2 所示。一类工业建筑节能设计原则是通过围护结构保温隔热遮阳设计和供暖空调系统节能设计，降低冬季供暖、夏季空调能耗。一类工业建筑的典型代表性行业有计算机、通信和其他电子设备制造业；食品制造业；烟草制品业；仪器仪表制造业；医药制造业；纺织业等。

对于二类工业建筑，以通风能耗为主，通常有强污染源或强热源，其室内环境控制方式和节能设计方法与民用建筑存在显著差异。二类工业建筑节能设计原则是通过围护结构保温隔热遮阳设计、自然通风设计和机械通风系统节能设计，降低通风能耗，避免供暖空调能耗，如图 1-3 所示。二类工业建筑的典型代表性行业有金属冶炼和压延加工业；石油加工、炼焦和核燃料加工业；化学原料和化学制品制造业；机械制造等。代表性行业里面

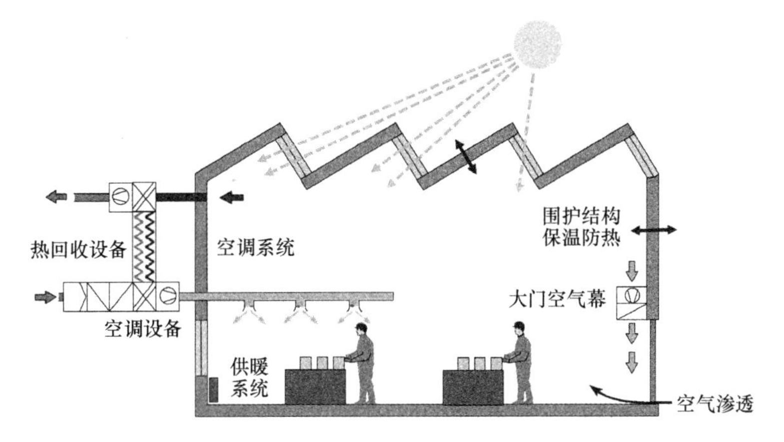

图 1-2 一类工业建筑示意图

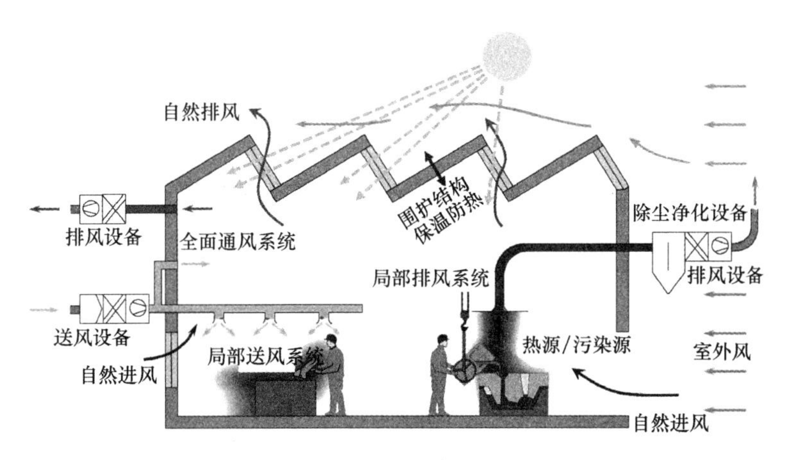

图 1-3 二类工业建筑示意图

表示该行业大部分情况属于这类建筑，并不排除该行业个别情况属于另外一类建筑类型。比如，金属冶炼行业大多数情况是属于有强热源或强污染源的情况，但并不排除该行业个别建筑或部位是以供暖或空调为主要环境控制方式。

强污染源是指生产过程中散发较多的有害气体、固体或液体颗粒物的源项，必须采用专门的通风系统对其进行捕集或稀释控制才能达到环境卫生的要求。强热源是指在工业加工过程中，具有生产工艺散发的个体散热源，一般生产工艺散发的余热强度在 20～50W/m^3，如热轧厂房。此外，在以烧结、锻铸、熔炼等为主的热加工车间，则往往具有固定的炉窑、冷却体等高温散热体，从而形成高余热散发，此时余热强度可超过 50W/m^3。余热强度是指室内人员、照明以及生产工艺过程中产生并放散到室内空间环境中的热量，以建筑单位体积热量计算（W/m^3）。生产工艺过程中有些设备产生的余热通过局部排风设施直接排至室外，或通过能量回收装置加以利用，并未进入室内环境的热量，不计入影响建筑热环境的热量，如图 1-4 所示。

对二类工业建筑进行节能设计时，必须确定室内热源及设备的散热量，在进行围护结构节能设计、通风设计时，需要建筑、工艺、通风等不同专业的设计人员密切配合。

从表 1-1 中可以看出，分类的目的是为了工业建筑节能设计。在工业建筑节能设计过

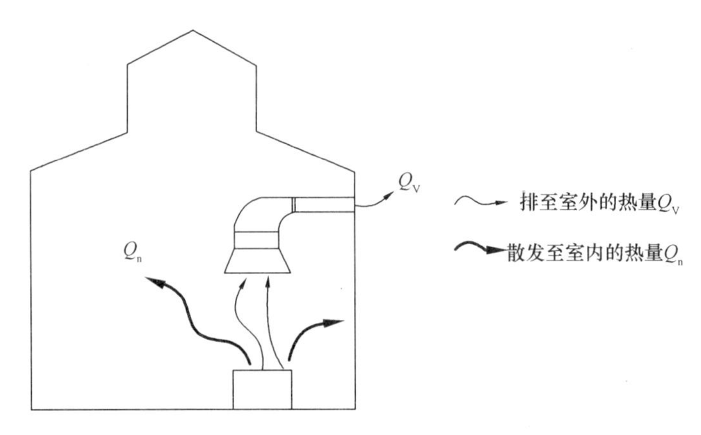

图 1-4　工业建筑中热源散热量示意图

程中不同类型的工业建筑所考虑的因素有不同的侧重。一类工业建筑节能设计原则是通过围护结构保温隔热设计和供暖空调系统设计，降低供暖空调能耗。合理采用围护结构保温隔热与遮阳措施，能够缩短供暖空调设备的运行时间、降低供暖空调能耗。在《工业建筑节能设计统一标准》GB 51245—2017 中给出了一类工业建筑围护结构传热系数和太阳得热系数限值，并作为强制性条文。二类工业建筑节能设计原则是通过通风系统设计，降低通风能耗。合理采用围护结构保温隔热与遮阳措施，可最大限度地避免产生供暖空调能耗。《工业建筑节能设计统一标准》GB 51245—2017 中给出了二类工业建筑围护结构传热系数推荐值。另外，二类工业建筑生产过程中产生大量余热，例如钢铁高炉冲渣水、焦炉烟气、工业窑炉烟气等余热可转化为供冷供热的热源，从而提高能源利用率，节约一次能源。另作说明的是，符合二类工业建筑划分原则的工业建筑中，存在个别工位有局部空调器和远红外辐射散热器的情况，仍建议执行二类工业建筑围护结构传热系数推荐值，其原因在于此类设备并非营造建筑整体环境，能耗不大，更为重要的是对围护结构的室内外温差影响不大，所以与一类工业建筑围护结构相关情况有所不同。

基于两类工业建筑节能设计的原则和节能设计重点考虑的因素，本书从环境控制的基本理论出发，区分两类工业建筑节能设计的不同，分别介绍通风系统节能技术、供暖空调系统节能技术和围护结构设计策略。

1.5　工业建筑节能设计环境参数

1.5.1　气候分区

我国幅员辽阔，地形复杂。由于地理纬度、地势和地理条件的不同，各地气候差异悬殊。在建筑节能设计中，必须考虑其所在地的气候区域，使所设计的建筑很好地适应当地的气候。

我国建筑热工设计区划分为两级，一级区划和二级区划。在《民用建筑热工设计规范》GB 50176—1993 中，对全国建筑热工分区指标作了明确规定，将全国划分为严寒、寒冷、夏热冬冷、夏热冬暖和温和五个气候区。近年来，随着建筑节能工作的开展，五个热工分区的概念被广泛使用、深入人心。因此，在《民用建筑热工设计规范》GB

50176—2016 中沿用了严寒、寒冷、夏热冬冷、夏热冬暖、温和地区的区划方法，并将其作为热工设计分区的一级区划。

但是，我国地域辽阔，每个热工一级区划的面积非常大。比如同为严寒地区的黑龙江漠河和内蒙古额济纳旗，最冷月平均温度相差 18.3℃、供暖度日数 HDD18 相差 4110。对于寒冷程度差别如此大的两个地区，采用相同的设计要求显然是不合适的。因此，在《民用建筑热工设计规范》GB 50176—2016 中提出了“细化分区”的调整目标。热工设计二级分区采用供暖度日数 HDD18 和空调度日数 CDD26 作为区划指标。与一级区划指标（最冷、最热月平均温度）相比，该指标既表征了气候的寒冷和炎热的程度，也反映了寒冷和炎热持续时间的长短。采用该指标在一级区划的基础上进行细分，保证了与“大区不动”的指导思想一致；同时，该指标也与《严寒和寒冷地区居住建筑节能设计标准》JGJ 26—2010 中的细化分区指标相同。

气候区是影响工业建筑节能设计的一个重要因素。工业建筑节能设计的气候分区及代表性城市依照《民用建筑热工设计规范》GB 50176—2016，如表 1-2 所示。根据两大类工业建筑节能设计的实际要点，一类工业建筑围护结构节能设计指标考虑了严寒地区、寒冷地区、夏热冬冷地区及夏热冬暖地区，二类工业建筑围护结构节能设计指标考虑了严寒地区和寒冷地区。同时，将严寒地区细化为 3 个子气候区、寒冷地区细化为 2 个子气候区，夏热冬冷和夏热冬暖地区不再区分二级区划。对于代表性城市之外的二级区分具体参照《民用建筑热工设计规范》GB 50176—2016。

工业建筑节能设计的气候分区及代表性城市 **表 1-2**

气候分区及气候子区		代表性城市
严寒地区	严寒 A 区	博克图、伊春、呼玛、海拉尔、漠河、那曲、达日、阿尔山
	严寒 B 区	海伦、齐齐哈尔、富锦、哈尔滨、安达、大柴旦、玉树、长白、伊吾、阿勒泰
	严寒 C 区	克拉玛依、长春、乌鲁木齐、延吉、通辽、呼和浩特、沈阳、大同、西宁、康定
寒冷地区	寒冷 A 区	张家口、伊宁、银川、丹东、兰州、太原、唐山、喀什、大连、平凉、青岛、宝鸡、拉萨
	寒冷 B 区	哈密、吐鲁番、北京、天津、石家庄、西安、济南、安阳、郑州、徐州
夏热冬冷地区		南京、蚌埠、合肥、安庆、武汉、岳阳、汉中、安康、上海、杭州、宜昌、长沙、南昌、株洲、赣州、韶关、桂林、重庆、达县、南充、宜宾、成都、遵义、绵阳
夏热冬暖地区		福州、莆田、龙岩、梅州、兴宁、英德、河池、柳州、贺州、泉州、厦门、广州、深圳、汕头、湛江、海口、南宁、北海、梧州

1.5.2 室内计算参数

工业建筑围护结构节能设计的室内计算参数是为了用于制定围护结构节能设计规定性指标以及进行围护结构热工性能权衡判断，并不是建筑运行时的实际状况，也不是建筑室内热环境的控制目标。

居住建筑节能设计参数从人体热舒适的角度考虑，冬季供暖室内计算温度取 18℃，夏季空调室内计算温度取 26℃。工业建筑节能设计参数从工人职业卫生健康的角度考虑，其室内热环境要求相比居住建筑要低。因此，工业建筑节能设计参数冬季计算温度应比居住建筑要求稍低，夏季计算温度应比居住建筑要求稍高。由于工业建筑中广大的劳动者大多属于体力劳动者，在不同的劳动强度下的人体产热量不同，劳动者对环境的热感觉也存在较大的差异。因此，针对不同的劳动强度，需要给出不同的节能设计计算参数。工业建筑中体力劳动强度分级根据现行国家职业卫生标准《工作场所有害因素职业接触限值　第 2 部分：物理因素》GBZ 2.2—2007 分为四级，见表 1-3。其中，劳动强度指数按照现行国家标准《工作场所物理因素测量体力劳动强度分级》GBZ/T 189.10—2007 规定的方法测量。

工业建筑中体力劳动强度分级表　　表 1-3

体力劳动强度分级	劳动强度指数（n）	职业描述
Ⅰ（轻劳动）	$n \leqslant 15$	坐姿：手工作业或腿的轻度活动；立姿：操作仪器，控制、查看设备，上臂用力为主的装配工作
Ⅱ（中等劳动）	$15 < n \leqslant 20$	手和臂持续动作（如锯木头等）；臂和腿的工作（如卡车、拖拉机或建筑设备等运输操作等）；臂和躯干的工作（如锻造、风动工具操作、粉刷、间断搬运中等重物等）
Ⅲ（重劳动）	$20 < n \leqslant 25$	臂和躯干负荷工作（如搬重物、铲、锤锻、锯刨或凿硬木、挖掘等）
Ⅳ（极重劳动）	$n > 25$	大强度的挖掘、搬运，快到极限节律的极强活动

室内热环境质量的指标体系包括温度、湿度、风速等多项指标。在室内热环境的诸多指标中，对生产工艺及供暖空调能耗影响最大的是温度、湿度指标，下面给出工业建筑冬季和夏季室内节能设计的温度及湿度。

工业建筑冬季室内节能设计计算温度，既要保证工作人员的工作效率及健康，又要考虑工作强度不同时人体产热量的不同，见表 1-4。一类工业建筑中劳动者的劳动强度多属于轻劳动，在制定其围护结构节能设计规定性指标时采用的计算温度为 16℃；二类工业建筑中劳动者的劳动强度多属于中等劳动，在制定其围护结构节能设计规定性指标时采用的计算温度为 14℃。该温度取值只是一个计算能耗时所采用的室内温度，并不等于实际的室温。对于特定的工业建筑，实际的室温主要受室外温度的变化、室内热源强度情况及供暖系统的运行状况的影响。允许设计人员根据建筑中劳动者不同的劳动级别情况选择不同的室内温度计算值。

冬季室内节能设计计算温度　　表 1-4

体力劳动强度级别	温度（℃）
轻劳动	16
中等劳动	14
重劳动	12
极重劳动	10

工业建筑夏季室内节能设计计算温度和相对湿度，即空气调节的室内计算参数，是基于人体对周围环境的温度、相对湿度、风速和辐射热等热环境条件的适应程度，并结合考虑我国工业建筑环境的实际情况、室内衣着情况等因素确定的，见表1-5。本着保证工作人员的工作效率及舒适性，室内的热舒适性根据《中等热环境 *PMV* 和 *PPD* 指数的测定及热舒适条件的规定》GB/T 18049—2000，采用预计的平均热感觉指数（*PMV*）和预计不满意者的百分数（*PPD*）评价，其值宜为：$-1 \leqslant PMV \leqslant +1$；$PPD \leqslant 27\%$。由于二类工业建筑的环境控制及能耗方式是通风，不考虑夏季空调能耗，该参数只是用于一类工业建筑节能设计计算。

夏季空气调节室内节能设计计算参数 **表1-5**

参数	计算参数取值
温度	28℃
相对湿度	≤70%

第2章　工业建筑环境

了解工业建筑环境的基本特征，须得掌握其中空气流动、室内热平衡和污染物迁移的规律，这些要素是构成工业建筑环境不可缺少的因素，是室内环境产生和变化的动因，其共同作用，形成了工业建筑区别于民用建筑的环境特征。建筑环境控制能效的提升，就是通过改变室内的空气流动、热量平衡和污染物迁移过程，实现改善环境质量、提高能源利用效率的目的。

工业建筑环境需要解决的问题在于：室内经常有集中污染源，污染源普遍强度高、毒性强，高温余热往往伴随污染物的产生释放，室内环境可能出现高温高湿状态。为保障生产作业工艺及工人健康需要，室内环境控制设备需要有针对性地对污染源进行控制，室内温度场、速度场和浓度场的不均匀性，较民用建筑更加突出，相应的评价指标亦有所不同。可见，掌握工业环境的基本特征是提高环境控制能效的基础。

2.1　室内空气流动的基本方式

在有热源的建筑中，室内空气流动的基本方式有热羽流、射流和汇流。建筑中热源的存在，使热源周围空气产生温差，形成热羽流。在建筑室内存在不同形式的热源，热羽流是室内空气流动最基本的形式。射流和汇流通常用于控制室内气体流动。在通风和空调工程中，广泛采用射流，例如，岗位送风、空调房间送风等。射流包括等温射流和非等温射流，是形成室内不同气流组织的主要因素；回风口以及局部排风设备，其吸入空气的流动则属于汇流流动。了解热羽流、射流和汇流的流动规律，将为室内气流组织设计提供理论基础。

热羽流与射流的分析途径主要有三种：实验研究、动量积分法和求解羽流或射流微分方程。前人利用试验研究、动量积分法对于经典的热羽流和射流流动规律进行的大量研究，揭示了其流动的基本规律。其中，动量积分法，是根据羽流或射流特征，将羽流或射流偏微分方程转变为常微分方程来求解，其重要的一步是积分计算断面上的动量通量，故称动量积分法。但是，在建筑环境中热羽流与射流流动经常受到复杂因素的影响，其流动规律与经典条件下的情况可能出现较大差异，而求解微分方程的数值计算方法，是研究此类问题的重要手段，成为工程上求解热羽流和射流问题非常有效的方法。

本节对动量积分法进行阐述。动量积分法是经典的半解析理论分析方法，虽然只能对简单问题进行数学建模求解，但它可以得到羽流与射流基本的流动规律，阐明清晰的影响因素之间的关系，从而成为羽流与射流流动特性的基础理论。

2.1.1　羽流

点源羽流是最基本的羽流模型。线源羽流、面源羽流以及受限羽流等都是在点源羽流的基础上进行的叠加。因此，这里重点介绍点源羽流的动量积分方法的思想与推导。

1. 点源羽流

首先阐述点源羽流理论的思路。点源羽流的已知条件为点源热量。采用轴线速度与温度为基本自变量，通过各断面的速度与温度分布相似假设，即基于高斯分布假设，通过动量守恒和能量守恒，对各断面进行积分，最终导出羽流的速度、温度分布。对于工程中非常重要的羽流流量，可以通过对断面速度积分得到，流量的解析表达式，可指导我们对排风罩的设计与优化。下面是点源羽流的具体推导过程。

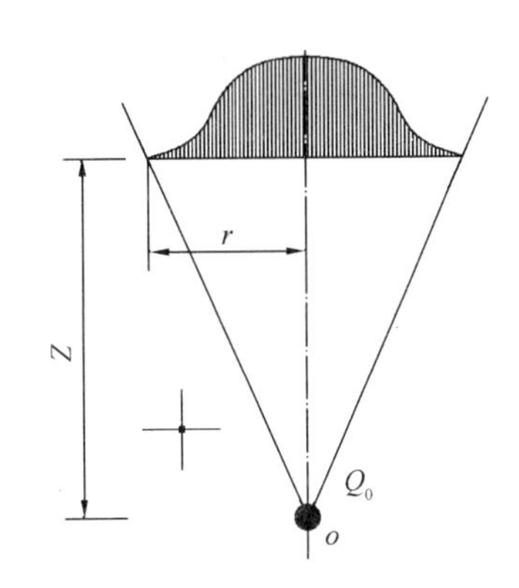

图 2-1　点源热羽流

在静止环境中从点源发生的热羽流，在上升过程中卷吸周围空气形成一个轴对称且逐渐扩大的流型，如图 2-1 所示。分析时采用圆柱坐标系，原点取在点源所在位置 o，轴向坐标为 Z，铅直向上为正，径向坐标为 r。

采用动量积分法基于相似性假设：由试验得知，热羽流断面上的速度和温度分布具有相似性，可采用高斯分布来描述这种相似性，见式（2-1）、式（2-2）：

$$u = u_Z e^{-m\left(\frac{r}{Z}\right)^2} \tag{2-1}$$

$$\Delta t = \Delta t_Z e^{-p\left(\frac{r}{Z}\right)^2} \tag{2-2}$$

式中　u——点源热羽流在高程 Z 断面上的气流速度（m/s）；

u_Z——点源热羽流在高程 Z 断面上气流的轴心速度（m/s）；

r——点源热羽流在高程 Z 断面上任意位置到轴心的距离（m）；

m——点源热羽流的速度扩散系数，由试验确定；

p——点源热羽流的温度扩散系数，由试验确定；

Z——点源热羽流在高程 Z 断面上的高度（m）；

Δt——点源热羽流在高程 Z 断面上气流温度与周围环境空气的温差（℃）；

Δt_Z——点源热羽流在高程 Z 断面轴线上气流温度与周围环境空气的温差（℃）。

通过动量守恒和能量守恒以及相似假定，可导出羽流的速度、温度分布和流量的解析表达式。在控制面 Z 及 $Z+\mathrm{d}Z$ 之间，单位时间内动量的变化等于该微段控制体内空气所受的浮升力，可知式（2-3）成立：

$$\mathrm{d}M = \mathrm{d}B \tag{2-3}$$

式中　$\mathrm{d}M$——动量的变化量（kg·m/s²）；

$\mathrm{d}B$——浮升力的变化量（N）。

该控制体内高程 Z 断面上所受浮升力如式（2-4）所示：

$$\mathrm{d}B = \int_F g\rho_0\beta\Delta t\mathrm{d}F\mathrm{d}Z = g\rho_0\beta\pi\Delta t_Z\int_0^\infty e^{-p\left(\frac{r}{Z}\right)^2}2r\mathrm{d}r\mathrm{d}Z = \frac{g\rho_0\beta\pi\Delta t_Z Z^2\mathrm{d}Z}{p} \tag{2-4}$$

式中　ρ_0——热源处空气的密度（kg/m³）；

g——重力加速度，一般取 9.8m/s²；

β——体积膨胀系数，$\beta = \dfrac{1}{T}$；

$\mathrm{d}Z$——点源热羽流在高度上的变化量（m）；

dF——Z断面上微元面积（m^2）。

由能量守恒可知（式（2-5））：

$$Q_Z = Q_0 \tag{2-5}$$

式中 Q_Z——点源热羽流在高程 Z 断面上的热量（W）；

Q_0——热源处初始热量（W）。

点源热羽流在高程 Z 断面上的热量为：

$$Q_Z = Q_0 = \int_F c_p \rho_0 u \Delta t \mathrm{d}F = c_p \rho_0 \int_0^\infty u \Delta t 2\pi r \mathrm{d}r = \frac{c_p \rho_0 \pi}{m+p} u_Z \Delta t_Z Z^2 \tag{2-6}$$

式中 c_p——定压比热容［J/（kg·℃）］；

ρ_0——热源处空气的密度（kg/m^3）。

整理化简式（2-6）可以得到点源热羽流在高程 Z 断面轴线上的气流温度与周围空气间的温差如式（2-7）所示：

$$\Delta t_Z = \frac{Q_0(m+p)}{c_p \rho_0 \pi u_Z Z^2} \tag{2-7}$$

将上式代入式（2-4）中，得：

$$\frac{\mathrm{d}B}{\rho_0} = \left(1+\frac{m}{p}\right)\left(\frac{g\beta Q_0}{c_p \rho_0}\right)\frac{\mathrm{d}Z}{u_Z} = \left(1+\frac{m}{p}\right)\frac{B_0}{u_Z}\mathrm{d}Z \tag{2-8}$$

其中，热源处初始浮力通量 B_0 为：

$$B_0 = \frac{g\beta Q_0}{c_p \rho_0} \approx 0.000028 Q_0 \tag{2-9}$$

点源热羽流在高程 Z 断面上气流的动量通量 M_Z 为：

$$M_Z = \rho_0 \int_F u^2 \mathrm{d}F = \rho_0 \pi u_Z^2 \int_0^\infty e^{-2m\left(\frac{r}{Z}\right)^2} 2r\mathrm{d}r = \frac{\rho_0 \pi u_Z^2 Z^2}{2m} \tag{2-10}$$

联立式（2-3）、式（2-8）及式（2-10）整理后并积分得点源热羽流在高程 Z 断面轴线上的动量通量关联式：

$$\left(\frac{M_Z}{\rho_0}\right)^3 = \frac{9\pi}{32m}\left(1+\frac{m}{p}\right)^2 B_0^2 Z^4 \tag{2-11}$$

即：

$$M_Z = \rho_0 \left[\frac{9\pi}{32m}\left(1+\frac{m}{p}\right)^2 B_0^2 Z^4\right]^{\frac{1}{3}} \tag{2-12}$$

将式（2-10）代入式（2-11）中，得到点源热羽流在高程 Z 断面上气流的轴心速度：

$$u_Z = \left[\frac{3}{2\pi}\left(\frac{m^2}{p}+m\right)\frac{B_0}{Z}\right]^{\frac{1}{3}} \tag{2-13}$$

将式（2-13）代入式（2-1）中，得到点源热羽流在高程 Z 断面上气流的速度：

$$u = \left[\frac{3}{2\pi}\left(\frac{m^2}{p}+m\right)\frac{B_0}{Z}\right]^{\frac{1}{3}} e^{-m\left(\frac{r}{Z}\right)^2} \tag{2-14}$$

点源羽流在高程 Z 断面上的体积流量为：

$$G_Z = \int_F u \mathrm{d}F = \left[3\pi^2\left(\frac{m+p}{2m^2 p}\right)B_0 Z^5\right]^{\frac{1}{3}} \tag{2-15}$$

以上分析过程不同学者之间虽无本质上的差别，但由于近似分析中的试验经验系数的表达方式或取值有所不同，因此不仅在形式上而且在计算结果上都有所差异，具体可参见相关文献。

2. 线源热羽流

由线源产生的热羽流可视为二维热羽流。因此，线源热羽流是平面问题，即只在与线源垂直的方向扩散，如图2-2所示。

此时，定义 Q_0 为单位长度线源的功率（W/m），可直接引用点源公式，仅将流通断面面积改为：

$$dF = 2dr \tag{2-16}$$

用和点源热羽流分析相同的方法，可获得线源羽流的分析结果。略去分析过程，仅写出线源羽流的相关结果：

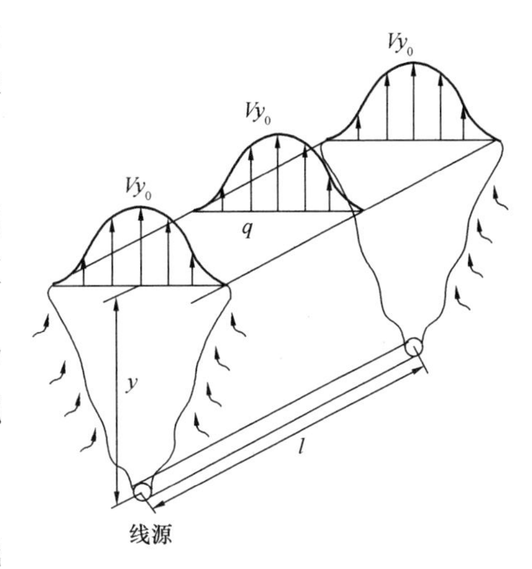

图2-2　线源羽流

$$u_Z = \left[\sqrt{\frac{2m(m+p)}{\pi p}} B_0\right]^{\frac{1}{3}} \tag{2-17}$$

$$\Delta t_Z = \sqrt{\frac{m+p}{\pi}} \left[\sqrt{\frac{\pi p}{2m(m+p)}}\right]^{\frac{1}{3}} \frac{B_0^{\frac{2}{3}}}{g\beta Z} \tag{2-18}$$

$$u = \left[\sqrt{\frac{2m(m+p)}{\pi p}} B_0\right]^{\frac{1}{3}} e^{-m\left(\frac{r}{Z}\right)^2} \tag{2-19}$$

$$G_Z = \left[\frac{\pi}{m}\sqrt{\frac{2(m+p)}{p}} B_0\right]^{\frac{1}{3}} Z \tag{2-20}$$

3. 面源热羽流

对于实际热源，真实的热源面并不是一个点，因而规律与点源热羽流有所不同。面热源表面空气被加热向上浮升，可以将整个热羽流分成三段，每一段热羽流的特性是不一样的。对于直径为 d_0 的圆面热源，在第Ⅰ段中，周围空气流向热表面，是射流的形成段，有试验表明该段高度约为 $0.2d_0$。在第Ⅱ段中，是过渡段，射流运动加速，同时射流断面逐步收缩，形成收缩断面，有试验表明该收缩断面在热源表面上约 $1.4d_0$ 高处，收缩断面直径 d_c 约为 $0.766d_0$。过渡段由于距离较短，理论研究尚不充分，多采用试验的方法研究。在第Ⅲ段，热羽流断面逐渐扩大，与前面讨论的点源羽流规律一致。此时可采用虚拟点源法，应用点源羽流所得结论。设虚拟点源在 o 点，Z_v 为虚拟极点距离，如图2-3所示。虚拟点源法的关键在于根据经验确定虚拟极点距离 Z_v 的值，各学者所用公式不同。譬如爱尔捷尔曼及斯契泰特采取 $Z_v=2d_0$；莫尔顿等采取 $Z_v=1.6d_0\sim2.3d_0$。

4. 侧面受限空间中的热羽流

侧面受限的羽流的运动规律可以通过镜像原理求解，即将两个相同点源叠加得到，如图2-4所示，两个并列点源的坐标原点取在两点源连线中点，即

$$r = \left[x^2 + (y \pm a)^2\right]^{\frac{1}{2}} \tag{2-21}$$

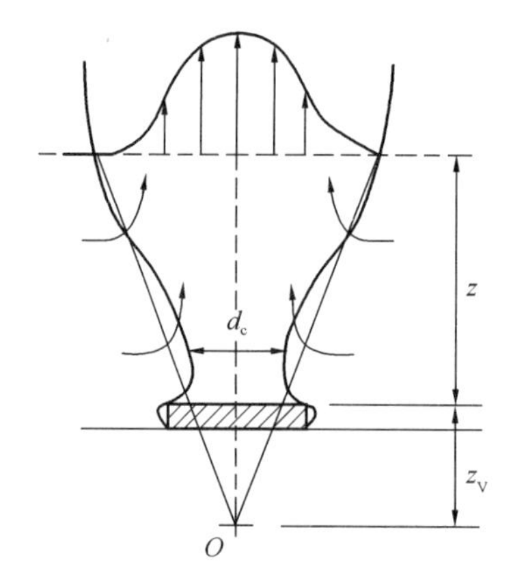

图 2-3　虚拟点源

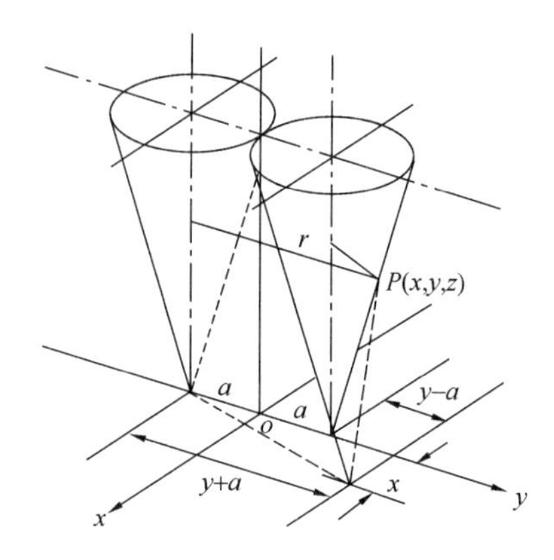

图 2-4　镜像原理

由式（2-14）已知单个热源上任意点的速度式，可以分别写出两个点源羽流上的流速 u_1 及 u_2 的三次方式，即

$$u_1^3 = \left[\frac{3}{2\pi}\left(\frac{m^2}{p}+m\right)\frac{B_0}{Z}\right]e^{-3m\left(\frac{x}{Z}\right)^2}e^{-3m\left(\frac{y-a}{Z}\right)^2} \tag{2-22}$$

$$u_2^3 = \left[\frac{3}{2\pi}\left(\frac{m^2}{p}+m\right)\frac{B_0}{Z}\right]e^{-3m\left(\frac{x}{Z}\right)^2}e^{-3m\left(\frac{y+a}{Z}\right)^2} \tag{2-23}$$

由于总动能等于各部分动能之和，由此可得合成速度的三次方等于各部分速度的三次方之和，即

$$u_D^3 = \left[\frac{3}{2\pi}\left(\frac{m^2}{p}+m\right)\frac{B_0}{Z}\right]e^{-3m\left(\frac{x}{Z}\right)^2}\left[e^{-3m\left(\frac{y-a}{Z}\right)^2}+e^{-3m\left(\frac{y+a}{Z}\right)^2}\right] \tag{2-24}$$

经化简可得：

$$u_D \doteq \left[\frac{3}{2\pi}\left(\frac{m^2}{p}+m\right)\frac{B_0}{Z}\right]^{\frac{1}{3}}2^{\frac{1}{3}}e^{-m\left(\frac{a}{Z}\right)^2}e^{-m\left(\frac{x}{Z}\right)^2}e^{-m\left(\frac{y}{Z}\right)^2} \tag{2-25}$$

$$G_{ZD} = \iint u\mathrm{d}x\mathrm{d}y = \left[\frac{3\pi^2}{m^2}\left(\frac{m}{p}+1\right)B_0Z^5\right]^{\frac{1}{3}}e^{-m\left(\frac{a}{Z}\right)^2} \tag{2-26}$$

可见，当 a/Z 值愈小时，G_{ZD}值愈大，若 $a=0$，则式（2-26）变为：

$$G_{ZD} = \left[\frac{3\pi^2}{m^2}\left(\frac{m}{p}+1\right)B_0Z^5\right]^{\frac{1}{3}} \tag{2-27}$$

和点源羽流流量式（2-15）相比较可得到叠加后的羽流流量 G_{ZD}：

$$G_{ZD} = 2^{\frac{1}{3}}G_Z = 1.26G_Z \tag{2-28}$$

即两个等量点源叠加的结果，其体积流量仅加大了 26%。利用镜像原理，对靠墙的热源，为两个点源叠加的 1/2，即

$$G_w = \frac{1}{2}(2^{\frac{1}{3}}G_Z) = 0.63G_Z \tag{2-29}$$

对墙角处的热源，为四个点源叠加的 1/4，即

$$G_c = \frac{1}{4}(4^{\frac{1}{3}}G_Z) = 0.4G_Z \tag{2-30}$$

2.1.2　射流

射流（jet flow）是指从各种出口喷出流入周围另一流体域内的一股运动流体。从不

同角度考虑可以将射流分为各种类型：按照流动形态，射流可以分为层流射流（laminar jet flow）与紊流射流（turbulent jet flow）。工业建筑中遇到的多为紊流射流。按照射流出口的断面形状可分为圆断面（轴对称）射流、平面（二维）射流和矩形（三维）射流等。按射流射入环境的固体边界划分，分为自由射流和有限空间射流。射入无限空间的射流称为无限空间自由射流，反之叫有限空间射流。

1. 自由紊动射流的基本特性

现以无限空间圆断面射流为例，说明射流的基本特性。射流以初始速度 u_0 自孔口出射后与周围静止流体之间存在速度不连续的间断面。速度间断面是不稳定的，失去稳定后产生涡旋，涡旋卷吸周围静止流体进入射流中。这就是射流的卷吸（entrainment）现象。随着射流的发展，射流边界逐渐向两侧扩展，射流断面不断扩大，流量沿程增大。但射流总动量不变，质量增加，必然引起速度的降低。在射流的边界部分速度降低，形成边界层；在射流的中心部分，由于尚未卷入周边流体，因而速度保持不变，这部分称为核心区。核心区沿程逐渐缩小，至某一断面消失，这个断面叫过渡断面。在过渡断面以前的射流称作起始段或初始段，过渡断面以后的射流称为主体段。自由紊动射流的流场结构与断面速度分布见图2-5。据实验研究和理论分析表明，自由紊动射流具有以下重要特性。

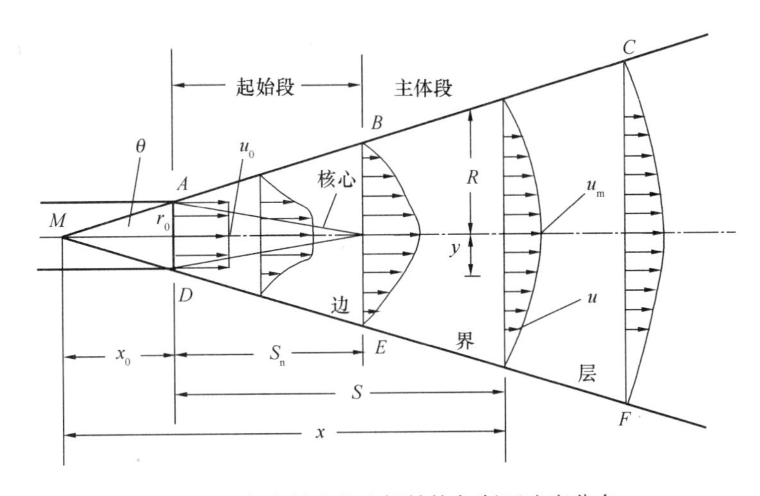

图2-5　自由射流的流场结构与断面速度分布

图中　r_0——喷口的半径或半宽度；

R——任意断面射流半径；

y——任意射流断面上任意点到轴心的距离；

u_0——喷口断面的喷出速度；

u_m——任意横断面上轴心的速度；

u——任意横断面上任意点的速度；

M——极点；

θ——极角或称扩散角；

x_0——极点深度；

x——任意断面到极点的距离；

S_n——射流起始段的核心长度；

S——任意断面到喷口的距离。

1）断面流速分布相似性

射流主体段各断面上的流速分布都不同，在射流主体段上，随着距离 x 的增加，轴向速度 u_m 逐渐减小，断面上的流速分布曲线也趋于平坦。研究表明，轴对称圆断面自由射流各个断面的流速分布具有相似性，主体段上的无因次速度分布可用半经验公式表示为：

$$\frac{u}{u_m}=\left[1-\left(\frac{y}{R}\right)^{1.5}\right]^2 \tag{2-31}$$

对于起始段，核心区内各点的速度都等于喷射速度 u_0，起始段边界层内的无因次速度分布也有类似的分布规律：

$$\frac{u}{u_0}=\left[1-\left(\frac{y}{R}\right)^{1.5}\right]^2 \tag{2-32}$$

2）边界线性扩展

试验结果与理论分析表明，紊流射流的外边界线是一条直线。若将主体段射流的外边界线延长，则与轴线交会于 M，点 M 称为极点，也称之为射流的虚源（virtual origin）。射流的半径 R 沿轴线 x 方向是线性增长的，即

$$\tan\theta=k \tag{2-33}$$

式中，k 为试验系数，对于圆断面射流 $k=3.4a$；对于平面射流 $k=2.44a$。其中，a 为紊流系数，它取决于出口截面上的流体紊流度和速度分布的均匀程度。出口处流体的紊流度越大，流速分布越不均匀，a 值越大。其常见数值见表 2-1。

极角 θ 及紊流系数 a **表 2-1**

断面形状	内容	极角 θ	紊流系数 a
圆断面射流	收缩极好的喷嘴	12°40′	0.066
	普通圆柱形喷管	12°30′	0.076
	带有导栅的轴流通风机	22°10′	0.120
	带网的轴流通风机	39°20′	0.240
	活动百叶风格	28°33′	0.160
平面射流	收缩极好的平面喷嘴	14°45′	0.108
	平面壁上的锐缘狭缝	16°05′	0.1182
	具有导叶且加工磨圆的边缘的通风管纵向缝	20°40′	0.1546
三维射流	方形喷口	37°60′	0.1

对于圆断面射流 $k=3.4a$，代入公式（2-33）有

$$\tan\theta=k=3.4a$$

由图 2-5，对于射程为 S 处的截面有

$$\tan\theta=\frac{R}{x_0+S}$$

等式右边上下同除以喷嘴半径 r_0，得

$$\tan\theta=\frac{\frac{R}{r_0}}{\frac{x_0}{r_0}+\frac{S}{r_0}}$$

由 $\tan\theta = \dfrac{r_0}{x_0}$，整理上式，得

$$\frac{R}{r_0} = 1 + \tan\theta \frac{S}{r_0} = 1 + 3.4a\frac{S}{r_0}$$

$$\frac{R}{r_0} = 3.4\left(a\frac{S}{r_0} + 0.294\right) \tag{2-34}$$

上式表明了圆断面自由射流扩张半径与射程的关系。

3）动量通量守恒

大量试验证实，紊流自由射流中的压强可认为等于周围流体的压强。因此，在射流中任取两截面列动量方程时，由于 x 轴方向上外力之和为零，因此各截面动量守恒，并等于射流出口截面上的流体动量，即

$$\rho Q_0 u_0 = \int_A \rho u^2 \mathrm{d}A = \text{const} \tag{2-35}$$

式中　ρ——射流气体密度（$\mathrm{kg/m^3}$）；

Q_0——射流出口断面上的流量（$\mathrm{m^3/s}$）；

u_0——射流出口断面速度（m/s）；

u——距离出口 x 处的速度（m/s）。

2. 轴对称圆断面自由紊动射流运动分析

自由紊动射流的基本特性是我们采用动量积分法进行射流流场参数推导的基础。基于上述的射流基本特性，我们对关心的流场参数进行推导，包括射流轴心速度、断面流量、断面平均流速和质量平均流速。限于篇幅，其他流场参数我们不再推导，仅列于表中，供大家查阅。

1）轴心速度 u_m

因射流动量守恒，各横断面的动量通量都相等，因此喷口断面的动量通量等于主体段任意断面的动量通量，即

$$\rho\pi r_0^2 u_0^2 = \int_0^R \rho \cdot 2\pi y \mathrm{d}y \cdot u^2$$

以 $\rho\pi R^2 u_m^2$ 除以上式等号两边，可得

$$\left(\frac{r_0}{R}\right)^2 \left(\frac{u_0}{u_m}\right)^2 = 2\int_0^1 \left(\frac{u}{u_m}\right)^2 \frac{y}{R} \mathrm{d}\left(\frac{y}{R}\right)$$

将式（2-31）代入上式，并用 η 表示 y/R，则

$$\left(\frac{r_0}{R}\right)^2 \left(\frac{u_0}{u_m}\right)^2 = 2\int_0^1 [(1-\eta^{1.5})^2]^2 \eta \mathrm{d}\eta = 2 \times 0.0464$$

于是

$$\frac{u_m}{u_0} = 3.28\frac{r_0}{R}$$

将射流半径 R 沿程变化规律式（2-34）代入上式，得

$$\frac{u_m}{u_0} = \frac{0.966}{\dfrac{aS}{r_0} + 0.294} = \frac{0.48}{\dfrac{aS}{d_0} + 0.147} \tag{2-36}$$

2）断面流量

任意断面的流量为：

$$Q=\int_0^R u2\pi y\mathrm{d}y=2\pi u_m R^2\int_0^1\left(\frac{u}{u_m}\right)\left(\frac{y}{R}\right)\mathrm{d}\left(\frac{y}{R}\right)$$
$$=2\times 0.0985\times\pi u_m R^2$$

上式两边同除以 $Q_0=\pi r_0^2 u_0$，得

$$\frac{Q}{Q_0}=0.197\frac{u_m}{u_0}\left(\frac{R}{r_0}\right)^2$$

将式（2-36）与式（2-34）代入上式，得

$$\frac{Q}{Q_0}=2.20\left(\frac{aS}{r_0}+0.294\right) \tag{2-37}$$

3）断面平均速度 u_1

由于 $u_0=\frac{Q_0}{\pi r_0^2}$，$u_1=\frac{Q}{\pi R^2}$，所以

$$\frac{u_1}{u_0}=\left(\frac{Q}{Q_0}\right)\left(\frac{r_0}{R}\right)^2$$

将式（2-37）和式（2-34）代入上式，得

$$\frac{u_1}{u_0}=\frac{0.1915}{\frac{aS}{r_0}+0.294} \tag{2-38}$$

断面平均速度 u_1 表示射流断面上的平均值，比较式（2-38）和式（2-36），可得 $u_1=0.198u_m$，表明断面平均速度只有轴心速度的约 20%。工程上通常使用的是轴心附近速度较大的那部分射流，由于 u_1 不能恰当地反映实际被利用射流的平均速度，因此提出质量平均速度的概念。

4）质量平均速度 u_2

质量平均速度的定义是，单位时间内通过某断面的射流动量等于以质量平均流速 u_2 计算的动量，即

$$\rho Q_0 u_0=\rho Q u_2$$

则

$$\frac{u_2}{u_0}=\frac{Q_0}{Q}=\frac{0.4545}{\frac{aS}{r_0}+0.294} \tag{2-39}$$

将上式与（2-36）式比较，得到 $u_2=0.47u_m$，可见用 u_2 代表射流被利用部分的平均速度更切合实际情况。

还有许多参数及其变化规律，这里就不再推导，列于表 2-2，便于大家查阅。对于平面自由紊动射流，可用上述类似的方法导出各流动参量的变化规律，推导从略，一并将各公式列于表 2-2。

3. 矩形断面自由紊动射流

与圆断面自由紊动射流、平面自由紊动射流相比较，矩形断面喷口射流无论流动现象还是数学处理都要复杂很多。矩形断面射流是典型的三维射流，不满足速度分布相似性，难以用动量积分方法求解。因此，早先多采用试验的方法进行研究，近年来随着计算机的

发展，多采用基本方程及湍流 k—ε 二方程模型进行数值计算。这里仅介绍其典型规律。

按照射流轴线流速变化的规律，可将射流分为三个区域：

圆断面和平面自由紊动射流参数计算公式　　表 2-2

段名	参数名称	符号	圆断面自由紊动射流	平面自由紊动射流
主体段	扩散角	θ	$\tan\theta=3.4a$	$\tan\theta=2.44a$
	射流半径或半高度	R b	$\frac{R}{r_0}=3.4\left(a\frac{S}{r_0}+0.294\right)$	$\frac{R}{r_0}=2.44\left(a\frac{S}{b_0}+0.41\right)$
	轴心速度	u_m	$\frac{u_m}{u_0}=\frac{0.966}{\frac{aS}{r_0}+0.294}$	$\frac{u_m}{u_0}=\frac{1.2}{\sqrt{\frac{aS}{b_0}+0.41}}$
	流量	Q	$\frac{Q}{Q_0}=2.20\left(\frac{aS}{r_0}+0.294\right)$	$\frac{Q}{Q_0}=1.2\sqrt{\frac{aS}{b_0}+0.41}$
	断面平均流速	u_1	$\frac{u_1}{u_0}=\frac{0.1915}{\frac{aS}{r_0}+0.294}$	$\frac{u_1}{u_0}=\frac{0.492}{\sqrt{\frac{aS}{b_0}+0.41}}$
	质量平均流速	u_2	$\frac{u_2}{u_0}=\frac{0.4545}{\frac{aS}{r_0}+0.294}$	$\frac{u_2}{u_0}=\frac{0.833}{\sqrt{\frac{aS}{b_0}+0.41}}$
起始段	流量	Q_n	$\frac{Q_n}{Q_0}=1+0.76\frac{as}{r_0}+1.32\left(\frac{as}{r_0}\right)^2$	$\frac{Q}{Q_0}=1+0.43\frac{as}{b_0}$
	断面平均流速	u_{n1}	$\frac{u_{n1}}{u_0}=\frac{1+0.76\frac{as}{r_0}+1.32\left(\frac{as}{r_0}\right)^2}{1+6.8\frac{as}{r_0}+11.56\left(\frac{as}{r_0}\right)^2}$	$\frac{u_{n1}}{u_0}=\frac{1+0.43\frac{as}{b_0}}{1+2.44\frac{as}{b_0}}$
	质量平均流速	u_{n2}	$\frac{u_{n2}}{u_0}=\frac{1}{1+0.76\frac{as}{r_0}+1.32\left(\frac{as}{r_0}\right)^2}$	$\frac{u_{n2}}{u_0}=\frac{1}{1+0.43\frac{as}{b_0}}$
	核心长度	s_n	$s_n=0.672\frac{r_0}{a}$	$s_n=1.03\frac{b_0}{a}$
	喷嘴到极点距离	x_0	$x_0=0.294\frac{r_0}{a}$	$x_0=0.41\frac{b_0}{a}$

(1) 势流核心区：与二维及圆形断面自由紊动射流一样，矩形断面自由射流出口后也存在一个速度保持为出口速度的区域，这个区域称为势流核心区。

(2) 平面射流规律变化区：轴线速度大体上按平面射流规律减小，即 u_m 与 $\frac{1}{\sqrt{S}}$ 成比例。

(3) 圆断面射流规律变化区：射流经过一定距离流动后，逐渐转变为近似按圆形断面射流的规律变化，即 u_m 与 $\frac{1}{S}$ 成比例。

4. 非等温射流

在实际通风中，常采用非等温射流。例如，夏天向热车间喷射冷射流，以降低车间的温度；冬天向工作区喷射热射流以用作取暖。这种本身温度和周围空气温度有差异的射流称为非等温射流。由于温差的存在，射流的密度与周围空气的密度不同，造成射流轴线的弯曲。热射流的轴线将往上翘，冷射流的轴线将往下弯。在建筑环境通风或空调工程中，非等温射流的温差一般较小，可以认为整个射流仍然对称于轴线。

下面以圆断面热射流为例进行分析，并规定符号如下：

T_0——射流在喷口处的绝对温度；

T——射流在任意一点的绝对温度；

T_H、ρ_H——射流周围空气的绝对温度和密度；

T_m、ρ_m——射流轴线上的绝对温度和密度；

$\Delta T_0 = T_0 - T_H$——射流喷口处的温差；

$\Delta T_m = T_m - T_H$——射流轴线上的温差；

$\Delta T = T - T_H$——射流中任意一点的温差。

类似速度分布的相似性，温度分布也具有相似性，试验表明，温度分布符合如下形式：

$$\frac{\Delta T}{\Delta T_m} = 1 - \left(\frac{y}{R}\right)^{1.5} \tag{2-40}$$

1）轴线温度

自由射流中各点的压强都相等，并且等于周围静止空气的压强，射流中任意两个断面之间是定压过程。所以，这两个断面之间的传热量等于这两个断面的焓降。又因为射流边界面上的卷吸作用，所以射流只可能把周围空气卷吸进来，而不可能把热量传给周围空气。因此，射流各断面的焓值相等。因此，任意断面的焓值等于喷口断面的焓值，即

$$\rho u_0 C_p \Delta T_0 \pi r_0^2 = \int_0^R \rho u C_p \Delta T 2\pi y \mathrm{d}y$$

整理上式

$$2\int_0^{\frac{R}{r_0}} \left(\frac{u}{u_0}\right)\left(\frac{\Delta T}{\Delta T_0}\right)\left(\frac{y}{r_0}\right)\mathrm{d}\left(\frac{y}{r_0}\right) = 1$$

$$2\left(\frac{\Delta T_m}{\Delta T_0}\right)\left(\frac{u_m}{u_0}\right)\left(\frac{R}{r_0}\right)^2\int_0^1 \left(\frac{\Delta T}{\Delta T_m}\right)\left(\frac{u}{u_m}\right)\left(\frac{y}{R}\right)\mathrm{d}\left(\frac{y}{R}\right) = 1$$

得

$$2\left(\frac{\Delta T_m}{\Delta T_0}\right)\left(\frac{u_m}{u_0}\right)\left(\frac{R}{r_0}\right)^2\int_0^1 \left(\frac{u}{u_m}\right)^{1.5}\left(\frac{y}{R}\right)\mathrm{d}\left(\frac{y}{R}\right) = 1$$

将式（2-31）、（2-34）和式（2-36）代入上式，整理得

$$\frac{\Delta T_m}{\Delta T_0} = \frac{0.706}{\frac{aS}{R_0} + 0.294} \tag{2-41}$$

2）质量平均温差

某一断面的焓流率与质量流率之比叫做这个断面的质量平均焓差，以 $C_p\Delta T_2$ 表示，其中 ΔT_2 叫质量平均温差。由于任何断面的焓流率都相等，都等于喷出口的焓流率 $\rho u_0 C_p \Delta T_0 \pi r_0^2$，故

$$\Delta T_2 = \frac{\rho u_0 C_p \Delta T_0 \pi r_0^2}{C_p \int_0^R \rho u \cdot 2\pi y \mathrm{d}y} = \frac{\Delta T_0 Q_0}{Q}$$

所以

$$\frac{\Delta T_2}{\Delta T_0} = \frac{Q_0}{Q} = \frac{0.4545}{\frac{aS}{r_0} + 0.294} \tag{2-42}$$

3）轴线轨迹

非等温射流，由于射流和周围空气的温度不同而造成密度不同，导致热射流轴线沿射程向上弯曲。设射流轴线上任意一点偏离喷口轴线的高度为 y'。造成射流轴线纵向偏离 y' 的力学原因是射流所受浮力与重力不同。单位体积射流所受外力是浮力与重力之差，其值为 $\rho_H g - \rho_m g$。

单位体积射流所受的这个纵向力使射流产生纵向加速度 j，记为

$$\rho_H g - \rho_m g = \rho_m j$$

则

$$j = \left(\frac{\rho_H}{\rho_m} - 1\right) g \tag{2-43}$$

因为射流是在定压情况下运动，所以 $\frac{\rho_H}{\rho_m} = \frac{T_m}{T_H}$，代入上式得：

$$j = \left(\frac{T_m}{T_H} - 1\right) g = \frac{\Delta T_m}{T_H} g = \frac{\Delta T_m}{\Delta T_0} \frac{\Delta T_0}{T_H} g \tag{2-44}$$

由于

$$\frac{\Delta T}{\Delta T_0} = \beta \frac{u_m}{u_0}$$

对比圆断面射流公式（2-36）与（2-41），可得 $\beta = 0.73$。

将式（2-44）中的 $\frac{\Delta T_m}{\Delta T_0}$ 用 $\frac{u_m}{u_0}$ 代替，得

$$j = 0.73 \frac{u_m}{u_0} \frac{\Delta T_0}{T_H} g$$

即

$$\frac{\mathrm{d}u_y}{\mathrm{d}t} = \frac{0.73g}{u_0} \frac{\Delta T}{T_H} \frac{\mathrm{d}S}{\mathrm{d}t}$$

因此

$$u_y = \int_0^s \frac{0.73g}{v_0} \frac{\Delta T}{T_H} \mathrm{d}S = \frac{0.73g}{u_0} \frac{\Delta T}{T_H} S \tag{2-45}$$

则

$$y' = \int_0^t u_y \mathrm{d}t = \frac{0.73g}{u_0^2} \frac{\Delta T_0}{T_H} \int_0^s \frac{S\mathrm{d}S}{\frac{u_m}{u_0}} \tag{2-46}$$

将式（2-36）代入上式，并积分得

$$y' = \frac{g}{u_0^2}\frac{\Delta T_0}{T_H}(0.51\frac{a}{2r_0}S^3 + 0.11S^2) \tag{2-47}$$

上式与试验结果稍有偏差，这是由于在推导的过程中进行了简化的缘故。如以射流轴线密度代表整个射流的密度，并略加修正，则与试验结果符合良好。

$$y' = \frac{g}{u_0^2}\frac{\Delta T_0}{T_H}\left(0.51\frac{a}{2r_0}S^3 + 0.35S^2\right) \tag{2-48}$$

5. 贴壁射流

当射流从出口射出后，如果射流受到一侧平面的约束并最终速度平行于这个表面，这样就产生了贴壁射流。与自由射流相比，贴壁射流的射程较大。这是因为沿平壁流动的射流与自由射流不同，卷吸周围流体介质的接触面减小了，卷吸周围介质的量也减少了，卷入物质的制动作用的影响也随之减小。贴壁射流与自由射流相比，其速度分布发生了改变，最大速度值不在喷口轴线上，而是偏离轴线。

平面贴壁射流是从长宽比较大（即 $b/h>40$）的狭缝中射出的气流产生的，气流中任何一侧流体流动性质的变化都只发生在狭缝的长度方向。存在核心区和特征速度衰减区，如图 2-6 所示。

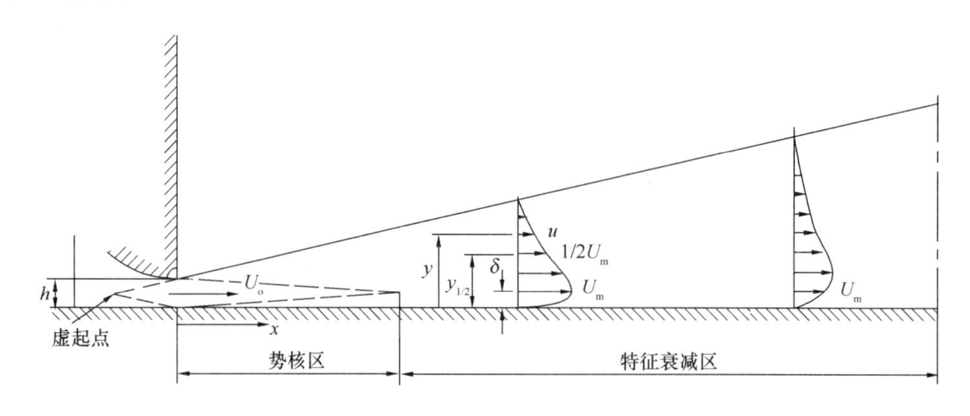

图 2-6　平面贴壁射流

Rajaratnam 给出了无量纲速度曲线的经验表达式：

$$u/U_m = 1.48\eta^{1/7}[1 - \text{erf}(0.68\eta)] \tag{2-49}$$

式中，$\eta = y/y_{1/2}$，$y_{1/2} = 0.068\ (x+10h)$。

Schwarz 和 Cosart 得到了如下的表达式：

$$u/U_m = \exp[-0.937(\eta - 0.14)^2] \tag{2-50}$$

最大射流速度的衰减可用下面的公式描述，该公式源于大量不同的试验数据：

$$U_m/U_o = 3.5/\sqrt{x/h} \tag{2-51}$$

式中，x 为到狭缝的距离。

平面贴壁射流的气流卷吸量由下式给出：

$$Q/Q_0 = 0.248(x/h) \tag{2-52}$$

除了平面贴壁射流，还有三维贴壁射流和径向贴壁射流等，大多都是采用试验的方法得到贴壁射流规律，请参阅相关文献，这里不再给出。

2.1.3 汇流

回风口或排风罩吸入的空气气流与送风口射出的气流的流动规律显著不同。送风射流的扩散角较小，其断面的扩展是线性的，而回风口吸入的气流是从四面八方汇流而入，其作用范围大，因此回风口周围气流的速度场比射流速度场的速度衰减快得多。

1. 空间点汇

设某空间有一吸收流体的汇聚点时，四周流体将均匀地向该汇聚点集中，这种运动称为空间点汇运动。点汇的流量称为点汇强度。根据连续方程，通过任意等速面的流量应等于点汇强度，则

$$v_R = \frac{Q}{A} = \frac{Q}{4\pi R^2} \tag{2-53}$$

式中 v_R——半径为 R 的等速球面上的流速（m/s）；

Q——点汇强度（m^3/s）；

A——等速球面的面积（m^2）；

R——等速球面的半径（m）。

从上式可看出，空间点汇任意一点的吸入速度 v_R 与该点至点汇距离的平方 R^2 成反比。

2. 平面点汇

设某平面有一吸收流体的汇聚点时，四周流体将均匀地向汇聚点集中，这种运动称为平面点汇运动。根据连续方程，通过任意等速面的流量应等于点汇强度，则

$$v_R = \frac{Q}{A} = \frac{Q}{2\pi R} \tag{2-54}$$

从上式可看出，平面点汇任意一点的吸入速度 v_R 与该点至点汇距离 R 成反比。

3. 实际汇流场

实际建筑环境中应用的吸风罩或回风口总是有一定的面积，不能看成一个点，空气流动也是有阻力的。因此，不能把点汇流动规律直接应用于实际排风罩。大多通过试验的方法得到速度衰减规律。圆形、方形和矩形罩口的速度衰减有所不同，如图 2-7 所示。其横坐标用 x/A 表示，A 为水力半径（=面积/周长），x 为距罩口距离；纵坐标用 v_x/v_0 表示，v_0 为罩口中心点风速，v_x 为轴线上各点的风速。

当罩口四周加边板（法兰）时，其流场规律会发生变化。加法兰后可以使同一速度的等速面向外推移，如图 2-8 所示，即当抽风量一定时，同一点上的速度要比未加边板时大，可减少抽入罩中的空气。

类似地，当罩子设在平面上（如地板、工作台等）时，其流场规律也发生变化。图 2-9 所示即为这种情形的一个例子，其速度场的分布可以设想为两倍高度的罩子的一半，虚线所示为假想的罩子，在达到同样的吸捕速度时，仅需要 75%的风量。

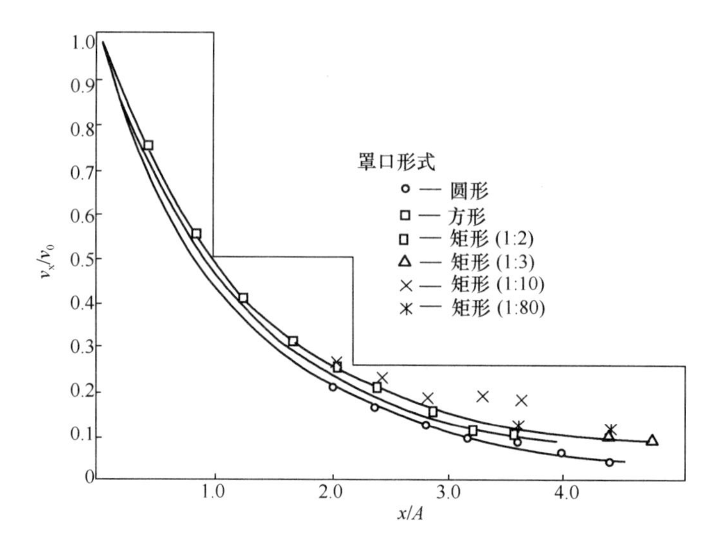

图 2-7　罩口速度衰减曲线

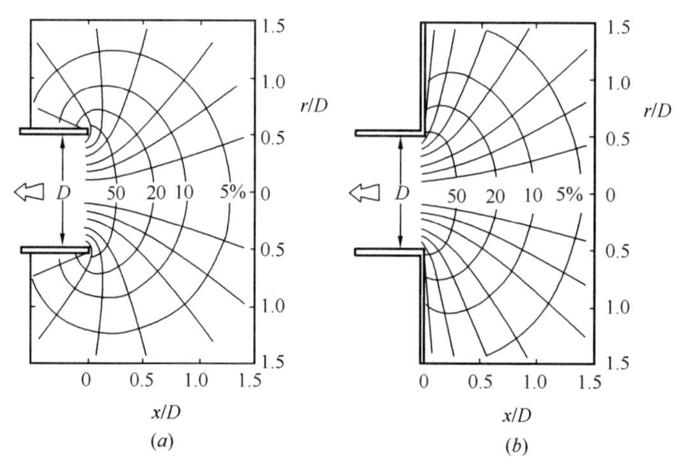

图 2-8　圆形罩口无法兰和有法兰的速度分布比较

(*a*) 无法兰；(*b*) 有法兰

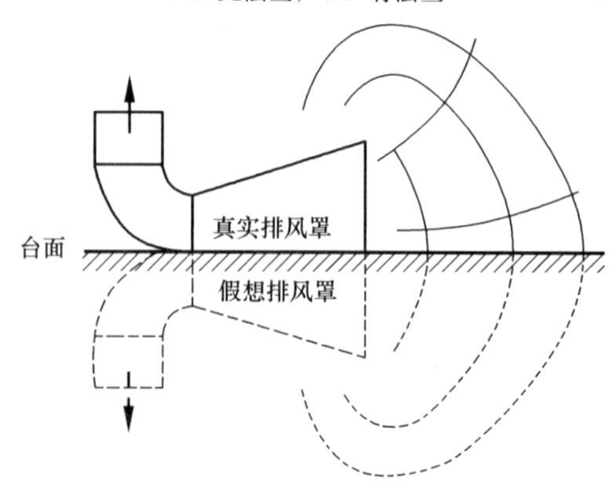

图 2-9　一侧受限排风罩的速度分布

2.2　室内颗粒物的受力和运动

2.2.1　颗粒物在气流中的受力

当颗粒物进入空气中后，在多种力的作用下进行运动。气固悬浮体中颗粒的受力可归纳为三种类型：

（1）流体对颗粒的作用力——流体力。如颗粒周围气流与颗粒间存在相对运动时，流体对颗粒所产生的力。当气流速度大于颗粒运动速度时，气流对颗粒产生曳力；当颗粒运动速度高于气流速度时，颗粒受到运动阻力。

（2）外界物理场对颗粒的作用力——场力。如重力场的存在对颗粒物运动产生的作用力和一些特定情况下的磁场、电场等对相应颗粒运动所产生的作用力。流体的运动以及它和周围介质进行热交换时，还会存在运动与传热的耦合现象。

（3）颗粒之间、颗粒与固体壁面之间的相互接触和碰撞产生的作用力——固体力。在气固两相流动中，由于气流中颗粒群在颗粒粒径以及运动速度等方面不完全一致，不可避免地会存在一些颗粒之间、颗粒与固体壁面之间的碰撞和摩擦，形成固体间作用力。对于建筑室内空气中的颗粒物运动，由于其体积分数绝大多数情况下远远小于 5%，颗粒之间、颗粒与固体壁面之间的作用力十分微弱，因此在研究室内含尘气流运动时基本上可以忽略固体力的作用。

下面就单个颗粒在流体中的受力进行简要的介绍。

1. 阻力和曳力

当黏性流体绕流固体时，物体总是受到压力和切向应力的作用。在沿物体横截面的流动平面中，这些力的合力 F 可分解为两个力：与来流方向一致的作用力 F_D以及垂直于来流方向的升力 F_L。F_D与流体和物体相对速度（$u_f - u_p$）有关。当物体的运动速度大于流体的流速时，F_D即为物体在流体中运动所受到的阻力；当流体流速大于物体运动速度时，F_D即为物体所受到的流体的曳力。

F_D是由流体绕物体流动所引起的切向应力和压力所造成的，故阻力可分为摩擦阻力和压差阻力两种，它们的和构成了物体阻力。

单个球形物体在无限扩展的静止黏性流体中运动时，受到的阻力可用公式（2-55）进行计算。

$$F_D = \frac{1}{2} C_D A_p \bar{\rho} u_p^2 = \frac{1}{8} C_D \pi d_p^2 \bar{\rho} u_p^2 \tag{2-55}$$

式中，C_D 为阻力系数，u_p 为球形颗粒在静止流体中的运动速度，A_p和 d_p分别为球形颗粒投影面积和直径，$\bar{\rho}$ 为流体密度。

阻力系数 C_D与雷诺数 Re 有关，即 C_D是 Re 的函数。根据牛顿获得的试验数据以及后人的验证，雷诺数在 $700 \sim 2 \times 10^5$ 的范围内，阻力系数近似为常数。其平均值为 $C_D =$ 0.44，在此范围内惯性效应为阻力的主要部分，而摩擦效应则可忽略。这时公式（2-55）可简化为

$$F_D = 0.22\pi a_p^2 \bar{\rho} u_p^2 \tag{2-56}$$

式中，a_p为球形颗粒的半径。

但是在低雷诺数下，C_D随着 Re 的减小快速增大，图 2-10 给出了单个圆球以恒定速度在静止等温不可压缩流体内运动时，阻力系数 C_D随雷诺数 Re 变化的关系曲线，它是经过大量试验测定精确绘出的。由图可见，对于不同直径的圆球，在不同雷诺数下测得的阻力系数都排列在一条曲线上。斯托克斯（Stokes）提出，当雷诺数低于 0.3 时，阻力系数与雷诺数成反比，$C_D=\frac{24}{Re}$。相应的阻力公式如式（2-57）所示。

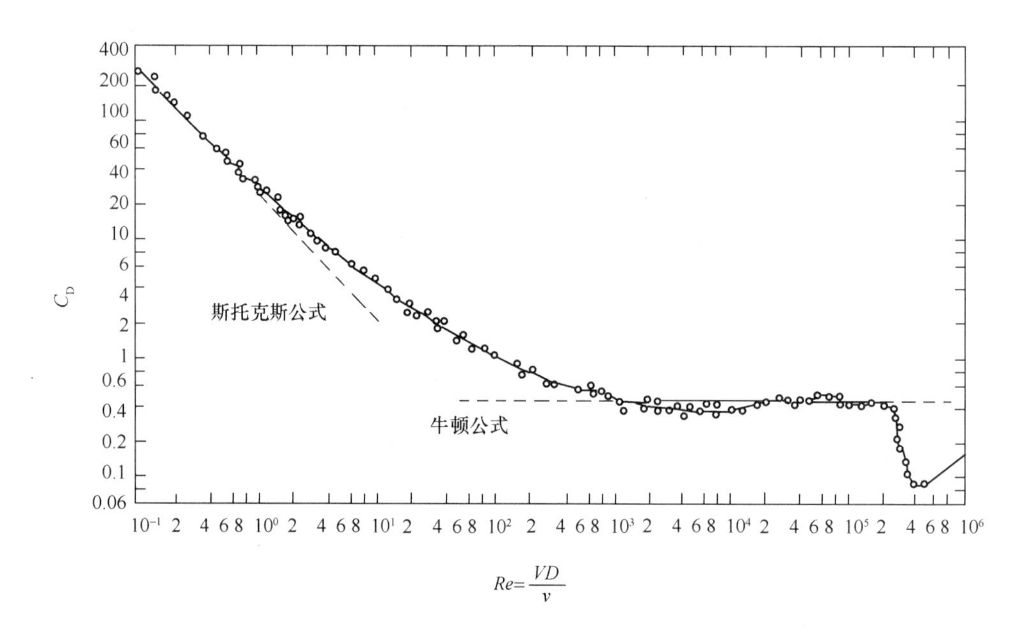

图 2-10　单个圆球的阻力系数随雷诺数 Re 变化的关系曲线

$$F_D=\frac{\pi}{2}\frac{24}{Re}\bar{\rho}\,a_p^2\,u_p^2=6\pi\,a_p\,\bar{\mu}\,a_p \tag{2-57}$$

这个区域一般可以扩展到 $Re\leqslant1$，通常称为斯托克斯定律区。在斯托克斯定律区内惯性的影响已经很小，可以忽略，摩擦阻力将起主要作用。

在图上用虚线划出了斯托克斯公式和牛顿公式的响应曲线和试验曲线的比较。由图可见，在 $Re\leqslant1$ 的范围内，斯托克斯公式可以较好地与试验数据相吻合，而在 $700\leqslant Re\leqslant2\times10^5$ 的范围内，牛顿公式也近似与试验曲线一致。当 $Re>2\times10^5$ 以后，球体的阻力系数突然大幅度地减少，这是由于球体周围流体的流动特性突然改变的原因。这时圆球表面附近的黏性流体层由层流明显地转变为紊流，从而使尾流突然减小，导致阻力系数减少，通常将这个雷诺数值称为高临界雷诺数。高临界雷诺数的具体数值会随球体表面粗糙度的改变而变化，球体表面粗糙时此值减少。

为了把斯托克斯阻力公式扩展到较高的雷诺数区，不少学者对此进行了研究。Oseen 对斯托克斯公式进行了改进，将远离球面处的惯性力考虑进去，并得到了阻力系数计算公式

$$C_D=\frac{24}{Re}\left(1+\frac{3}{16}Re\right) \tag{2-58}$$

这个公式的适用范围可以扩大到 $Re<5$。在利用计算机进行计算时，可使用式（2-

59)，它的适用范围是 $Re<100$。

$$C_D=\frac{24}{Re}(1+0.0975Re-0.636\times10^{-3}Re^2) \tag{2-59}$$

对于更大雷诺数的情况，Rowe 建议使用式（2-60），其雷诺数适用范围可达$Re<1000$。

$$C_D=\frac{24}{Re}(1+0.15Re^{0.687}) \tag{2-60}$$

无论是公式（2-58）、公式（2-59）还是公式（2-60），它们均可写成式（2-61）的形式

$$C_D=\frac{24}{Re}F^* \tag{2-61}$$

对于不同的 Re 范围，F^* 具有不同的表达形式。

当流体为很稀薄的气体或颗粒尺寸很小时（$<1\mu m$），颗粒尺寸与流体分子的平均自由碰撞距离（约 $0.1\mu m$）相比比较小，在颗粒表面上将出现分子滑动并使阻力减小，这时需要对阻力计算公式进行修正。一个比较简单的修正方法是在斯托克斯定律的阻力系数的计算公式中，对雷诺数乘上一系数 C_u，该系数称为坎宁安（Cunningham）校正系数

$$C_D=\frac{24}{ReC_u} \tag{2-62}$$

C_u 的值为

$$C_u=1+AK_n$$

式中，$A=1.25+0.42\exp\left(\frac{-1.1}{K_n}\right)$；$K_n=\frac{2\Lambda}{d_p}$，称为克努森（Knudsen）数，其中 Λ 为气体的平均分子自由程，对于标准状态下的空气，$\Lambda=6.53\times10^{-8}$ m。

以上所介绍的所有在静止流体中运动的球体的阻力系数计算公式都可以很方便地应用于流体和颗粒同时运动的多相悬浮系统，唯一需改动的是将所有公式中的 u_p 改为颗粒与流体的相对速度（u_f-u_p），这里 u_f 是流体的运动速度，而 u_p 为颗粒的运动速度。

2. 其他作用力

固态颗粒在悬浮于流体中与流体作相对运动时，除了受到上述流动阻力作用外，还常常会受到其他一系列力的作用。例如：当旋转颗粒在流体中作相对运动时，将受到马格努斯旋转提升力（magnus spin lift force）的作用；当悬浮系统流场存在较大速度梯度时，颗粒会受到萨夫曼剪切提升力（saffman shear lift force）的作用；当系统存在压力梯度和温度梯度时，颗粒又会受到压力梯度力（pressure gradient force）和热作用力（thermal force）的作用；另外，在颗粒与流体间作相对变速运动时，颗粒会受到虚拟质量力（virtual mass force）和倍瑟特力（Basset force）的作用。在存在力场条件的情况下，颗粒还会受到重力、电场力或磁场力的作用。

除上述作用力外，对于密相气固运动，其中的颗粒物还受到颗粒间的碰撞与摩擦的相互作用，随着固相浓度的增加，颗粒间的作用力将对颗粒物的运动产生重要影响。这些力的具体形式和公式可在相应的书籍和文献中得到，本书不再赘述。

2.2.2　固态颗粒物的尘化作用

工业生产中生成的颗粒物经过一定的传播过程扩散到空气中，再与人体、产品和设备

接触。使颗粒物从静止状态变成悬浮于周围空气中的作用，称为“尘化”作用，是一种对颗粒物受力后扩散到空气中的宏观描述。尘化作用过程包括一次尘化过程和二次尘化过程。

使尘粒由静止状态进入空气中浮游的尘化作用称为一次尘化作用，引起一次尘化作用的气流称为一次尘化气流，一次尘化造成局部区域空气污染。处于悬浮状态的颗粒物进一步扩散污染到整个环境空间的尘化作用称为二次尘化作用，引起二次尘化作用的气流称为二次尘化气流。

一次尘化作用的产生机理主要有两种原因。

1. 气流诱导尘化

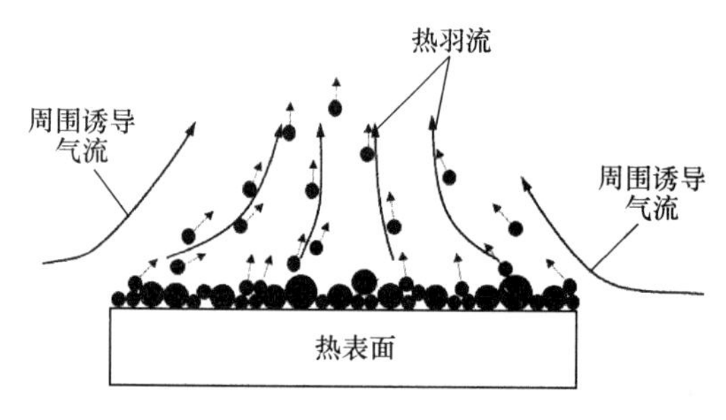

图 2-11　热羽流诱导尘化作用

物体或块、粒状物料在空气中运动时，能带动周围空气随其流动；当空气被加热时，也能产生羽流向上运动。这部分气流可统称为诱导气流。诱导气流会在颗粒物周围产生涡流和不均衡的力，诱导颗粒物脱离颗粒物群而跟随诱导气流进入空气中，成为随机粉尘，图 2-11 展示了热表面上的颗粒物的尘化作用。由于热表面附近空气被加热，产生向上运动的热羽流，热羽流向上运动过程中，将部分热表面上的颗粒物带入空气中，从而产生尘化现象。

对于自由下落颗粒物流，其尘化作用主要由对流扩散及布朗分子运动扩散导致。对于亚微米粒子，以分子扩散作用为主。而下落颗粒流产尘过程以考虑重力沉降为主。分析如图 2-12 所示中颗粒运动特点可知由于颗粒间的距离很短，空气对颗粒流中不同位置颗粒的作用力不同。例如颗粒 1，气流对其形成正面的阻力，而且在其左侧空气对其的阻力大于右侧，在颗粒 1 上形成一个使其顺时针旋转的力矩，同时在其左侧会形成尾涡使该侧压力降低，假设颗粒 1 及颗粒 3 的大小质量相等，则二者都在迎风面上，所受空气对其的迎面阻力相同，但由于颗粒 1 左侧空气阻力的作用，颗粒 1 受到的总阻力大于颗粒 3，从而导致颗粒 1 的下落速度较颗粒 3 小。当阻力足够大时，颗粒 1 将脱离颗粒流向左进入空气中，原本颗粒 1 的位置由空气取代并随颗粒流一起向下运动。颗粒 3 也发生与颗粒 1 相同的运动，逐渐脱离颗粒流进入空气。而颗粒 2 也由于受到两侧阻力的不均衡作用而脱离颗粒流进入空气。脱离的颗粒在颗粒流周围形成一个环形的颗粒边界层。仅有边界层最外边的颗粒才可能脱离颗粒流的作用变成随机粉尘，在重力及惯性的作用下自由运动，当达到最终沉降速度后则等速沉降。

图 2-12　颗粒流自由下落示意图

2. 碰撞作用尘化

当运动中的颗粒物在碰撞到固体壁面或者其他颗粒物时，部分动能被消耗，残留的动能将带动该颗粒以箭头所示方向反弹至空气中，粒径较大的颗粒在运动一段时间后回落到壁面而粒径较小的颗粒跟随在碰撞点释放的下落卷吸空气流运动，从而成为随机粉尘的一部分，如图 2-13 所示。

常见的颗粒物下落过程，就同时包含了气流诱导尘化和碰撞作用尘化。其中，颗粒物在下落过程中，下落的颗粒物带动颗粒束周围的空气运动，对颗粒束表面的颗粒物产生了不平衡的阻力，部分颗粒物由此脱离颗粒束，成为随机粉尘；当颗粒物碰撞地面或地面其他颗粒物时，由于碰撞作用，部分颗粒物反弹进入空气中，成为随机粉尘；由于碰撞的挤压作用，使原来下落颗粒物之间的空气被挤压出来，成为诱导气流，又带动一部分颗粒物离开颗粒物堆，成为随机粉尘。总示意图如图 2-14 所示。

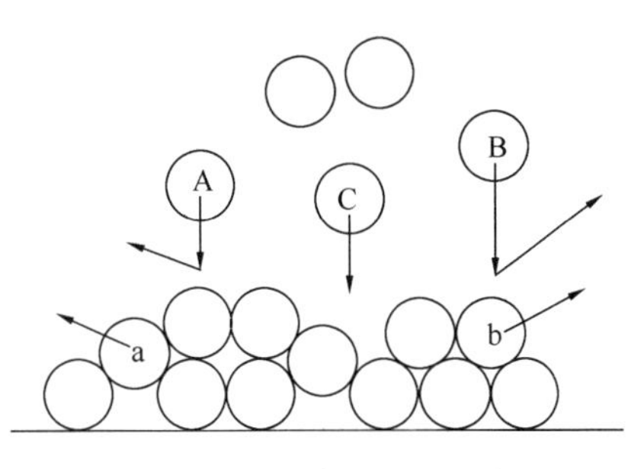

图 2-13 碰撞作用尘化示意图

二次尘化作用的气流主要有车间内的自然风气流、机械通风气流、惯性物诱导气流、冷热气流对流等。二次尘化气流带着局部地点的含尘空气在整个车间内流动，使颗粒物污染扩散到整个工业厂房。二次气流速度越大，作用越明显，如图 2-15 所示。

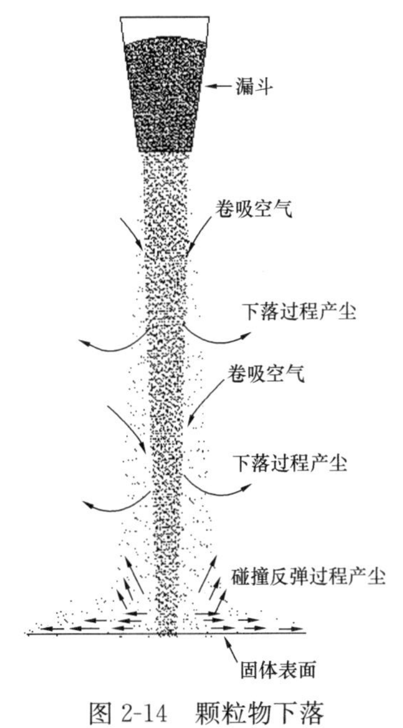

图 2-14 颗粒物下落过程产尘示意图

通过以上分析可以看出，防治一次尘化作用主要可以从工艺过程控制或改革工艺来解决。大部分颗粒物是依附于气流而运动的，只要控制好作用于颗粒物的气流流动，就可以控制绝大多数颗粒物的二次尘化作用，改善车间空气环境。这就是采用通风方法控制工业污染物，必须合理组织车间内气流的主要原因。进行除尘系统设计时，应尽量采用密闭装置，使一次尘化气流和二次尘化气流隔开，避免颗粒物的扩散传播。

2.2.3 液滴颗粒物的蒸发与凝结

工业建筑中酸洗、电解、水浴冷却等诸多生产过程中，会散发液滴污染物，例如酸雾、碱雾、油雾和水雾等。其是工业建筑室内一种典型的污染物，不仅危及工人身体健康，同时还会腐蚀厂房设备、仪器及建筑结构，导致工人处于高危作业环境，带来巨大的设备、财产损失。

相变作用导致生产工艺过程中产生的液滴从形成到迁移过程都不同于气态污染物和固态颗粒物，液滴形态呈现出复杂的变化规律。例如，从敞口槽散发的液滴根据相态变化，可将该过程大致分为四个阶段，如图 2-16 所示：①形成段：从槽面散发的酸性气体或者水蒸气进入室内环境后迅速液化形成液态颗粒物；②形成与蒸发并存段：气体液化形成液滴的同时，靠近两相流边缘处的液态颗粒物受到环境影响开始有明显的蒸发作用，粒径开始减小；③蒸发段：气体液化

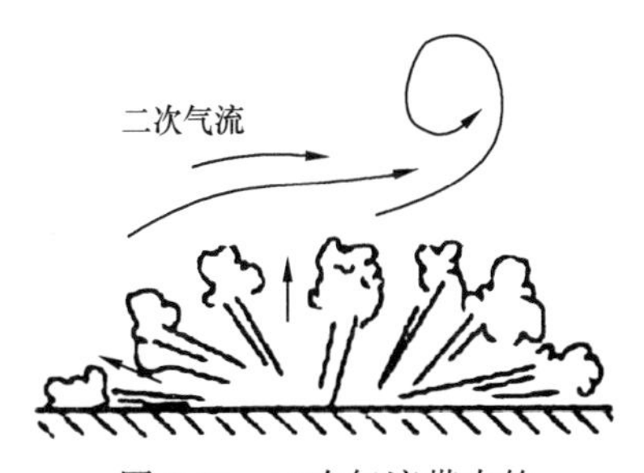

图 2-15 二次气流带来的二次尘化作用

形成液态颗粒物的过程已经结束时，液态颗粒物持续蒸发，粒径不断减小；④蒸发完全段：当蒸发作用结束时，液态颗粒物完全消失或者停止蒸发（液滴表面水蒸气浓度和环境水蒸气浓度达到平衡）。

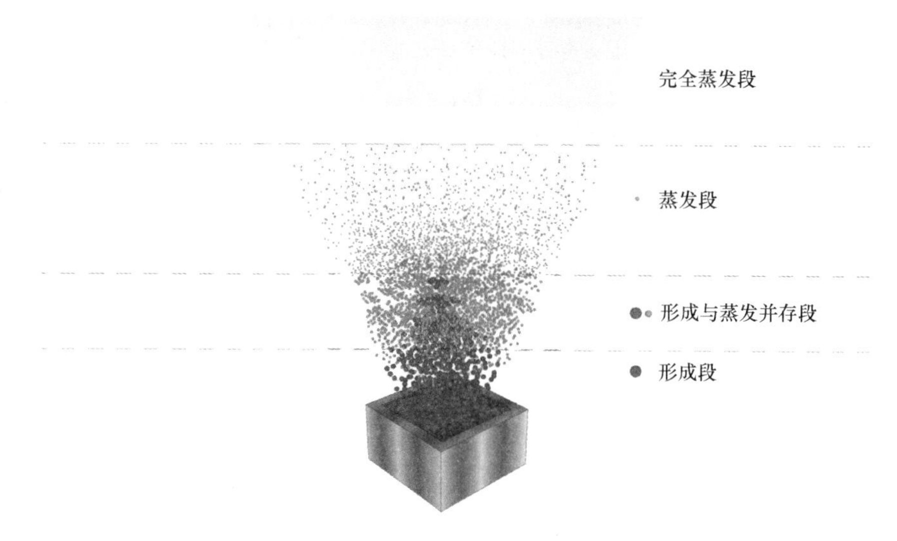

图 2-16　液滴扩散过程示意图

液滴的蒸发过程，对液滴在进入室内环境后的迁移过程起着至关重要的影响。针对液态颗粒所建立的蒸发模型有许多种，但总的来说可以分为两大类：液滴温度均一模型以及液滴温度非均一模型。液滴温度均一模型认为液滴内部的导热速度远远大于其和外界的换热速度。因此，液滴在蒸发过程中整个液滴的温度一直保持均一，各处的液滴温度相等。液滴温度非均一模型则认为液滴内部的温度不均匀性不能忽略。液滴内部存在明显的温度梯度或者存在涡流，这些都会明显地影响液滴在环境中的蒸发速度。由于建筑室内产生的颗粒物的尺寸较小，液滴内部的温度不均匀性可以忽略，因此，常采用液滴温度均一的蒸发模型来研究室内液态颗粒物的蒸发过程。

液滴均一模型最早由 Spalding 提出。J. Kukkonen 和 T. Vesala 在原有的液滴温度均一模型基础上，提出了考虑 Stefen 流动以及扩散系数和温度相关的液滴蒸发模型，该模型被广泛应用于研究建筑室内的液态颗粒物的蒸发过程。该模型的数学表达式如式（2-63）所示：

$$\frac{\mathrm{d}m_{\mathrm{d}}}{\mathrm{d}t}=-Sh\frac{2\pi pD_{\mathrm{d}}K_{\mathrm{m}}M_{\mathrm{v}}C}{RT_{\infty}}\ln\left(\frac{p-p_{\mathrm{vap,d}}}{p-p_{\mathrm{vap,\infty}}}\right) \tag{2-63}$$

式中：$\mathrm{d}m_{\mathrm{d}}/\mathrm{d}t$ 表示液滴蒸发速度（g/s）；Sh 表示舍伍德数，对于静止液滴，Sh 等于 1，对于运动液滴，Sh 与雷诺数有关；p 表示环境的压力（Pa）；K_{m}表示二维扩散系数（m^2/s）；D_{d}表示液态颗粒物的直径（m）；M_{v}表示蒸汽的摩尔质量（g/mol）；T_{∞}表示环境温度（K）；$p_{\mathrm{vap,d}}$表示颗粒物表面的蒸汽压力（Pa）；$p_{\mathrm{vap,\infty}}$表示环境中蒸汽的压力（Pa）；C 是由于温度对扩散系数影响的修正系数。式中左侧第一项表示液滴表面水蒸气分压力与液滴表面附近空气的饱和水蒸气分压力比值的对数；右侧第一项表示溶液效应对于液滴表面水蒸气分压力的影响；右侧第二项表示 Kelvin 效应对于液滴表面的影响。

图 2-17 给出了影响液滴蒸发的相关因素。主要有：液滴的直径 D_{d}，蒸汽在周围环境

中的二维扩散系数 K_m，蒸汽的摩尔质量 M_v，环境温度 T_∞，环境压力 p，液滴表面的蒸汽压力 $p_{vap,d}$，环境中的蒸汽压力 $p_{vap,\infty}$，以及温度对扩散系数影响的修正系数 C。其中，液滴的直径 D_d、蒸汽的摩尔质量 M_v、液滴温度 T_d和液滴表面蒸汽压力 $p_{vap,d}$是液滴本身特性，环境温度 T_∞、环境压力 p 和环境中蒸汽分压力 $p_{vap,d}$属于环境参数。二维扩散系数 K_m和温度对扩散系数影响的修正系数 C 是由液滴和环境参数共同决定的。

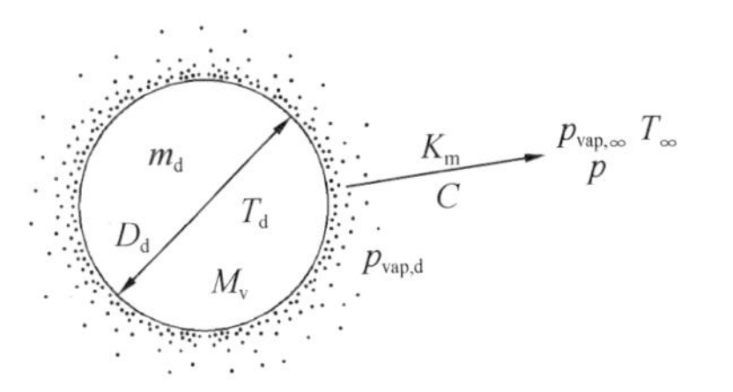

图 2-17　液滴蒸发过程影响因素示意

由式（2-63）可知，液滴的蒸发过程与其表面的蒸汽分压力密切相关。对于纯水液滴来说，水表面的水蒸气压力，主要取决于水表面的温度。当为溶液液滴时，例如生产过程中产生的酸雾、碱雾等，由于溶质对水的作用，使得液滴表面的水蒸气分压力会小于纯水液滴。溶质对水的作用的大小采用水活性 a_w描述。当为纯水液滴时 a_w等于 1。a_w和溶质的种类以及浓度密切相关。

由公式（2-63）可以发现，液滴的蒸发速度主要取决于 8 个影响因素：液滴的直径 D_d，蒸汽在周围环境中的二维扩散系数 K_m，蒸汽的摩尔质量 M_v，环境温度 T_∞，环境压力 p，液滴表面的蒸汽压力 $p_{vap,d}$，环境中的蒸汽压力 $p_{vap,\infty}$以及温度对扩散系数影响的修正系数 C。

因为液滴表面的水蒸气分压力 $p_{vap,d}$与液滴的温度 T_d有直接关系，所以 $p_{vap,d}$可以表示成 T_d的函数，如下所示：

$$p_{vap,d}=\exp(77.34-7235/T_d-8.2\ln T_d+0.005711T_d) \tag{2-64}$$

将式（2-64）带入到式（2-63）中，可以得到与液滴温度相关的蒸发计算公式：

$$\frac{\mathrm{d}m_d}{\mathrm{d}t}=-\frac{2\pi pD_dK_mM_vC}{RT_\infty}\ln\left[\frac{p-\exp(77.34-7235/T_d-8.2\ln T_d+0.005711T_d)}{p-p_{vap,\infty}}\right] \tag{2-65}$$

对于水滴来说，其蒸发产生的水蒸气的摩尔质量 M_v是个定值，温度对扩散系数影响的修正系数 C 小于 3%，在本文中认为 C 是一个常数，等于 1。同时，由于二维扩散系数 K_m和环境温度相关，且 K_m/T_∞随环境温度 T_∞的升高呈现单调递增的变化规律，因此可以将 K_m/T_∞合并为同一个参数。当认为环境压力为定值时，水滴在建筑室内环境中的蒸发速度只和 D_d、K_m/T_∞、T_d、$p_{vap,\infty}$有关。

如图 2-18 所示，通过敏感性分析，发现 $\mu_{Km/T_\infty}\ll\mu_{D_d}<\mu_{p_{vap,\infty}}<T_d$。即对于建筑室内环境中的液滴来说，环境的水蒸气分压力、液滴表面的温度和液滴的粒径远远大于环境温度和二维扩散系数对于液滴蒸发速度的影响。图 2-18 同时表明，液滴的温度和环境中的水蒸气分压力与其他参数相互作用较为强烈。

对于液滴在空气中的蒸发和运动规律，研究发现同一时刻产生的单分散的液滴在进入室内环境后，呈现出不同的粒径分布，如图 2-19 所示。很明显，液滴的粒径随着时间的变化不断减小，远离轴线的液滴蒸发得快，也消失得快。液滴蒸发和运动及距离轴线的位置相关。图 2-19（a）具有和图 2-18（b）相同的变化规律。但是很明显，初始粒径为 25μm 的液滴的蒸发速度比初始粒径为 50μm 的液滴蒸发得快，也消失得更快。液滴的粒

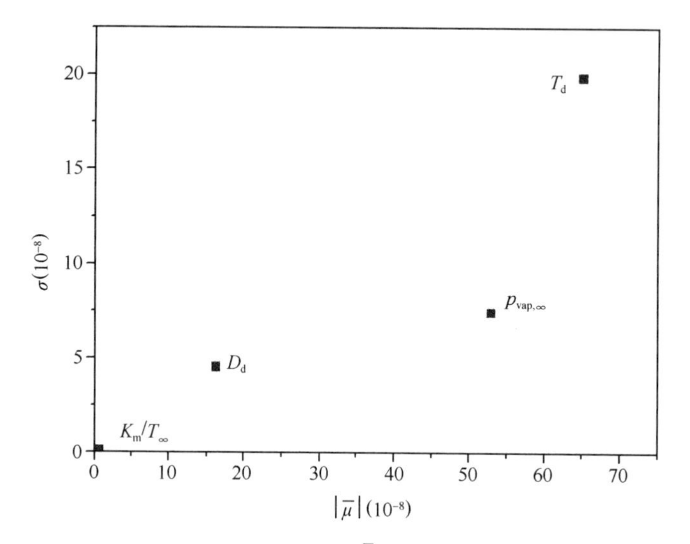

图 2-18　敏感度平均值 $|\bar{\mu}_i|$ 和标准差 σ 的分布

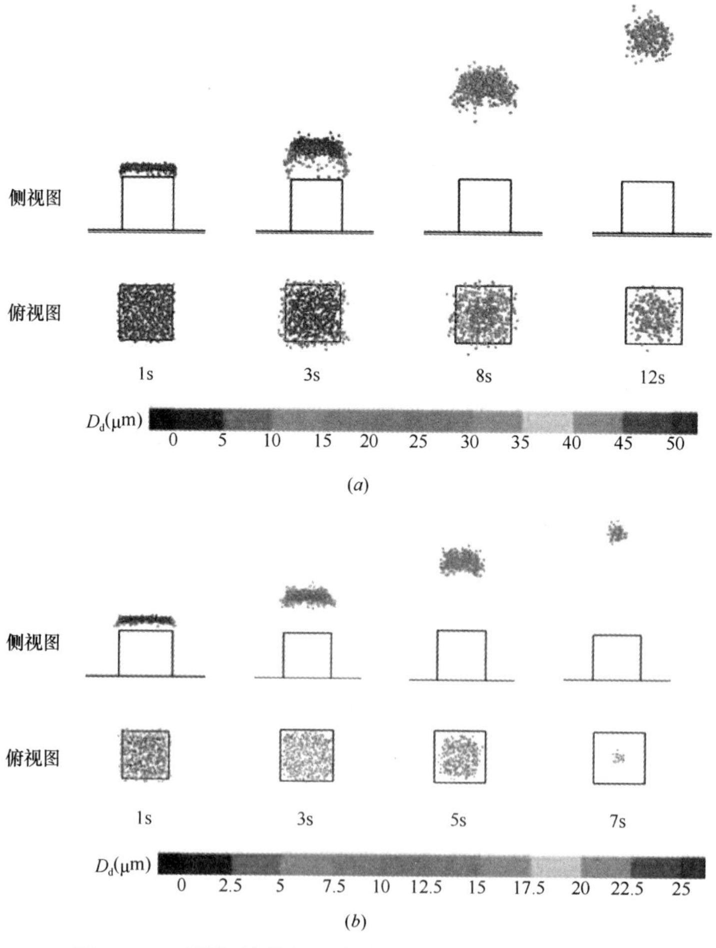

图 2-19　不同初始粒径下液滴在室内环境中的蒸发运动

(*a*) $D_i=50\mu m$；(*b*) $D_i=25\mu m$

径差异和气流速度差异共同导致了液滴的运动速度的差异。液滴粒径差异使得液滴与周围气流的速度差异不同，距离轴线近的液滴与周围气流的速度差异大。不同位置气流的速度的差异导致了距离轴线近的液滴速度较大。因此，在对液态颗粒物进行控制时，应该考虑颗粒物在不同区间的速度差异。

与此同时，当环境温度降低时，蒸汽逐渐降温，会出现凝结的现象，形成液滴。随着液滴不断凝聚，其运动规律会逐渐向固态颗粒物变化，即随二次气流的跟随性越来越差。液滴常常会产生和附着在建筑的顶部和侧墙等固体壁面上，造成滴水现象，同时也有可能会对固体壁面造成破坏和腐蚀。

2.3　工业建筑热环境特征

室内热湿环境是在室内、外扰量的综合作用下，通过能量和质量的移入或移出形成的，在这个热过程中总是遵循能量守恒的原则，满足热平衡方程。建筑热过程的外扰包括室外空气温度、湿度、风速、风向和太阳辐射量等气象因素，它们通过围护结构的传热、传湿以及通风和空气渗透使热量和湿量进入室内，对建筑室内热环境产生影响。厂房内部的热源构成内扰量，主要包括人体、照明设施和工艺设备。人体通过皮肤、呼吸、出汗向环境散发显热和潜热，其散热量和散湿量取决于人体的代谢率；照明设施向环境散发的是显热；工业设备的散热量和散湿量取决于工艺过程的需要。工业建筑的热力系统见图 2-20。

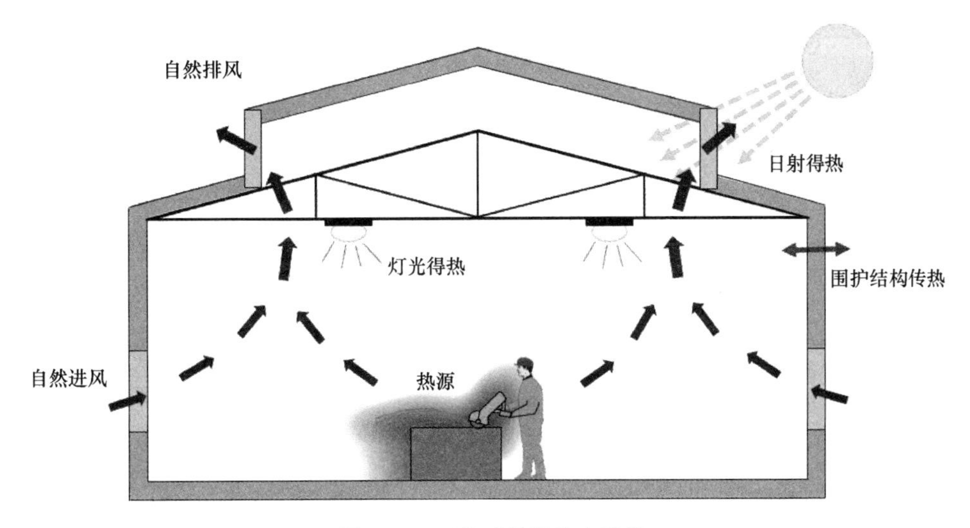

图 2-20　工业建筑的热力系统

在民用建筑中，室内源项包括人体、照明及家用设备，其散热散湿量变化不大，室外气象条件是影响民用建筑热过程的重要因素。而在工业建筑中，工业设备的散热量和散湿量取决于工艺过程的需要，不同工艺过程的厂房，其室内源项条件变化非常大，室外气象条件和室内源项条件是影响工业建筑热过程的重要因素。

2.3.1　室外气象条件

1. 太阳辐射

在室外气象条件中，太阳辐射是室内热环境的重要影响因素。太阳的光谱主要是由

0.2～3.0 μm 的波长所组成，达到地面的太阳辐射能主要是可见光和近红外线部分，即波长为 0.38～3.0 μm 范围的射线。

当太阳照射到非透光的围护结构外表面时，一部分会被反射，一部分会被吸收，二者的比例取决于围护结构表面的吸收率或反射率。但不同材料的表面对辐射的波长有选择性，黑色表面对各种波长辐射几乎都是全部吸收，而白色表面对不同波长的辐射反射率不同，可以反射几乎 90%的可见光。因此，外围护结构的表面越粗糙、颜色越深，吸收率就越高，反射率越低。

以西安夏季条件为例，说明太阳辐射吸收率及朝向对围护结构外表面温度的影响。太阳辐射吸收率对围护结构外表面温度的影响如图 2-21 所示，太阳辐射的吸收率越大，围护结构外表面吸收到的太阳辐射热量越多，围护结构外表面温度也就越高。各朝向围护结构外表面的温度如图 2-22 所示。从图中可以看出在一天中各朝向围护结构外壁面的温度峰值出现的时刻和波动幅度并不相同。这是由于围护结构外表面受到的日晒时数和太阳辐射强度不同，以水平面为最大，东、西向其次，南向较小，北向最小。

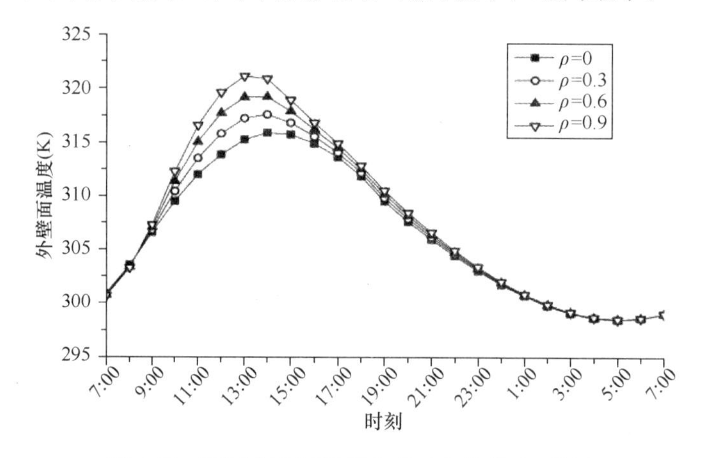

图 2-21　不同太阳辐射吸收率时南墙外壁面温度

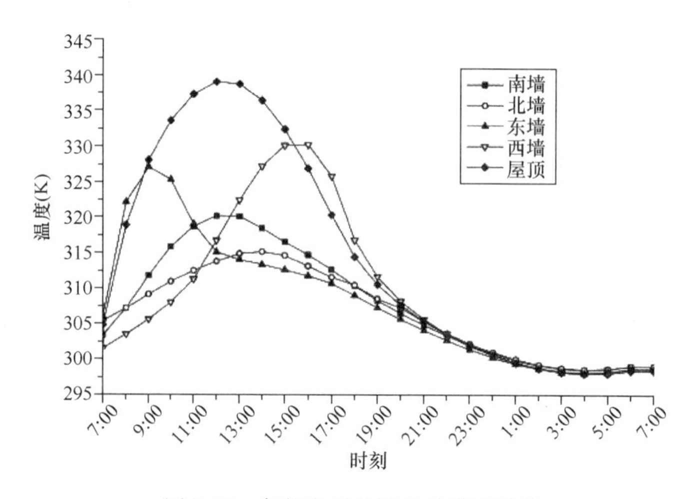

图 2-22　各朝向围护结构外壁面温度

玻璃属于透光围护结构，其对太阳辐射的反射和吸收特性与非透光围护结构存在较大的差异。玻璃对不同波长的辐射有选择性，其透过率与入射波长的关系见图 2-23，即玻璃对于可见光和波长为 3μm 以下的短波红外线来说几乎是透明的，但却能够有效地阻隔长波红外线辐射。因此，当太阳直射在普通玻璃窗上时，绝大部分的可见光和短波红外线将会透过玻璃，只有长波红外线（也称作长波辐射）会被玻璃反射和吸收，但这部分能量在太阳辐射中所占的比例很少。透过玻璃的可见光和短波红外线组成的太阳辐射能投射到房间内部的物体表面上，使其表面温度升高，其发出的长波辐射能却被玻璃有效地阻隔在建筑物内部，形成所谓的温室效应。温室效应在建筑的太阳能利用方面有着重要的作用。

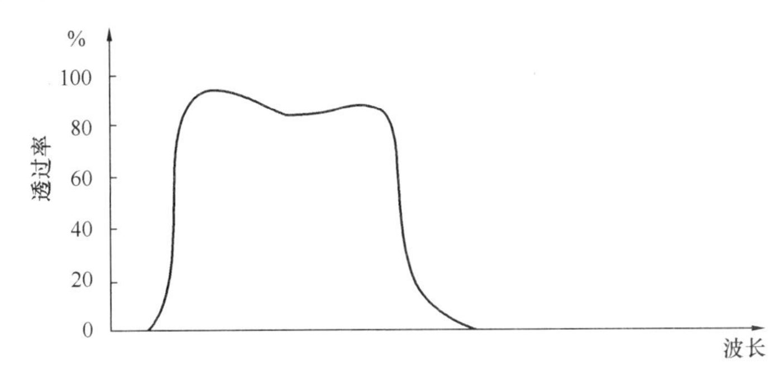

图 2-23　普通玻璃的光谱透过率

随着技术的发展，将红外发射率低、红外反射率高的金属（铝、铜、银、锡等）采用真空沉淀技术，在普通玻璃表面沉积一层极薄的金属涂层，这样就制成了低辐射玻璃，也称作 Low-E 玻璃。与普通玻璃相比，Low-E 玻璃具有良好的隔热效果和透光性。

2. 室外空气综合温度

图 2-24 所示为围护结构外表面的热平衡。建筑外围护结构的外表面除了与室外空气发生对流换热外，还会受到太阳辐射的作用，其中包括太阳直射辐射、天空散射辐射、地面反射辐射，围护结构受到的这三项辐射均是含有可见光和红外线的太阳辐射组成部分。此外，外围护结构表面还存在长波辐射作用，包括大气长波辐射、地面长波辐射以及环境

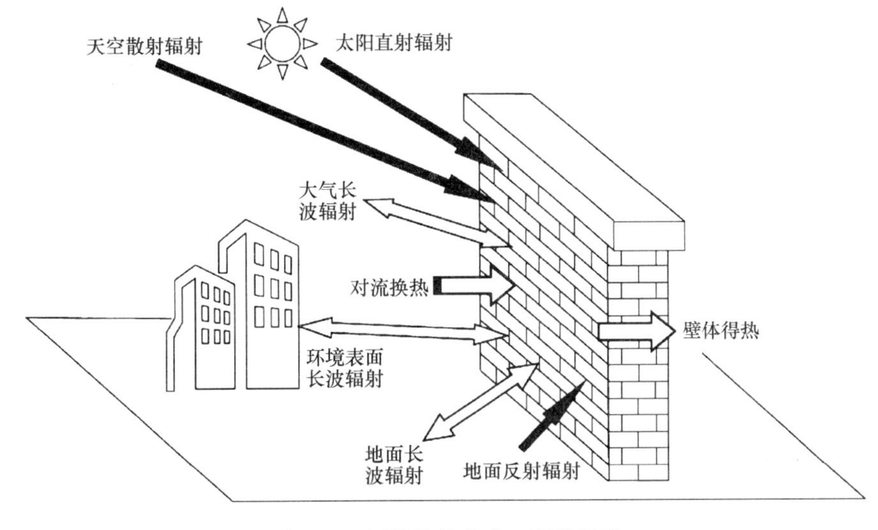

图 2-24　围护结构外表面的热平衡

表面间的长波辐射。

太阳辐射对建筑围护结构的外表面的辐射作用，被围护结构外表面吸收的那部分能量可以被看做是室外气温由原来的 t_a增加了辐射的等效温度值，即室外空气综合温度。

围护结构外表面长波辐射最主要的一项就是围护结构和大气间的长波辐射。在计算白天的室外空气综合温度时，由于太阳辐射的强度远远大于长波辐射，所以可以忽略长波辐射。夜间没有太阳辐射的作用，而天空的背景温度远远低于空气温度，因此建筑物向天空的辐射放热量是不可以忽略的，尤其是在建筑物与天空之间的角系数比较大的情况下。在冬季忽略天空辐射作用可能会导致热负荷估计值偏低。因此，与天空的长波辐射常称为夜间辐射或有效辐射。

室外环境对建筑围护结构外表面产生的热作用是空气温度和辐射作用的综合影响，可以用室外综合空气温度来进行计算。室外综合空气温度反映了空气温度、太阳辐射、地面反射辐射、围护结构外表面长波辐射的综合影响作用。室外综合空气温度的计算式如式（2-66）所示：

$$t_Z = t_a + \frac{q_s + q_r}{\alpha_{out}} - \frac{q_e}{\alpha_{out}} \tag{2-66}$$

式中 t_a——室外空气温度（℃）；

α_{out}——围护结构外表面的对流换热系数［W/（m^2·℃）］；

q_s——围护结构外表面所吸收的太阳直射与天空散射辐射热量（W/m^2）；

q_r——围护结构外表面所吸收的地面反射辐射热量（W/m^2）；

q_e——围护结构外表面的长波散射热量（W/m^2）。

以垂直墙面为例

$$q_s = \alpha_z I_{c,z} + \alpha_s I_{c,s} \tag{2-67}$$

$$q_r = \alpha_s I_{d\theta} \tag{2-68}$$

式中 α_z，$I_{c,z}$——分别为围护结构外表面的太阳直射辐射吸收率及到达垂直墙面的直射辐射量（W/m^2）；

α_s，$I_{c,s}$——分别为围护结构外表面的散射辐射吸收率及到达垂直墙面的天空散射辐射量（W/m^2）；

$I_{d\theta}$——围护结构外表面所接收的地面反射辐射强度（W/m^2）。

2.3.2 室内源项条件

在工业建筑中，室内源项的散热量对建筑热过程和室内环境有重要的影响，也是工业建筑节能设计方法不同于民用建筑的重要因素。室内源项的显热散热以两种形式在室内进行其热量传递，一种是以对流形式直接作用到室内空气；另一种则是以辐射形式向周围各个表面进行热量传递，使围护结构内表面温度升高，再通过内表面和室内空气之间的对流换热，影响室内空气。

对于高温热源工业建筑，室内热源往往散发大量余热、热辐射强度大，且热源的辐射散热占到总散热量的 80%～90%，即高温热源的散热量中辐射散热占主导地位。

热源以对流和辐射形式向室内散发热量，但辐射热和对流热的传导方法和路径是不相同的，而且不同的传热方式对通风房间的温度分布和气流分布的影响过程也是不同的。因此，工业建筑室内高温热源的对流和辐射散热量以及辐射对流比对室内热环境特性有着重要的影响，准确估算室内散热量对研究室内热环境特性有重要意义。

1. 热源散热量的理论计算

高温热源工业建筑室内具有高温热源，如各种工业炉、烘干炉等加热设备，热加工成品等。由于厂房使用情况，以及生产工艺的不同，其散热量也是不同的。完全用理论计算的方法确定各种热源的散热量是很困难的。下面只是介绍高温热源工业建筑中常见的加热炉的估算方法，在工业建筑通风设计计算中，室内热源散热量计算一般不考虑人工照明散热量和人体散热量。

工业建筑内加热炉很多，如锻造、轧钢、热处理的加热炉，建筑材料生产中的窑炉等。加热炉的散热量包括炉壁散热量和炉门口敞开时的散热量两部分。

炉壁散热包括壁表面与室内空气之间的对流换热以及壁表面与周围环境之间的辐射换热。如果工艺资料提供了炉壁构造及炉壁内表面温度，或通过对正在使用的同类工业炉的实测而得到炉壁外表面温度及炉壁表面积，这样就可以根据一般的传热公式计算出炉壁散热量。下面介绍的炉壁散热量是在已知炉壁表面温度及炉壁表面积时的计算方法。

每平方米炉壁的对流换热量为：

$$q_c = \alpha_c(t_b - t_n) \tag{2-69}$$

式中　q_c——对流换热量（W/m^2）；

α_c——炉壁外表面和室内空气之间的对流换热系数［$W/(m^2 \cdot K)$］；

t_b——炉壁外表面温度（℃）；

t_n——室内空气温度（℃）。

对流换热系数 α_c 的值取决于很多因素，是一个十分复杂的物理量。为简化起见，根据室内空气流动状况是自然对流或受迫对流、壁面的位置是垂直的还是水平的以及热流方向等因素，采用一定的经验公式。

对于垂直的平壁面：

$$\alpha_c = 2.2(t_b - t_n)^{1/4} \tag{2-70}$$

对于水平的平壁面：

$$\alpha_c = 2.8(t_b - t_n)^{1/4} \tag{2-71}$$

每平方米炉壁的辐射换热量为：

$$q_r = C\left[\left(\frac{T_b}{100}\right)^4 - \left(\frac{T_n}{100}\right)^4\right] \tag{2-72}$$

式中　C——辐射系数，对于一般的工业炉可取 $C = 5.34W/(m^2 \cdot K^4)$；

T_b——炉壁外表面的温度（K）；

T_n——加热炉周围的物体表面温度，可近似认为等于室内空气温度（K）。

炉口的散热量是指当炉门打开时散入室内的辐射热量。该散热量亦可用一般的辐射换热公式计算：

$$Q_k = CFK\left[\left(\frac{T_k}{100}\right)^4 - \left(\frac{T_n}{100}\right)^4\right] \tag{2-73}$$

式中　Q_k——炉口散热量（W）；

C——辐射系数，为简化计算，可近似认为等于黑体的辐射系数，$C=5.67W/(m^2 \cdot K^4)$；

F——炉口面积（m^2）；

K——炉口的折算系数，一般情况下，部分辐射热会被炉门壁遮挡住，故考虑折算系数；

T_k——炉膛内火焰或烟气的温度（K）；

T_n——炉门口对面物体表面温度，可近似认为等于室内空气温度（K）。

2. 热源的辐射对流比

室内热源以对流和辐射的形式向室内散发热量，其表面的热量平衡式如下所示：

$$\frac{q_c}{q_t}+\frac{q_r}{q_t}=1 \tag{2-74}$$

式中 q_t——热源表面总的散热量（W/m^2）；

q_c——热源表面对流散热量（W/m^2）；

q_r——热源表面辐射散热量（W/m^2）。

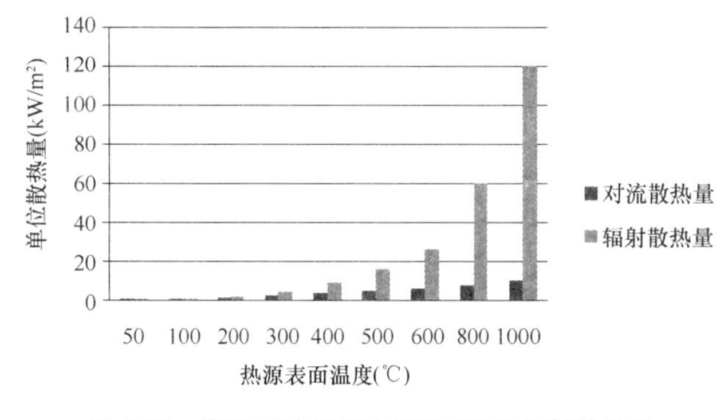

图 2-25 热源不同表面温度的对流和辐射散热量

热源的辐射对流比为：

$$\psi=\frac{q_r}{q_c} \tag{2-75}$$

当周围空气温度为 30℃，热源表面发射率为 0.8 时，根据式（2-69）和（2-72），计算得到不同热源温度的对流散热量和辐射散热量，如图 2-25 所示。从图中可以看出，对流和辐射散热量随着热源表面温度的升高而增加，但是辐射散热量是温度的 4 次方，其随着热源表面温度升高而增加得更快，即高温热源的散热量中辐射散热占主导地位。因此，对于含有高温热源的工业建筑来说，要准确预测辐射散热作用对室内热环境的影响。

在不同的热源表面温度和表面发射率 ε 下，热源对流散热量占总散热量的比值 q_c/q_t、辐射散热量占总散热量的比值 q_r/q_t 的变化规律分别如图 2-26 和图 2-27 所示。从图 2-26 可以看出，对流散热量所占总散热量的比值随着热源温度的增加和表面发射率ε的增加

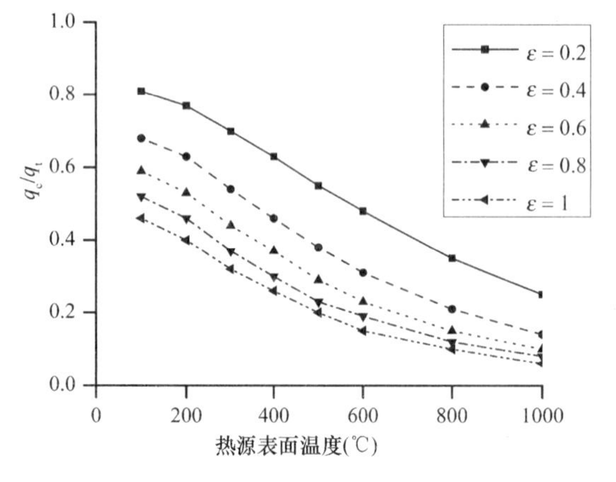

图 2-26 热源对流热占总散热量的比值

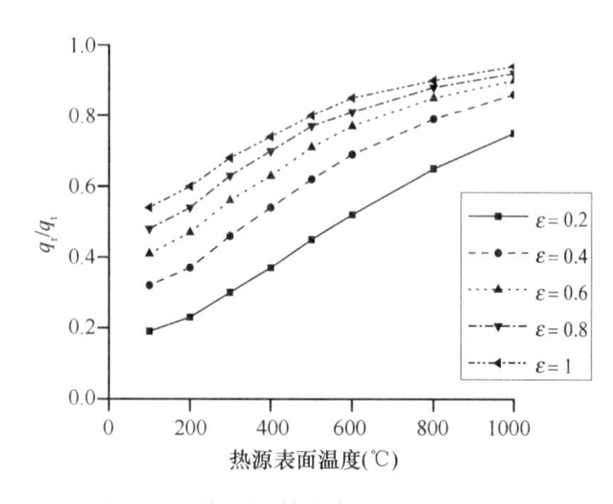

图 2-27 热源辐射热占总散热量的比值

而减小。从图 2-27 可以看出，辐射散热量所占总散热量的比值随着热源温度的增加和表面发射率 ε 的增加而增大。当热源表面温度大于 800℃，热源表面发射率大于 0.6 时，热源辐射散热量占到总散热量的 80%以上。

在不同的热源表面温度和表面发射率 ε 下，热源的辐射对流散热比 Ψ 如图 2-28 所示。从图中可以看出，热源的辐射对流散热比随着热源表面温度的增加和表面发射率的增加而增大。热源辐射对流比是预测不同传热方式影响的一个基础参数，不同方式传热的贡献是影响热压通风效果和室内热环境特性的重要因素。研究显示，热源辐射对流比大于等于 0.5 时，辐射作用的影响很重要，辐射效应不宜忽略。从图 2-28 中可以得到，当热源温度大于 100℃，热源表面发射率大于 0.4 时，热源辐射对流比都将大于 0.5。

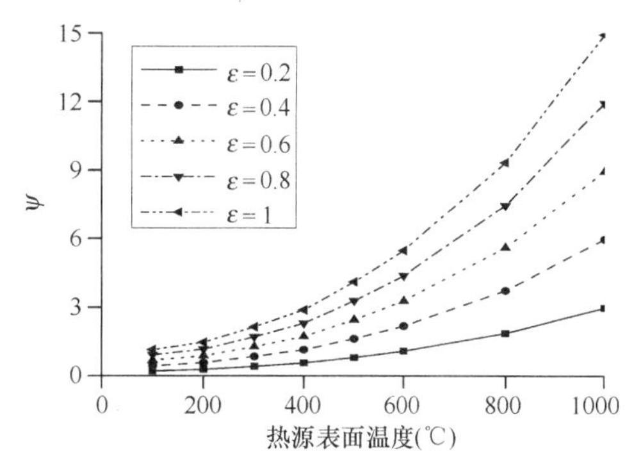

图 2-28　热源的辐射对流比

2.3.3　室内热平衡方程

把工业建筑当做一个热力系统，在外扰和内扰的综合作用下，其中发生的显热量传递包括：

（1）通过外围护结构的导热。外围护结构外表面与室外空气发生对流换热，同时受到太阳辐射作用；外表面与内表面间通过导热传热进行热量传递；内表面与室内空气进行对流换热，并与室内其他表面进行辐射热量传递。

（2）透过玻璃窗的太阳辐射热作用。透过玻璃窗的太阳辐射热，首先被围护结构及家具表面吸收，再以对流换热的形式传递给室内空气。

（3）通过通风的换热量。空气流动包括通过门、窗等大开口的自然通风换气，以及通过缝隙的渗透和通过机械设备的通风换气。

（4）室内热源的散热量。厂房内部的热源构成内扰量，它们直接对房间系统发生作用，工业建筑内热源主要包括工业设备、工业炉、金属冷却、电炉、照明设备、人员等散热体。在房间内的供暖或空调设备，也是房间热力系统的内热源，在空调设备制冷时，得热量为负值。

无论是通过围护结构的热湿交换还是室内散热湿源，其作用形式为对流换热、导热和辐射三种形式。某一时刻在内外扰综合作用下进入房间的热量叫做该时刻的得热，包括显热和潜热。其中发生的显热量传递包括对流得热（如围护结构内表面与室内空气的对流换热，室内热源的对流散热）和辐射得热（如透光窗玻璃进入到室内的太阳辐射、室内热源的辐射散热等）。如果得热量为负，则意味着房间失去显热或潜热量。

室内空气的干球温度是室内热环境最重要的因素，干球温度可以通过室内空气瞬时得热平衡式分析得出。在瞬时得热中，显热得热中的对流部分和潜热得热是直接放散到房间空气中的热量。而显热得热中的辐射部分，因为空气对辐射热几乎不吸收，进入房间的辐射热先投射到围护结构和工艺设备等物体的表面上，其中一部分被这些物体所吸收，一部分被反射。当这些物体表面由于吸热而温度升高到高于物体内部和周围空气温度时，热流一方面通过导热方式传入该物体内部被蓄存起来，另一方面则是通过对流方式传给周围空

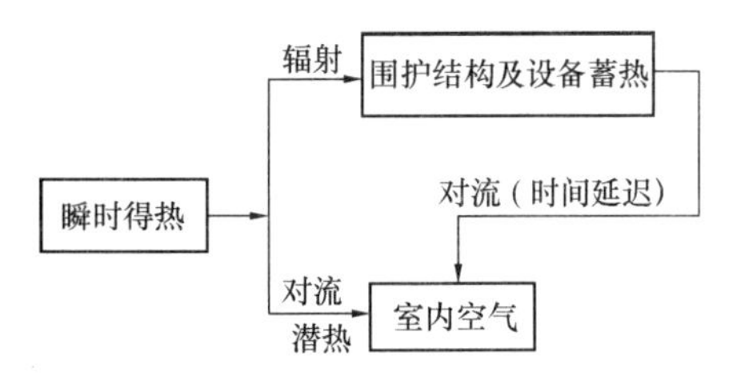

图 2-29 得热量传给室内空气的过程

气，如图 2-29 所示。在这样的过程中，瞬时传给空气的热量与瞬时得热量相比，产生时间的延迟和波幅的衰减，辐射的存在是延迟和衰减的根源。

根据能量守恒原则，在一个时间步长内，按集总参数方法可列出室内空气温度的热平衡方程，空气温度的显热平衡方程式表示的是空气显热得热的守恒原则。

$$\int_{\tau}^{\tau+\Delta\tau}(Q_1+Q_2+Q_3+Q_4)\mathrm{d}\tau=\rho_a V_a C_a(T^{\tau+\Delta\tau}-T^{\tau}) \tag{2-76}$$

式中 T——室内空气温度变量（℃）；

τ——时间变量；

ρ_a、V_a、C_a——分别为空气的密度、室内空气体积和比热，为计算简便将空气的密度及比热都视为常量［kg/m³、m³、J/（kg·℃）］；

Q_1——室内各内表面传给空气的对流热量（W）。

在室内空气的热平衡方程中，计算室内表面传给空气的对流热量 Q_1 需要知道各围护结构内表面温度，其值受到通过墙体、屋面等不透明围护结构的导热过程影响，同时也受到通过玻璃窗等透明围护结构的太阳辐射热及房间内部热辐射的影响，这部分热过程可以通过房间围护结构导热微分方程进行分析。由于玻璃很薄，导热系数很大，热惰性很小，因此玻璃窗的传热过程不考虑玻璃的蓄热作用，可以采用稳态计算方法计算玻璃传热量。因此，室内各内表面传给空气的对流热量如下：

$$Q_1=\sum\alpha_i(TB_i-T)F_i+K_{glass}F_4(t_a-T) \tag{2-77}$$

式中 $i=1、2、3$ 分别表示内墙、顶棚和地板；

α_i——不透明围护结构各内表面对流换热系数［W/（m²·℃）］；

TB_i——不透明围护结构各内表面内壁表面温度（℃）；

F_i——不透明围护结构各内表面面积（m²）；

K_{glass}——玻璃窗传热系数［W/（m²·℃）］；

F_4——玻璃窗面积（m²）；

t_a——室外空气干球温度（℃）；

Q_2——内热源传给空气的对流热量（W）。

在二类工业建筑中，例如热轧车间、锻造车间等，内热源散热量非常大。需要注意的是，这里 Q_2 仅是内热源传给空气的对流热量，而内热源的辐射热量投射到室内等固体壁面上，壁面温度升高后再以对流换热方式传给空气，因此，内热源的辐射热对室内空气的影响在 Q_1 中计算。

$$Q_3=C_a\cdot\rho_a\cdot(t_a-T)\cdot L \tag{2-78}$$

式中 Q_3——空气流动带来的对流热量交换（W）；

L——通风换气量（m³/s）。

由于各种原因，室外空气有可能直接进入房间，比如通过机械设备的通风换气、建筑中的门窗等开口及缝隙，都会有空气流入或流出，在室内外空气参数不同的情况下，就产生热量的交换，并即刻影响室内空气的热量平衡关系。在二类工业建筑中，以通风能耗为主，通风换气量是影响热环境的重要因素。夏季门窗打开，形成比较大的开口，通过恰当手段组织自然通风往往可以获得较好的通风降温效果。在冬季，用于排除室内污染物的机械通风将带走大量的室内热量，明显影响建筑室内热环境。

厂房的自然通风换气是由于室内外存在压力差而产生的，室内外的压力差一般为风压和热压所致。夏季由于室内外温差比较小，风压是造成自然通风换气的主要动力，而冬季则会有比较大的热压作用。

Q_4 ——设备系统带给空气的对流热量（W）。

与 Q_2 的情况相类似，设备系统的辐射热对室内空气的影响也是在 Q_1 中计算。

建筑围护结构的传热计算方法分为两种：一种是稳态计算法，另一种是非稳态计算法。稳态计算方法通常用于冬季条件下的保温节能设计，非稳态计算方法通常用于夏季条件下的隔热节能设计。

1. 稳态计算方法

稳态传热计算方法非常简单、直观，甚至可以直接手工计算或估算。因此，在计算蓄热性能小的轻型、简易围护结构的传热过程时，可以用稳态计算方法近似计算。另外，如果室内外温差的平均值远远大于室内外温差的波动值时，采用稳态传热计算带来的误差也比较小，在工程设计中是可以接受的。例如，在我国北方冬季，室外温度波动幅度远小于室外的温差（图 2-30），因此，目前在进行供暖计算时，大多采用稳态计算方法。

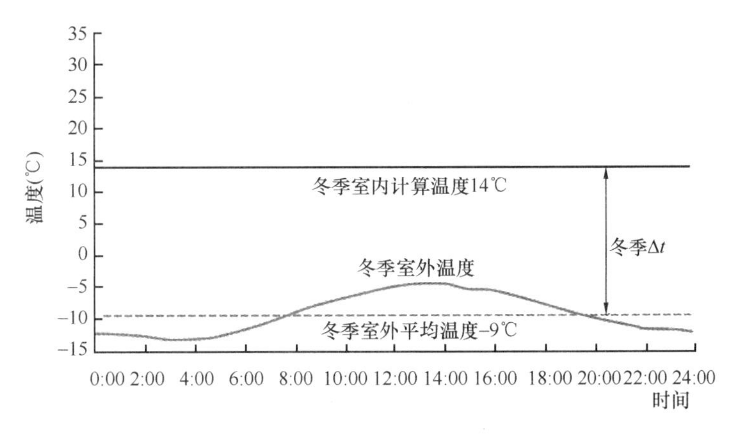

图 2-30　冬季室内外温差

稳态传热计算方法即不考虑建筑物以前时刻传热过程的影响，只采用室内外瞬时或平均温差与围护结构的传热系数、传热面积的乘积来求取传热量，即：

$$Q = KF\Delta t \tag{2-79}$$

2. 非稳态计算方法

实际建筑围护结构的传热过程是很复杂的现象。一方面，它包括围护结构表面的吸热、放热和结构本身的导热三个基本过程，而且，这些过程又涉及导热、对流和辐射三种基本传热方式。另一方面，由于室外空气温度和太阳辐射强度等气象条件随季节和昼夜不断变化，而且室内空气温度和围护结构表面的热状况也随室内热源散热量的不稳定、供暖与空气调节设备的形式和运行条件而不断变化。因此，通过围护结构的传热量（即厂房的传热失热或得热）是随时间而变化的，也就是说，围护结构的传热现象是复杂的不稳定传热过程。

当平面板壁的高（长）度和宽度是厚度的8～10倍，按一维导热处理时，其计算误差不大于1%。因此，建筑物围护结构的不稳定传热通常可按一维计算。如果围护结构的物性参数为常数，则围护结构非稳态传热过程的数学描述为：

$$\frac{\partial t}{\partial \tau}=a\frac{\partial^2 t}{\partial x^2} \tag{2-80}$$

$$-\lambda\frac{\partial t}{\partial x}\Big|_{x=0}=\alpha_z(t_z-t_{x=0}) \tag{2-81}$$

$$-\lambda\frac{\partial t}{\partial x}\Big|_{x=\delta}=\alpha_i[t_{x=\delta}-t_{in}(\tau)]+Q_l-Q_{sh} \tag{2-82}$$

$$t(x,0)=f(x)(\text{初始条件}) \tag{2-83}$$

式中 a——围护结构材料的导温系数（热扩散系数）（m^2/s）；

λ——墙体材料的导热系数［W/（m·K)］；

α_z——围护结构外表面对流换热系数［W/（m^2·℃)］；

t_z——室外综合空气温度（℃）；

α_i——围护结构内表面对流换热系数［W/（m^2·℃)］；

Q_l——围护结构内表面向其他表面发射的长波辐射（W/m^2）；

Q_{sh}——围护结构内表面接收的短波辐射（W/m^2），包括进入室内的日射及室内其他物体可能产生的对内表面的短波辐射。

求解非透光围护结构的不稳定传热过程就要求解其温度场和热流场随时间的变化。常见的方法有有限差分法、积分变换法等，这里不再详述。

2.3.4 热环境特征

1. 热辐射

对于高温热源工业建筑，其室内热源散发大量的辐射热，辐射热作用引起壁面温度升高使之成为次生对流热源，并以对流换热形式影响室内温度分布和气流分布，即为热辐射的次生对流源效应，如图2-31所示。下面通过对流场的分析，来阐述次生对流源效应对温度场、流场的影响作用机理。

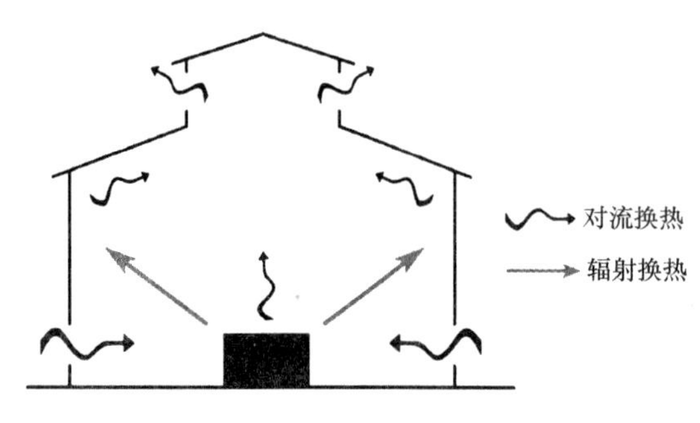

图2-31 热辐射的次生对流源效应

工业建筑的温度分布与热源的强度和散热方式有关，即辐射换热和对流换热对室内热量分布的影响不同。室内辐射可以分为两种类型：壁面直接的相互辐射，室内热源与壁面之间的相互辐射。对流换热是基于空气温度场形成的密度差，通过空气微团之间的热交换和质量交换影响室内的温度分布。而辐射换热是通过热量辐射，先影响壁面温度使其温度升高，再以壁面与相邻的室内空气对流换热的形式影响室内温度场，即辐射传热是以二次对流的形式影响室内的热环境。也就是说，对流换热直接影响空气温度，而辐射换热间接影响室内空气温度，即纯对流模型和对流辐射耦合模型引起室内热量分布不同。图 2-32 和图 2-33 表示了纯对流模型和对流辐射耦合模型计算下的温度场和流场。

图 2-32（*a*）显示的是纯对流模型计算下的温度场。对流热随着热羽流直接作用于上部区域，纯对流模型计算下的温度场显示热量较集中于热源上方区域。热源表面温度越高，室内温度过高估计的现象会越明显。纯对流模型计算下的室内温度，尤其是上部区域温度比对流耦合模型计算下的温度要高。图 2-32（*b*）显示的是对流辐射耦合模型计算下的温度场。对流热随着热羽流直接作用于上部区域，辐射散热分为作用于上部区域和下部区域两部分。对流辐射耦合模型计算下的温度场显示热量分布较为均匀，对于内含高温热源的工业厂房，考虑对流辐射耦合模型与实际情况更一致。另外，对于对流辐射耦合模型计算下的温度场，壁面附近温度较高，这是因为对流散热和辐射散热对室内温度的影响过程是不同的。

图 2-33 所示为纯对流模型和对流辐射耦合模型计算下的流场分布图。可以看出，无论是纯对流模型还是对流辐射耦合模型，流线都是以中心线对称的，而且在两壁面附近形成了两个环流。

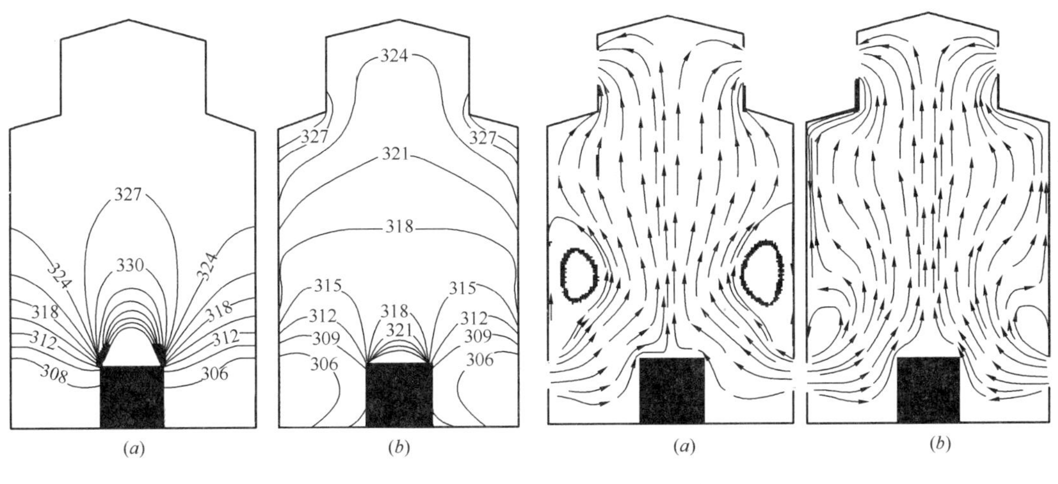

图 2-32　流场分布图（T_s＝500℃）
（*a*）纯对流作用下；
（*b*）对流辐射耦合作用下

图 2-33　流线图（T_s＝500℃）
（*a*）纯对流作用下；
（*b*）对流辐射耦合作用下

图 2-33（*a*）显示的是纯对流模型计算下的流线图。由于浮力羽流和新风射流的作用大部分的气流向上运动。随着温度的升高，浮力羽流的增强，两壁面附近的环流减小。图 2-33（*b*）显示是的对流辐射耦合模型计算下的流线图。由于浮力羽流、新风射流和附壁气流的作用大部分的气流向上运动。随着温度的升高，辐射对流比增大，浮力羽流和附壁气流增强，两壁面附近的环流减小。在相同的热源温度下，对流耦合模型计算下的两壁面附近的环流比纯对流模型计算下两壁面附近的环流小，这是由于次生对流源引起的附壁气流作用导致的。

同时，除热源的辐射作用之外，建筑顶棚也在以热辐射的方式在向地面反馈热量，造成地面的温度升高，然后通过对流方式向近地面空气放热，同样会使近地表形成一个明显的温升。

2. 热分层

热分层现象广泛存在于各种建筑空间中，尤其是在高大空间中更为显著。由于工业建筑多为高大空间建筑，因此在工业建筑中热分层现象尤为明显。自然状态下的室内空气可以认为密度随温度而变化，由于受到浮力的作用会趋向于密度小的热空气在上、密度大的冷空气在下。这便是热分层形成的根源。

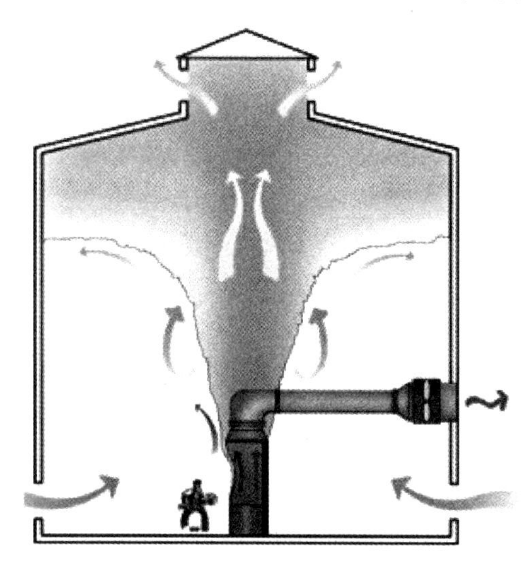

图 2-34　工业建筑热分层示意图

在工业建筑中，常常存在较多热源，通风是工业建筑中排除余热和污染物的一种有效方法。热源上的浮力羽流在上升过程中不断卷吸周边空气，在羽流流量与通风量相等的高度上形成热分层。因此，在平衡状态下形成两个区域，即下部的清洁区和上部的污染区，两分区的分界面的高度即为热分层高度。工业建筑内局部通风系统与全面通风系统作用下的热分层示意图如图 2-34 所示。由热分层的概念可知热分层是室内气流运动结果导致的室内上下部分气流运动状况不同，因此随着室内气流运动的污染物也应该呈现出相似的规律，即房间上部分污染物浓度大，而热分层下部分污染物浓度小。因此，控制热分层的高度在工作区之上是工业建筑通风系统设计的一个主要控制指标。

工业建筑内局部通风系统与全面通风系统作用下的热分层特性如图 2-35 所示。在排风管处阿基米德数范围为 $0.1 < Ar_{exh} < 6.3$，也就是排风罩排风量范围为 $25m^3/h < q_{hood} < 120m^3/h$ 时，无因次热分层高度（y_{st}^*）从 0.36 变化到 0.20。因此，为了确保需要在厂房上部空间内生产作业的工人的健康，工业厂房内的热分层高度应大于工人作业高度。

3. 热分布

热分布特征是建筑物的重要室内环境特征，同时热分布系数以及它的倒数温度效率或通风系统能量利用效率是评价通风效率的重要指标之一。在有强热源的房间内，空气温度沿高度方向的分布是比较复杂的。热源上部的热射流在上升过程中，周围空气不断卷入，热射流的温度逐渐下降。热射流上升至屋顶后，沿四周扩散，一部分由窗户排出室外，一部分沿四周外墙向下回流，返回工作区或在工作区上部

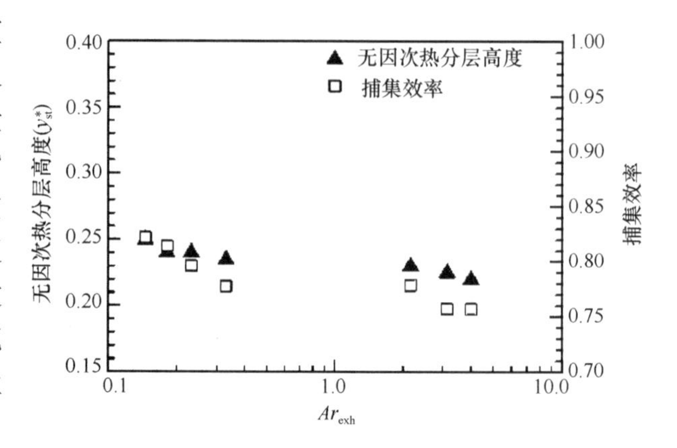

图 2-35　无因次热分层高度值和相对应的捕集效率随 Ar_{exh} 的变化规律

重新卷入热射流。返回工作区的那部分循环气流与从下部窗户流入室内的室外气流混合后，一起进入室内工作区，工作区温度就是这两股气流的混合温度。如果房间总散热量为 Q，其中直接散入工作区的那部分热量为 mQ，因此将 mQ（Q_n）称为有效余热量，m 值称为热分布系数或有效热量系数。

热分布系数的能量表达式为：

$$m = \frac{Q_n}{Q} \tag{2-84}$$

热分布系数的温度表达式为：

$$m = \frac{t_n - t_0}{t_e - t_0} \tag{2-85}$$

式中　t_e——排风温度（℃）；

t_n——工作区温度（℃）；

t_0——送风温度（℃）。

其倒数称为通风效率 E_T，表示送风排出室内污染物的能力的指标。室内有害物包括余热和蒸汽、气体、固态颗粒物等，因此就排热性能而言也称排热效率，对排除污染物来说也叫排污效率。

通过热分布系数可计算直接散入工作区的那部分热量，即有效余热量。在通风房间中，热分布系数受面热源、体热源组合形式的影响。在一般情况下，m 值按下式计算：

$$m = m_1 \cdot m_2 \cdot m_3 \tag{2-86}$$

另外，工业建筑中经常存在各种高温的热源，即辐射与对流换热经常同时存在。在热源以对流热直接加热周围空气的同时，辐射热转移则无异于在室内产生了一个位移的次热源，而且次热源的位置愈低，对热分布系数的影响也愈大。因此，对于工业建筑内的热分布特征，需要特别加以注意。

4. 热环境对人的影响

建筑室内热环境主要由气温、平均辐射温度、相对湿度、气流速度四个主要物理因素构成。工业建筑与民用建筑的热环境要求存在着很大的不同。其不同之处在于，民用建筑的热环境主要考虑满足人体的热舒适要求；而在工业建筑中，热环境主要考虑满足生产工艺的需要。在工业建筑内，常存在着高温度、高湿度、高辐射温度、高气流速度的情况。例如，在热处理车间，常存在大量高温热源，大幅提升了室内的温度和辐射温度；纺织、印刷车间中，由于工艺操作需要，经常要保持较高的室内湿度；对于很多通风量需求大的车间，经常存在较高的气流速度。这些热环境特征显著区别于民用建筑。

建筑热环境对人体的生理有很大的影响。人的冷热感觉与空气的温度、相对湿度、流速和周围物体表面温度等因素有关。

对流换热取决于空气的温度和流速。当空气温度低于体温时，温差愈大人体对流散热愈多，空气流速增大对流散热也增大；当空气温度等于体温时，对流换热完全停止；当空气温度高于体温时，人体不仅不能散热，反而得热，空气流速愈大，得热愈多。

辐射散热与空气的温度无关，只取决于周围物体（墙壁、炉子、机器等）的表面温度，当物体表面温度高于人体表面温度时，人体得到辐射热；相反，则人体散失辐射热。

蒸发散热主要取决于空气的相对湿度和流速。当空气温度高于体温，又有辐射热源时，人体已不能通过对流和辐射散出热量，但是只要空气的相对湿度较低（水蒸气分压力较小），气流速度较大，可以依靠汗液的蒸发散热；如果空气的相对湿度较高，气流速度较小，则蒸发散热很少，人会感到闷热。相对湿度愈低，空气流速愈大，则汗液愈容易蒸发。

由此可见，对人体适宜的空气环境，除了要求一定的清洁度外，还要求空气具有一定的温度、相对湿度和流动速度，人体的热感觉是综合影响的结果。因此，在生产车间内必须防止和排除生产中大量散发的热和水蒸气，并使室内空气具有适当的流动速度。

在某些散发大量热量的高温车间，如铸造、锻造、轧钢、炼焦、冶炼车间都具有辐射强度大、空气温度高和相对湿度低的特征，要尤其注意对热环境进行调节。

2.4 工业建筑污染物特征

与一般的民用、商业建筑相比，工业建筑中存在着大范围、集中排放、多种类型、长时间释放的各种工业污染物。这些工业污染物如果不及时加以控制，会对室内空气环境造成极大的影响和破坏，严重威胁到生产的安全、产品的质量以及工人的身体健康。通风是改善室内空气环境的重要手段。因此，在工业建筑中，对通风系统的需求和要求远高于一般的民用、商业建筑，往往需要通过多种通风手段协调运作，才能最大程度和高效地改善工业建筑的室内空气环境，保证工业生产的高效运行。

另外，随着现代科学与工业生产技术的发展，对空气洁净度提出了极为严格的要求，以保证生产过程和产品品质的高精度、高纯度和高成品率。因此，在许多行业中，如精密机械、制药、食品等行业，广泛地使用了工业洁净室。在工业洁净室中，对空气洁净度、温湿度、正压值和新风量等参数都进行了严格的限制。

2.4.1 颗粒物的来源

颗粒物（PM，particles mater）是指能在空气中浮游的微粒，有固态颗粒物、液态颗粒物，它主要产生于冶金、表面处理、机械、建材、轻工、电力等许多行业的生产过程。其来源主要有以下几个方面：

（1）固态物料的机械粉碎和研磨，如选矿、耐火材料车间的矿石破碎过程和各种研磨加工过程。

（2）粉状物料的混合、筛分、包装及运输，例如水泥、铝粉、面粉等的生产和运输过程。

（3）物质的燃烧，如煤燃烧时产生的烟尘量。

（4）物质被加热时产生的蒸气在空气中的氧化和凝结，如矿石烧结、金属冶炼等过程中产生的锌蒸气，在空气中冷却时，会凝结、氧化成氧化锌固态微粒。酸洗、电解、水浴冷却等诸多生产过程中，会散发如酸雾、碱雾、油雾和水雾等液滴颗粒物。

第（1）、（2）两种来源属于物料物理形态与尺度的变化产生的颗粒物，其尺度相对较大，称为灰尘。第（3）种来源属于物料的化学变化产生的颗粒物。若化学变化的残灰随烟进入气体中，则颗粒物尺度相对较大，常见的为烟尘。如果其残灰未进入气体中，则气体中的颗粒物尺度相对较小，称为烟。例如，香烟燃烧产生的烟和烟灰，其中烟的颗粒物尺度较小，达到微米级及其以下，而烟灰的颗粒物尺度相对较大。第（4）种来源属于气态相变成固态产生的颗粒物，其尺度也比较小。

根据环境空气质量标准，对颗粒物可以分类为：

（1）总悬浮颗粒物（TSP，total suspended particle）：指悬浮在空气中，空气动力学当量直径不大于100μm的颗粒物。

（2）可吸入颗粒物（PM_{10}）：指悬浮在空气中，空气动力学当量直径不大于10μm的颗粒物。

（3）细颗粒物（$PM_{2.5}$）：指悬浮在空气中，空气动力学当量直径不大于2.5μm的颗粒物。

当一种物质的微粒分散在另一种物质之中可以构成一个分散系统时，我们把固态或液态微粒分散在气体介质中而构成的分散系统称为气溶胶（aerosol）。按照气溶胶的来源及性质，可分为：

（1）灰尘（dust）：包括所有固态分散性微粒。粒径上限约为200μm；较大的微粒沉降速度快，经过一定时间后不可能仍处于浮游状态。粒径在10μm以上的称为“降尘”，粒径在10μm以下的称为“飘尘”或可悬浮颗粒物。主要来源于工业排尘、建筑工地扬尘、道路扬尘等。

（2）烟（smoke）：包括所有凝聚性固态微粒，以及液态粒子和固态粒子因凝集作用而生成的微粒，通常是高温下生成的产物。粒径范围约为0.010～1.0μm，一般在0.50μm以下。如铅金属蒸气氧化生成的铅烟，木材、煤、焦油燃烧生成的烟就是属于这一类。它们在空气中沉降得很慢，有较强的扩散能力。主要来源于工业炉窑、餐饮炉灶等。

（3）雾（mist）：包括所有液态分散性微粒和液态凝集性微粒，如很小的水滴、油雾、漆雾和硫酸雾等，粒径在0.10～10μm之间。

（4）烟雾（smog）：指大气中形成的自然雾与人为制造的烟气（煤粉尘、二氧化硫等）的混合体，如伦敦烟雾。其粒径从十分之几到几十微米。还有一种光化学烟雾，是工厂和汽车排烟中的氮氧化物和碳氢化合物经太阳紫外线照射而生成的二次污染物，是一种浅蓝色的有毒烟雾，亦称洛杉矶烟雾。

2.4.2 污染蒸气和气体的来源

在化工、造纸、纺织物漂白、金属冶炼、浇筑、电镀、酸洗、喷漆等工业生产过程中，均产生大量的污染蒸气和气体。

污染蒸气和气体既能通过人的呼吸进入人体内部危害人体，又能通过人体外部器官的接触伤害人体，对人体健康有极大的危害和影响。同时，也会对建筑围护结构、设备、产品等造成损害。下面介绍几种常见的污染蒸气和气体。

1. 汞蒸气（Hg）

汞蒸气一般产生于汞矿石的冶炼和用汞的生产过程，工业上除使用金属汞外，还有许多汞的无机和有机化合物。汞即使在常温或0℃以下，也会大量蒸发。汞蒸气易被墙壁或衣物吸附，常形成持续污染空气的二次汞源。在生产条件下，汞蒸气主要经呼吸道进入人体。

2. 铅蒸气（Pb）

在有色金属冶炼、红丹、蓄电池、橡胶等生产过程中有铅蒸气产生，加热到400～500℃时，即有大量铅蒸气逸出，在空气中迅速氧化成氧化亚铅（Pb_2O），并凝聚成铅烟。职业性中毒主要由呼吸道吸入所致。

3. 砷蒸气（As）

铅、铜、金及其他含砷有色金属冶炼时，砷以蒸气状态逸散在空气中，形成氧化砷。处理烟道和矿渣、维修燃烧炉等都可接触三氧化二砷粉尘（As_2O_3）。砷化合物可经呼吸道、消化道或皮肤进入体内。职业性中毒主要由呼吸道吸入所致。

4. 氯气（Cl_2）

在造纸、印染、颜料、纺织、合成纤维、石油、橡胶、冶金等行业都会用到氯气作为原料。氯气的主要化合物是次氯酸和盐酸，与一氧化碳作用，可形成毒性更大的光气。氯气是一种强烈刺激性的气体，职业性中毒主要由呼吸道吸入所致。

5. 氮氧化物（NOx）

氮氧化物是氮和氧化合物的总称，包括一氧化二氮（N_2O）、一氧化氮（NO）、二氧化氮（NO_2）、三氧化二氮（N_2O_3）、四氧化二氮（N_2O_4）和五氧化二氮（N_2O_5）等。职业环境中接触的是几种气体混合物，常称为硝烟（气），主要为一氧化氮和二氧化氮，并以二氧化氮为主。氮氧化物都具有不同程度的毒性。主要来源于燃料的燃烧及化工、电镀、焊接等生产过程。氮氧化物较难溶于水，故对眼和上呼吸道刺激性较小，主要作用于深部呼吸道。

6. 二氧化硫（SO_2）

二氧化硫主要来自含硫矿物燃料（煤和石油）的燃烧产物。在金属矿物的焙烧、毛和丝的漂白、化学纸浆和制酸等生产过程亦有含二氧化硫的废气排出。二氧化硫是无色、有硫酸味的强刺激性气体，是一种活性毒物，在空气中可以氧化成三氧化硫，形成硫酸烟雾，其毒性要比二氧化硫大10倍。

7. 硫化氢（H_2S）

含硫矿石的冶炼、含硫化合物的生产过程中经常会产生硫化氢。硫化氢为剧毒气体，有明显的腐蚀和刺激作用，主要通过呼吸道、消化道、皮肤黏膜等位置对人体造成危害。

8. 苯（C_6H_6）

苯是一种挥发性较强的液体，苯蒸气是一种具有芳香味、易燃和麻醉性的气体。它主要产生于焦炉煤气和以苯为原料和溶剂的生产过程。职业性中毒主要由呼吸道吸入所致。

9. 一氧化碳（CO）

一氧化碳多数属于工业炉、内燃机等设备不完全燃烧时的产物，也有来自煤气设备的渗漏。职业性中毒主要由呼吸道吸入，导致人体组织缺氧。

10. 甲醛（H_2CO）

甲醛用途广泛，在合成树脂、表面活性剂、塑料、橡胶、造纸、燃料等行业中均会接触甲醛。甲醛是一种刺激性气体，主要通过呼吸道、消化道、皮肤黏膜等位置对人体造成危害。

2.4.3　污染物分布特征

与民用建筑相比，工业建筑中的污染物分布呈现出不同的规律。在民用建筑中，污染物的释放一般较为缓慢，污染物分布相对均匀。而对于一些工业行业，尤其是冶金等重工业，其污染物呈现出高集中度、高浓度释放的特点，导致了室内污染物分布呈现出显著的大梯度和不均匀的特性。污染物的分布的不均匀性主要体现在竖直和水平两个方面，如图 2-36 所示。

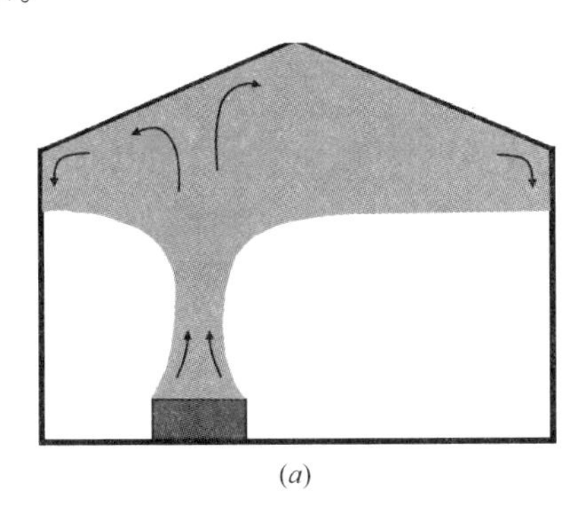

(*a*)

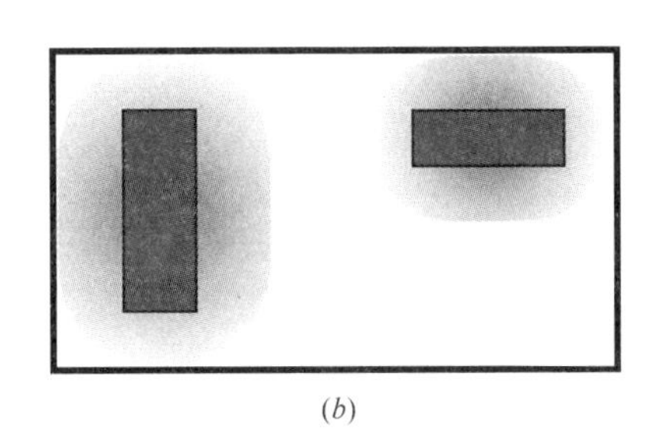

(*b*)

图 2-36　工业建筑中污染物浓度梯度示意图
（*a*）竖直方向；（*b*）水平方向

污染物的竖直分布不均匀性，主要是由于气体的密度差引起的。根据 2.3.4 节的内容，工业建筑内由于热源加热空气导致密度发生变化，产生浮力羽流，最终导致室内出现明显的热分层现象。当热源伴随着污染源时，污染物也会跟随浮力羽流在室内运动，最终也会形成类似于热分层的污染物浓度分层，即污染物聚积在房间的上部空间，房间上部分污染物浓度大，而污染物浓度分层下部分污染物浓度小，从而在竖直方向产生较大的浓度梯度。

同时，当污染物的密度较大，气流跟随性较差时，污染物不易随气流在室内传播扩散，如大粒径粉尘、油雾等污染物。这些污染物往往会聚积在污染源所在的水平平面内，从而导致房间下部空间污染物浓度较高。

污染物的水平方向分布不均匀性，主要是由于污染源分布不均匀造成的。在工业建筑中，污染源的位置由生产工艺决定，污染物的释放往往集中在室内特定的区域。当室内通风量不足或者污染物气流跟随性较差时，污染物往往会聚积在污染源附近的区域，难以被排除或稀释，造成水平方向上污染物浓度梯度较大。

2.4.4　污染物对人的影响

工业建筑内的人员时时刻刻通过皮肤暴露、呼吸等方式与室内空气相接触。如果不能保证室内空气环境，及时控制和排除室内空气中的有害物质，会对室内人员造成严重危害。空气环境中的有毒物质（气体、液滴）、粉尘和微生物是引起劳动人员产生职业病的重要因素。

1. 有毒物质进入人体的途径

空气中的污染物主要通过呼吸道进入人体，其次为皮肤，也可由消化道进入。

1）呼吸道

呼吸道由鼻、咽、喉、气管、支气管组成，是气体出入肺的通道。呼吸道与肺共同构成呼吸系统，执行机体与外界进行气体交换的功能，即吸入氧气，呼出二氧化碳。在呼吸过程中，污染物经鼻、咽、喉、气管、支气管到达肺部。因肺泡呼吸膜极薄，扩散面积大（50～100m^2），供血丰富，呈气体、蒸汽和气溶胶状态的毒物均可经呼吸道迅速进入人体，从而导致人体中毒。

气态毒物经过呼吸道吸收受许多因素的影响，主要与毒物在空气中的浓度或分压有关。浓度高，毒物在呼吸膜内外的分压差大，进入机体的速度就较快。其次，毒物与血/气分配系数有关。分配系数较低的毒物，开始接触不久，吸收速度即减缓；与此相反，分配系数较高的毒物，需接触很久才能达到平衡，因此进入体内的量就大得多。例如，甲醇和二硫化碳的血/气分配系数分别为 1700 和 5，故甲醇远比二硫化碳易被人体吸收。

气态毒物进入呼吸道的深度取决于其水溶性，水溶性较大的毒物易在上呼吸道吸收，除非浓度较高，一般不易到达肺泡；水溶性较小的毒物因其不易为上呼吸道吸收，故易进入呼吸道深部，甚至肺泡。此外，劳动强度、肺通气量以及产生环境的气象条件等因素也可影响毒物在呼吸道中的吸收。

气溶胶状态的毒物在呼吸道的吸收情况颇为复杂，受气道的结构特点、颗粒的形状、分散度、溶解度以及呼吸系统的清除功能等多种因素的影响。

2）皮肤

皮肤由表皮、真皮和皮下组织构成，其对外来化合物具有屏障作用，但有不少化合物可经皮肤吸收，如芳香族氨基和硝基化合物、有机磷酸酯类化合物、氨基甲酸酯类化合物、金属有机化合物（四乙基铅）等，可通过完整皮肤吸收入血而引起中毒。毒物经皮肤吸收的途径有两条，一条是通过表皮屏障到达真皮而进入血液循环；另一条是通过皮肤附属器，如汗腺、毛囊和皮脂腺绕过表皮屏障到达真皮而被吸收入血液。

脂溶性毒物可经皮肤吸收，但如果不具有一定的水溶性也很难进入血液，所以毒物的脂/水分配系数反映了其通过皮肤吸收的可能性。皮肤有病损或遭腐蚀性毒物损伤时，不易经完整皮肤吸收的毒物也能进入。接触皮肤的部位和面积，毒物的浓度和黏稠度，生产环境的温度和湿度等均可影响毒物经皮肤吸收。

3）消化道

毒物可经整个消化系统的黏膜层吸收。但在生产过程中，毒物经消化道摄入所致的职业中毒比较少见。由于个人卫生习惯不良或者发生意外事故时，毒物可经消化道进入体内，特别是固体及粉末状毒物。

2. 空气中有毒物质的危害

工业建筑空气环境中的有毒物质可分为窒息性毒物、液体性毒物和神经性毒物。这些毒物在生产过程中随空气运动进行传播扩散，通过呼吸道（或者消化道、皮肤）侵入人体，对人体的组织、器官产生毒害作用，再根据毒性的不同对人体的神经系统、呼吸系统、消化系统、血液系统、骨组织等位置产生刺激、腐蚀、中毒、突变、致癌、致畸等作用。

工业建筑空气中悬浮的粉尘会在生产过程中被劳动者被动吸入体内，随后沉积在肺部。随时间的推移，在肺内逐渐沉积到一定程度时，会引起以肺组织纤维化为主的病变，及导致尘肺病的产生。对于工作在采矿、铸造等二氧化硅粉尘含量较高的行业中的劳动人员来说，还有可能会引发矽肺。

除此之外，工业建筑中部分生物有害因素的传播扩散也与建筑空气环境密切相关。部分细菌、霉菌、病毒等有害生物，经常附着在颗粒物上，或者自身在空气中随气流进行运动，在接触到劳动者时，也会导致一些传染性疾病或职业病。例如，毛皮加工行业在生产过程中存在的炭疽杆菌、布氏杆菌，林业加工中的森林脑炎病毒，可导致炭疽病、布氏杆菌病和森林脑炎，蘑菇孢子可引起外源性过敏性肺泡炎等。

2.5　控制指标

工业建筑的室内环境控制需要兼顾生产工艺和室内工作人员健康，而民用建筑所营造的建筑环境相对较为单一。工业建筑具有多样性，既有室内环境质量要求高的洁净厂房，也有高污染散发类工业厂房；既有劳动密集型加工厂房，也有人员少、自动化高的厂房；既有封闭的药品厂房，也有敞开的高大空间厂房等。在工业建筑环境控制中，根据生产工艺的不同需要，对温度、湿度、洁净度、气流速度等室内环境参数的要求差异巨大，甚至可能跨越几个数量级。另外，在考虑人的需求的方面，工业建筑和民用建筑同样存在很大区别。人员在民用建筑中主要考虑营造一种舒适的环境，而在工业建筑中主要考虑营造一种可接受的环境。所以，二者不但在控制指标上存在差异，在评价指标上也存在很大差异。例如，民用建筑室内人员劳动强度较低，主要以人体舒适性为评价依据，如 PMV 模型和 SET 模型；对于工业建筑，人员劳动强度较高，主要以人体健康性为依据，如各种热应力指标。总而言之，由于控制目标的需求显著不同，也造成了工业建筑与民用建筑在环境控制方式上的巨大差别。

2.5.1　污染物浓度

1. 污染气体和蒸气：质量浓度（mg/m^3）、体积浓度（mL/m^3、ppm）

污染物所造成的危害，一般由三个方面决定，即污染物的性质，污染物在空气中的含量和污染物接触时间。其中，单位体积空气中的污染物含量称为污染物浓度。一般地说，浓度越大，危害也越大。

污染蒸气或气体的浓度有两种表示方法，一种是质量浓度，另一种是体积浓度。质量浓度即每立方米空气中所含污染蒸气或气体的毫克数，以 mg/m^3 表示。体积浓度即每立方米空气中所含污染蒸气或气体的毫升数，以 mL/m^3 表示。因为 $1m^3 = 10^6 mL$，常采用百万分率符号 ppm 表示，即 $1mL/m^3 = 1ppm$。1ppm 表示空气中某种污染蒸气或气体的体积浓度为百万分之一。例如，通风系统的排气中，若二氧化硫的浓度为 10ppm，就相当于每立方米空气中含有二氧化硫 10mL。

在标准状态下，质量浓度和体积浓度可按式（2-84）进行换算：

$$Y = \frac{M \times 10^3}{22.4 \times 10^3} C = \frac{M}{22.4} C \quad (mg/m^3) \tag{2-87}$$

式中　Y——污染气体的质量浓度（mg/m^3）；

M——污染气体的摩尔质量（g/mol）；

C——污染气体的体积浓度（ppm 或 mL/m^3）。

2. 颗粒物：质量浓度（mg/m^3）、颗粒浓度（个/ m^3）

颗粒物在空气中的含量，即颗粒物浓度也有两种表示方法。一种是质量浓度，一般以 mg/m^3 表示；另一种是颗粒浓度，单位为个/m^3，即每立方米空气中所含固态颗粒物的颗粒数。在工业通风技术中一般采用质量浓度，颗粒浓度主要用于洁净车间。

2.5.2 职业接触限值

职业接触限值是指劳动者在职业活动过程中长期反复接触，对绝大多数接触者的健康不引起有害作用的容许接触水平，是职业性有害因素的接触限制量值。又称职业病危害因素，是指在职业活动中产生和（或）存在的、可能对职业人群健康、安全和能力造成不良影响的因素或条件，包括物理、化学等因素。

其中，物理因素一般包括：超高频辐射、高频电磁场、工频电场、激光辐射、微波辐射、紫外辐射、高温、噪声和手传振动等。

化学有害因素的职业接触限值包括时间加权平均容许浓度、短时间接触容许浓度和最高容许浓度三类。其中：

（1）时间加权平均容许浓度（PC-TWA）：以时间为权数规定的 8h 工作日、40h 工作周的平均容许接触浓度。

（2）短时间接触容许浓度（PC-STEL）：在遵守 PC-TWA 前提下容许短时间（15min）接触的浓度。

（3）最高容许浓度（MAC）：工作地点、在一个工作日内、任何时间有毒化学物质均不应超过的浓度。

2.5.3 热应力

工业生产中经常会出现高温工作环境，即工作环境内存在高温热源，会以强热对流和热辐射的形式对工作人员的健康以及生产率造成极大影响。因此，工业建筑环境中评价热环境条件一般不使用以舒适性为依据的评价指标（如 PMV 指标），而是采用以人体健康为根据的热应力指标。

人体暴露于高温环境中的热负荷可称为热应力（Heat Stress），是由物理活动引起的身体内部产热，和人与环境之间热交换的环境特性及服装等有关。随着热应力的增加，会增加热相关健康失调及工作效率下降的风险。

国内外研究者提出了多种热应力指标，其中比较重要的有：①预测 4h 排汗量；②热应力指数（HSI）；③热应力指标（ITS）和湿球黑球温度（WBGT）等。其中，湿球黑球温度是目前应用最为广泛的热应力指标，相比于其他热应力指标，湿球黑球温度具有测试简便，并且可以快速地用来评价热环境等优点，被国内外许多相关环境标准及规范采用，如《热环境　根据湿球玻璃温度计指示数对操作人员热影响的估算》ISO 7243、《热环境　根据 WBGT 指数（湿球黑球温度）对作业人员热负荷的评价》GB/T 17244 及《工业企业设计卫生标准》GBZ 1 等，成为多个国家和国家组织采用的热应力基本标准之一。

WBGT 是从 2 个温度计读数中进行计算得来的：自然湿球温度及黑球温度。由于自然湿球温度反映了蒸发冷却，黑球温度反映了辐射热、空气温度和风速的综合效果，因此 WBGT 是对所有四个环境因素的反映。在建筑内部的计算公式为：

$$WBGT = 0.7t_w + 0.3t_g \tag{2-88}$$

式中　t_w——自然湿球温度（℃）；

　　t_g——150mm 黑球温度（℃）。

对于人体接触作业环境热负荷的 *WBGT* 指数，根据国标《工作场所有害因素职业接触限值　物理因素》GBZ 2.2 规定，工作场所不同体力劳动强度下的 *WBGT* 限值如表 2-3 所示。

工作场所不同体力劳动强度下的 *WBGT* 值（℃）　　表 2-3

接触时间率	体力劳动强度			
	Ⅰ	Ⅱ	Ⅲ	Ⅳ
100%	30	28	26	25
75%	31	29	28	26
50%	32	30	29	28
25%	33	32	31	30

同时，对于本地区室外通风设计温度不小于 30℃的地区，表 2-3 中规定的 *WBGT* 指数相应增加 1℃。

对于表 2-3 中的体力劳动强度，可参照表 1-3 进行选择。

2.5.4　卫生标准和排放标准

1. 各级标准的含义

国家标准——是指对全国经济技术发展有重大意义，需要在全国范围内统一技术要求所制定的标准。国家标准在全国范围内适用，其他各级标准不得与之相抵触。国家标准是四级标准体系中的主体。

行业标准——是指对没有国家标准而又需要在全国某个行业范围内统一技术要求所制定的标准。行业标准是对国家标准的补充，是专业性、技术性较强的标准。行业标准的制定不得与国家标准相抵触，国家标准公布实施后，相应的行业标准即行废止。

地方标准——是指对没有国家标准和行业标准而又需要在省、自治区、直辖市范围内统一工业产品的安全、卫生要求所制定的标准，地方标准在本行政区域内适用，不得与国家标准和行业标准相抵触。国家标准、行业标准公布实施后，相应的地方标准即行废止。

企业标准——是指企业所制定的产品标准和在企业内需要协调、统一技术要求和管理、工作要求所制定的标准。企业标准是企业组织生产、经营活动的依据。

2. 各类标准的含义

强制性标准——是国家通过法律的形式明确要求对于一些标准所规定的技术内容和要求必须执行，不允许以任何理由或方式加以违反、变更，这样的标准称之为强制性标准，包括强制性的国家标准、行业标准和地方标准。对违反强制性标准的，国家将依法追究当事人法律责任。

推荐性标准——是指国家鼓励自愿采用的具有指导作用而又不宜强制执行的标准，即标准所规定的技术内容和要求具有普遍的指导作用，允许使用单位结合自己的实际情况，灵活加以选用。

3. 卫生标准

为保护工业建筑环境内劳动者和工业周边环境居民的安全与健康，使工业企业设计符合卫生标准要求，我国于 1962 年颁布了《工业企业设计卫生标准》，于 1979 年作了修订，在 2002 年又再次修订为《工业企业设计卫生标准》GBZ 1—2002 及《工作场所有害因素职业接触限值》GBZ 2—2002。在2007年，我国又将《工作场所有害因素职业接触限值》GBZ 2—2002分为了《工作场所有害因素职业接触限值　化学有害因素》GBZ 2.1—2007和《工作场所有害因素职业接触限值　物理因素》GBZ 2.2—2007。2010年，我国颁布了《工业企业设计卫生标准》GBZ 1—2010，对2002年版本进行了修订。《工业企业设计卫生标准》适用于工业企业新建、改建、扩建和技术改造、技术引进项目的卫生设计及职业病危害评价。事业单位和其他经济组织建设项目的卫生设计及职业病危害评价、建设项目施工期持续数年或施工规模较大、因各种特殊原因需要的临时性工业企业设计，以及工业园区的总体布局也可参照该标准执行。

在我国卫生标准的修订过程中，对于职业接触限值的要求也进行了一些调整。典型的室内污染物时间加权平均容许浓度限值见表2-4。

不同版本的卫生标准中对污染物职业接触限值的要求　　表2-4

类型	单位	TJ 36—1979	GBZ 2—2002	GBZ 2.1—2007
二氧化硫（SO_2）	mg/m^3	15	5	5
二氧化氮（NO_2）	mg/m^3	5	5	5
一氧化碳（CO）	mg/m^3	30	20	20
氨（NH_3）	mg/m^3	30	20	20
苯（C_6H_6）	mg/m^3	40	6	6
甲苯（C_7H_8）	mg/m^3	100	50	50
二甲苯（C_8H_{10}）	mg/m^3	100	50	50
棉尘	mg/m^3	5	1	1
水泥粉尘	mg/m^3	6	4	4
煤尘	mg/m^3	10	4	4
石棉粉尘	mg/m^3	2	0.8	0.8
铝、氧化铝、铝合金粉尘	mg/m^3	4	3	3
其他粉尘	mg/m^3	10	8	8

4. 排放标准

为保护环境，防止工业废水、废气、废渣（简称“三废”）对大气、水源和土壤的污染，保障人民身体健康，我国在1973年颁布了第一个环保标准《工业“三废”排放试行标准》GBJ 4—1973。1996年又制定了《大气污染物综合排放标准》GB 16297—1996。作为对GBJ 4标准的改进，不同行业又制定了相应的排放标准，如《水泥工业污染物排放标准》GB 4915—1985、《钢铁工业污染物排放标准》GB 4911—1985等。1996年，在以上排放标准的基础上制定了国家标准《大气污染物综合排放标准》GB 16297—1996。该标准规定了33种大气污染物的排放限值，同时规定了标准执行中的各种要求。该标准适用于现有污染源大气污染物排放管理，以及建设项目的环境影响评价、设计、环境保护设施竣工验收及其投产后的大气污染物排放管理。

在《大气污染物综合排放标准》GB 16297—1996中规定的最高允许排放速率，现有污染源分一、二、三级，新污染源分为二、三级。按污染源所在的环境空气质量功能区类别，执行相应级别的排放速率标准，即：位于一类区的污染源执行一级标准（一类区禁止新、扩建污染源，一类区现有污染源改建执行现有污染源的一级标准)；位于二类区的污染源执行二级标准；位于三类区的污染源执行三级标准。

随着工业规模的不断扩大，工业污染物对环境空气的影响越来越严重，大气排放标准不断更新，对排放物的要求越来越严格。以钢铁企业的颗粒物、二氧化硫（SO_2）和氮氧化物（NOx）为例，排放要求变化如表 2-5 所示。

不同时期大气污染物排放标准　　**表 2-5**

污染源大气排放限值	颗粒物（mg/m^3）	SO_2（mg/m^3）	NOx（mg/m^3）
《工业“三废”排放试行标准》GBJ 4—1973	200	—	—
《大气污染物综合排放标准》GB 16297—1996	150	700	420
《炼铁工业大气污染物排放标准》GB 28663—2012	50	100	300

另外，在使用国家排放标准时，需考虑是否有地方标准和行业标准。按环保标准制定规则，地方标准要严于国家标准，由此来正确选择适合的排放浓度限值。随着我国对环保要求的日益严格，针对重化工行业污染严重的火电厂、钢铁冶金、有色冶金、建材水泥、建材玻璃等行业制定了严格的大气污染物排放标准，使用标准规范时应进行充分考虑。

多年来，国家对大气环境质量的要求越来越高，因此对工业排放提出了较高的要求，更新和制定了许多细化的标准和规范，每次修订规范都对规范数值提出了更高的要求。然而，工业建筑室内环境的相关规范却修订较为缓慢，多年没有修订。同时，在近 2 次修订过程中，对很多污染物的浓度限值也没有进一步提高。以粉尘颗粒物为例，2002 年发布的《工作场所有害因素职业接触限值》GBZ 2—2002 和 2007 年发布的《工作场所有害因素职业接触限值 化学有害因素》GBZ 2. 1—2007 中，对工作场所空气中 47 类粉尘的时间加权平均容许浓度（PC—TWA）限值没有进行调整。为了我国工业高效持续的发展，对相关标准的修订刻不容缓。

另外，各种排放标准都对工业厂房的无组织排放进行了限制。因此，若厂房内污染物浓度过高，在通风换气时，不能直接将污染气体排出室外，而需要根据具体情况对污染气体进行进一步处理。

第3章 工业建筑通风节能技术

通风技术是工业建筑环境营造的最重要方式之一。通过通风手段，可以将在工业建筑中存在的大量余热、余湿和污染物排出室外，将参数适宜的新鲜空气送入室内，从而有效改善工业建筑环境。在室内有强污染源或强热源的工业建筑中，主要环境控制方式为通风，环境控制能耗也主要来自通风系统，在《工业建筑节能设计统一标准》GB 51245 中，将其称为二类工业建筑。通过自然通风设计和机械通风系统节能设计，降低通风系统能耗，是二类工业建筑最重要的建筑节能设计原则之一。

与民用建筑通风相比，工业通风面临着巨大的挑战。工业建筑环境复杂、需求多样，工业通风的最终效果与多种要素密切相关。工业通风主要包括送风和排风两种形式，其中送风即把室外新鲜空气或者经过处理、符合卫生标准的空气送入室内，排风即在整个车间或者局部位置把不符合卫生和舒适性标准的污染空气经过处理达到排放标准后排至室外。根据通风驱动力的不同，通风系统可分为自然通风和机械通风两类。自然通风是依靠室外风力产生的风压和室内外温度差产生的热压驱动的空气流动；机械通风是依靠机械产生的压力差驱动的空气流动。根据通风范围的不同，机械通风又可以分为局部通风和全面通风。

工业建筑中应用高效通风技术会带来多种益处：更好的室内空气品质，改善操作人员的工作环境，有效提高操作人员的满意度和生产效率，降低生产故障概率；降低有害物对建筑、生产设备和产品的腐蚀和损害，从而减少维护和维修费用；通过高效的气流组织设计降低通风量，有效降低能耗；在通风系统中使用热回收等节能技术和设备，大幅降低能耗；通过使用先进的净化系统，有效降低生产排放所造成的环境污染。随着我国工业规模的不断扩大，对工业排放的要求不断提高，工业通风系统的规模越来越大，能耗越来越高。因此，应用高效通风技术，有效降低工业通风能耗，也是工业建筑节能的重要手段。

在各种通风方式中，自然通风通风量大且无能源消耗，是建筑通风设计中应优先考虑的通风方式。当自然通风无法满足建筑环境控制需求时，就要利用机械通风的方式对室内环境进行控制。在机械通风中，局部通风可以利用较小的风量和较低的能耗实现对室内局部环境的控制，当厂房内局部环境中存在集中产生的余热和污染物时，或不需要对整个厂房进行环境控制时，应该优先考虑设置局部通风系统，以降低通风系统能耗。

3.1 自然通风

自然通风是指利用建筑物内外空气的密度差引起的热压或室外大气运动引起的风压来引进室外新鲜空气达到通风换气作用的一种通风方式。相比于完全利用机械通风和空调的建筑，自然通风的建筑能耗会大大减少。这是因为当对建筑进行自然通风时，不需要消耗机械动力，同时在适宜的条件下又能获得巨大的通风换气量，因此是一种非常经济的通风方式。因此，工业建筑宜充分利用自然通风消除工业建筑余热、余湿。自然通风的优点主要包括以下几个方面。

1. 节约能源

自然通风的节约能源体现在以下几个方面：

（1）降低风机能耗。自然通风降低了机械通风中驱动空气进行室内外流动的风机能耗；同时，由于自然通风不像机械通风一样需要风管输送空气来为建筑通风，因此降低了这部分驱动风管内空气的风机的能耗。

（2）降低制冷负荷。虽然机械制冷可以与自然通风一起使用，但通常自然通风对机械制冷的依赖度较低。自然通风建筑物通常利用外部空气就可以充分控制室内的环境参数，如热湿负荷和空气质量。

（3）自然通风建筑物内的人员往往对室内气候的波动有更高的接受度，即对于温度和湿度水平的接受范围更大。利用这点特性，可以使自然通风建筑室内夏季的可接受温度比机械通风建筑更高，而冬季的可接受温度比机械通风稍低，从而有效地降低用来调节室温的加热/制冷机械设备的能耗。

2. 灵活改善室内环境质量

室内人员通常希望能够通过调整窗户的开闭来控制建筑环境。对于机械通风的建筑来说，室内人员很难自行对通风系统进行调节。同时，为了保持机械通风系统的正常运行，通常是不能自行开闭窗户的。否则可能会对室内人员舒适度和通风系统能耗方面造成很大的影响。然而，自然通风可以很灵活地调整窗户的开启和关闭，这也是自然通风进行室内环境调节的重要手段。

3. 降低初投资成本

当使用机械通风和空调对室内环境进行调节时，需要大量的设备和配件，如风机、制冷设备、空气净化设备、风管、风口等。这些设备的成本可能会占到整个建筑成本的30％。尤其是在工业建筑中，为维持室内环境往往需要巨大的通风量，因此相关设备和配件的投资是十分巨大的，这些设备和配件也占据了大量的室内空间。对于自然通风来说，其所需的设备及管道系统占据的空间较少。当然，达到良好的自然通风效果设计也需要相应的成本，但总体而言这些成本远小于机械通风建筑。

4. 降低维修和更换成本

机械通风和空调的建筑物需要经常性的、定期的维护，并且维护与更换机械设备的费用往往非常大。然而，自然通风中的设备通常不需要维护，或是对维护需求很低。

机械通风的建筑一般需要在15～20年的时间内进行大修、翻修甚至更换设备。相比之下，防雨百叶、管道、避风天窗等自然通风中使用的设备通常可以持续使用更长的时间，即使需要进行更换，一般来说价格也是比较便宜的。

5. 与自然光照明相适应

建筑中提供充足的照明是十分必要的，而自然通风的工业建筑中往往设有大开口面积的天窗，因此可以充分利用自然光的照明。首先，可以有效降低用电量；第二，白天的阳光水平会有变化，这对内部人员的生理和心理都很有益。然而，自然光在照明的同时也会导致部分热量以辐射方式进入室内。通常在夏季的时候，为了保持建筑内部的凉爽、降低热量进入建筑，需要设置合适的外部遮阳，避免阳光直射入室内；在冬季，建筑室内需要供暖时，需要更多的自然光进入室内。由于冬季的太阳比夏季位置要低，因此可以将建筑的外部遮阳设施设计成最大限度地提高冬季阳光的室内照射，同时避免夏季的室内阳光直射。

6. 通风换气量大

相比于机械通风系统，由于自然通风系统的进、排风口面积往往较大，且只要热压和风压存在，通风就可以持续进行，因此自然通风建筑往往都有巨大的通风换气量。而对于机械通风建筑，由于受到通风系统容量、能耗等限制，往往无法达到自然通风的通风量。

虽然自然通风在大部分情况下是一种经济、有效的通风方式，但是，它同时也是一种难以进行有效控制的通风技术。因为自然通风受室外气象条件（温度、风速）的影响较大，通风量及通风效果难以控制。只有在对自然通风作用原理了解的基础上，才能合理利用自然通风，使其高效运行。

自然通风的动力包括热压与风压，本节分别对热压和风压的作用机理进行阐述，并对适用于工业建筑的自然通风量的应用形式和优化设计方法进行分析。

3.1.1 自然通风的作用原理

1. 热压作用下的自然通风

当建筑室内外温度 t_i 和 t_0 不同时，对应空气密度分别为 ρ_i 和 ρ_0，如果 $t_i > t_0$，则 $\rho_i < \rho_0$。建筑物外围护结构有高度不同的开口 a 和 b，如图 3-1 所示。如果首先关闭窗孔 b，仅开启窗孔 a，不管最初窗孔 a 两侧的压差如何，随着空气的流动，p_a 与 p'_a 之差将逐渐减小，直到 p_a 等于 p'_a，空气停止流动。

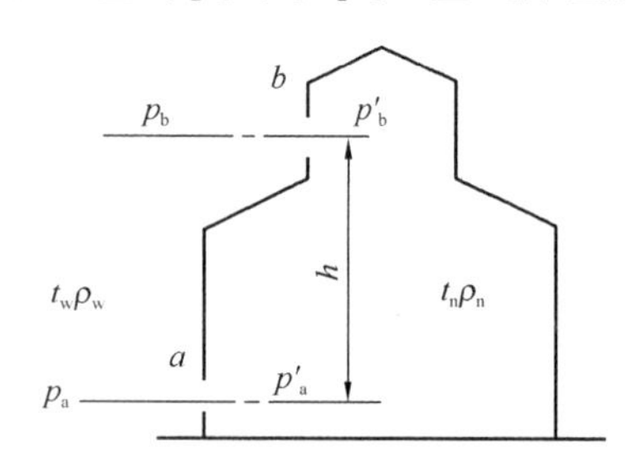

图 3-1 热压作用下的自然通风

根据流体静力学原理，这时窗孔 b 的内外压差

$$\begin{aligned}\Delta p_b &= p'_b - p_b = (p'_a - gh\rho_n) - (p_a - gh\rho_w) \\ &= (p'_a - p_a) + gh(\rho_w - \rho_n) \\ &= \Delta p_a + gh(\rho_w - \rho_n)\end{aligned} \tag{3-1}$$

Δp_a、Δp_b ——窗孔 a、b 的内外压差，$\Delta p > 0$，该窗孔进风；$\Delta p < 0$，该窗孔排风。

g ——重力加速度（m/s^2）。

从式（3-1）可以看出，在 $\Delta p_a = 0$ 的情况下，当 $\rho_i < \rho_0$（即 $t_i > t_0$），则 $\Delta p_b > 0$，当开启窗孔 b，空气将从窗孔 b 流出，随着空气流动，室内静压逐渐降低，$(p'_a - p_a)$ 由等于 0 变为小于 0。$\Delta p_a < 0$，空气将从窗孔 a 流向室外。

当窗孔 a 的进风量等于窗孔 b 的排风量时，室内静压保持恒定。

根据式（3-1）得

$$\Delta p_b + (-\Delta p_a) = \Delta p_b + |\Delta p_a| = gh(\rho_w - \rho_n) \tag{3-2}$$

上式表明，进风窗孔和排风窗孔两侧的绝对值之和与两窗孔的高度差和室内外空气的密度差有关。$gh(\rho_w - \rho_n)$ 被称为热压。在热压作用下形成热压通风，即所谓的烟囱效应。通过上述的分析得出，在室内温度高于室外温度的情况下，空气从较低的窗口流入室内，从较高的窗孔流出；反之，在室内温度低于室外温度的情况下，空气从较高的窗口流入室内，从较低的窗孔流出。

在建筑中，通过一个窗孔也会产生热压通风，当$\rho_i < \rho_o$（即$t_i > t_o$）时，在同一窗口的上部排风，下部进风，如图3-2所示。

2. 余压的概念

室内某一点的压力和室外同标高未受到扰动的空气压力的差值称为余压，当$t_o < t_i$时，余压值在进风口处为负值，沿高度方向逐渐增大，在出风口处为正值，中间余压为0，将室内外压力相等的高度称为中和面。热压作用下的余压及中和面如图3-3所示。

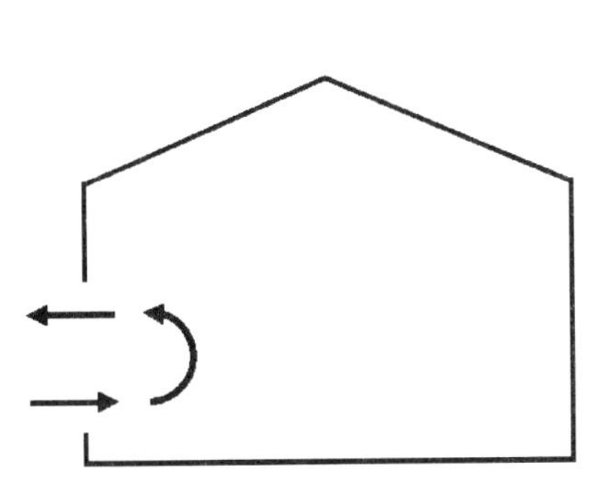

图3-2 同一个窗孔的热压通风

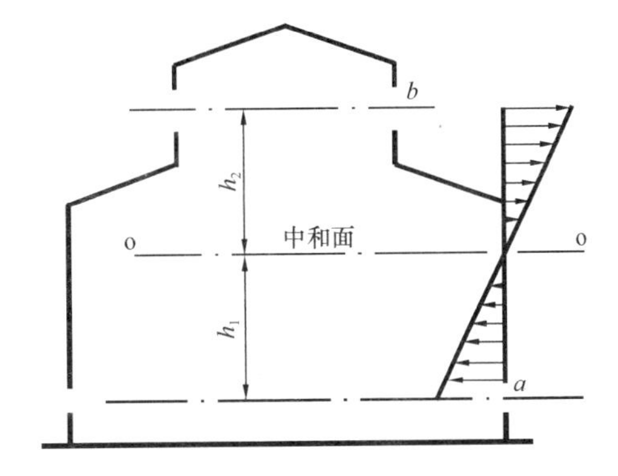

图3-3 余压沿房间高度的变化

窗孔的余压

$$p_{xa} = p_{xo} - gh_1(\rho_w - \rho_n) = -gh_1(\rho_w - \rho_n) \tag{3-3}$$

$$p_{xb} = p_{xo} + gh_2(\rho_w - \rho_n) = gh_2(\rho_w - \rho_n) \tag{3-4}$$

式中 p_{xo}——中和面的余压，$p_{xo} = 0$（Pa）；

h_1，h_2——窗孔a、b至中和面的距离（m）。

热压通风的驱动力主要受到两个因素的影响，即：室内外温差和建筑开口的相对高度。

根据质量守恒，在热压通风过程中，通过窗孔a的空气流量应等于通过窗孔b的空气流量，从而可以计算出中和面的高度和各处的余压值。在建筑高度相对于窗孔高度很高的情况下，开口处的余压可以认为不随开口高度变化而变化。

3. 风压作用下的自然通风

室外气流由于建筑物的阻挡，建筑物四周室外气流的压力分布发生变化，和未受干扰的气流相比，其静压的升高或降低通称为风压。如图3-4所示，建筑迎风面气流受到阻挡，动压降低，静压增高，风压为正压；侧面和背风面由于产生局部涡流，静压降低，风压为负压。不同形状的建筑在不同方向的风的作用下，风压的分布是不同的。某一建筑物周围的风压分布与该建筑的几何形状和室外风向有关。建筑外立面的压力分布不同引起建筑室内空气的流动为风压通风。

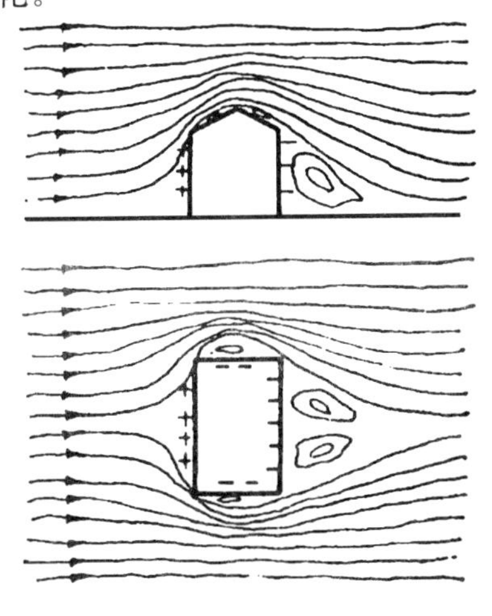

图3-4 建筑周围的风压分布

由于自然风的随机性和紊流特性，风压实际上是一个波动量，可以分解为时间的平均流量与脉动量的叠加。得到准确的自然风的时均速度是非常困难的，通常是将自然风当做按照其平均流动的定常流动来进行计算，这种方法计算得到的自然通风量和实际通风量存在一定的误差，但对于分析各种建筑因素的影响作用是合适的。

风压大小受到下列因素的影响：

（1）室外风速及风向（建筑外立面与室外风向的相对夹角）；

（2）建筑的几何形状；

（3）开口在建筑外立面上的位置；

（4）大气边界层状况；

（5）建筑的周边环境条件（包括周围地形及建筑密度、植被等）。

对于矩形的建筑物来说，如果假设在建筑同一立面上的风压作用值都相同，则作用于开口的风压值可以用下式进行计算：

$$\Delta p_{\mathrm{wind}} = p_{\mathrm{wind}} - p_{\mathrm{ref}} = c_{\mathrm{p}} \cdot \rho \cdot v_{\mathrm{h}}^{2}/2 \tag{3-5}$$

式中 p_{wind}——作用于开口的风压值（Pa）；

p_{ref}——大气压（Pa）；

ρ——空气密度值（kg/ m^3）；

v_{h}——来流风速，一般指建筑物高度处的风速（m/s）；

c_{p}——风压系数值，反映建筑物形状、开口位置、风向的影响因素的综合作用，可以通过试验的测试得到。

4. 热压、风压同时作用下的自然通风

在理论上，热压和风压共同作用下的自然通风可以认为是二者的代数叠加。假设有一个建筑，当室内温度高于室外温度，只有热压作用时，室内外的压力分布如图 3-5（*a*）所示；当只有风压作用时，建筑的迎风侧和背风侧的压力分布如图 3-5（*b*）所示；当热压与风压共同作用时，如图 3-5（*c*）所示，此时室内外压力分布是由上、下开口面积与正压、负压侧的开口面积等因素共同作用下形成的。由图可以看出，当有风压存在时，下层的余压为负，进风量增加，下层的背风侧进风量减少，甚至可能出现排风；上层的迎风侧排风量减少，甚至可能出现进风，上层的背风侧余压为正，排风量增加。

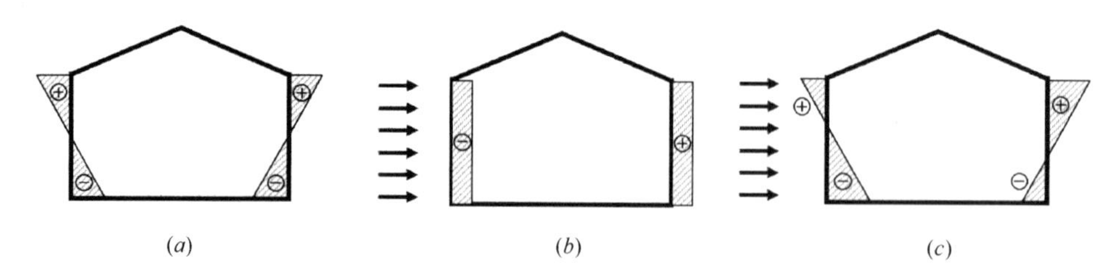

图 3-5 不同自然通风情况下的建筑物的余压分布

（*a*）热压作用；（*b*）风压作用；（*c*）共同作用

风压作用下的自然通风与风向有着密切的联系。当风向发生转变时，原来的正压区可能变成负压区，负压区可能变成正压区。各个地区的风向都有一定的统计规律，在某些季节中，某一风向可能会出现得比较多，称为主导风向。从我国气象资料中可知，很多城市和地区只有静风（距地面 10m 高处平均风速小于 0.5 m/s）的频率超过了 50%；而其他任一风向频率都不超过 25%；大部分城市的主导风向的频率在 15%～20%左右，并且大部分风速比较低。因此，由于风压引起的自然通风的不确定因素过多，很难真正利用风压的作用来设计有组织的自然通风。因此，在自然通风的实际计算时，一般只考虑热压的作用，仅在夏季风压作用明显地区的建筑，设计时会考虑建筑朝向问题。

3.1.2　自然通风的应用形式

1. 自然通风的窗户形式

为了提高自然通风的效果，应采用流量系数较大的进、排风口或窗扇，如在工程设计中常采用的性能较好的门、洞、平开窗、上悬窗、中悬窗及隔板或垂直转动窗、板等，部分窗型见图3-6所示。图中所示窗户在开启时能够完全打开，因此窗户通风面积能得到充分利用，有利于进行通风换气。而一般的推拉窗由于开启时不能完全打开，因此不能有效地利用窗户开口面积。

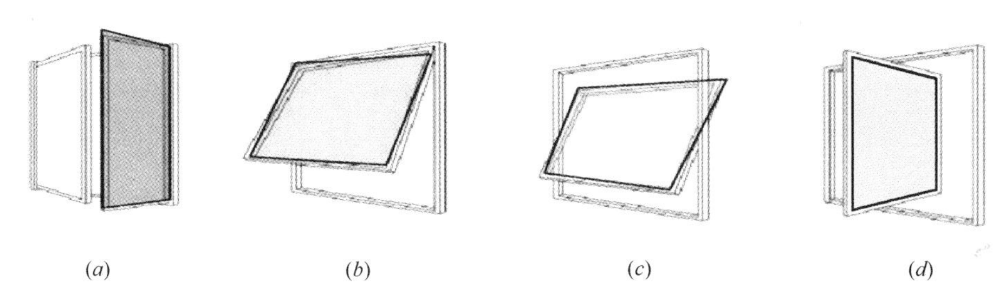

图3-6　流量系数较大的窗类型

(*a*) 平开窗；(*b*) 上悬窗；(*c*) 中悬窗；(*d*) 立转窗

同时，提供自然通风用的进、排风口或窗扇，一般随季节的变换要进行调节。在不同的室外情况下采取不同的自然通风策略，对进排风口进行合理调节，才能最大化实现自然通风的效果。对于不便于人员开关或需要经常调节的进、排风口或窗扇，应考虑设计机械开关装置，否则自然通风效果很可能不能达到设计要求。

2. 通风天窗

通风天窗是利用室内外温度差所形成的热压及风力作用所造成的风压来实现自然通风换气的一种通风装置，在工业建筑的自然通风设计中非常常见。

有时由于风压的作用，普通的天窗的迎风面排风窗口会发生倒灌现象，破坏正常自然通风形式，恶化室内环境。因此，在平时需要及时将迎风面天窗关闭，依靠背风面天窗的负压来排风。由于自然风风向的随机性，这种做法在实际应用中比较麻烦。为了让天窗可以稳定地排风，在任何工况下都不发生倒灌，因此需要在天窗上增加一些措施，保证天窗的排风口在任何风向下都处于负压区，这种天窗叫做避风天窗。

目前，常用的避风天窗有如下几种形式：矩形天窗、下沉式天窗、弧线（折线）天窗等，见图3-7所示。

1）矩形天窗

矩形天窗是应用得较多的一种天窗。这种天窗在窗孔位置设计了各种形式的挡风板，可以有效避免风倒灌进入室内。这种天窗的采光面积大，窗孔集中在厂房的中部，当热源集中布置在厂房中部时，有利于迅速排出热气流。

2）下沉式天窗

下沉式天窗的特点是把部分屋面下移，放在屋架的下弦上，利用屋架本身的高度（即

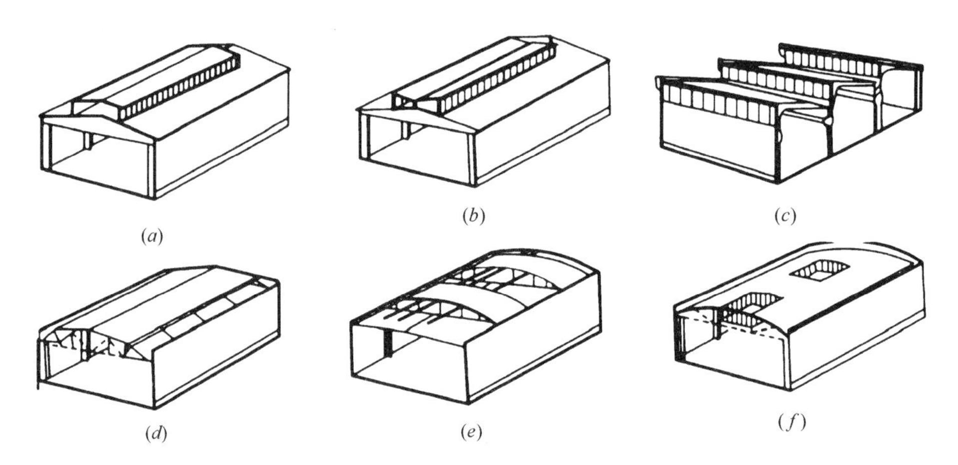

图 3-7　常见的几种避风天窗形式

（a）矩形天窗；（b）M形天窗；（c）锯齿形天窗；

（d）纵向下沉式天窗；（e）横向下沉式天窗；（f）井式天窗

上、下弦之间的空间）形成避风天窗。当自然风在屋面上吹过时，下沉部分自然就形成了负压区，有利于排出室内的热气流。根据下沉处理方法的不同，下沉式天窗可分为纵向下沉式、横向下沉式和天井式三种。

3. 自然通风器

自然通风器是指依靠室内外温差、风压等产生空气的压差实现空气流通的通风器，一般可分为条形屋面通风器和球形自然通风器。利用自然通风技术，根据自然界空气对流、自然环境造成的局部气压差和气体的扩散原理，结合自身独特的结构设计，使空气流动，以提高室内通风换气效果，不需要机械动力驱动。在室外无风时，依靠室内外稳定的温差，能形成稳定的热压自然通风换气；当室外自然风风速较大时，依靠风压就能保证有效换气。

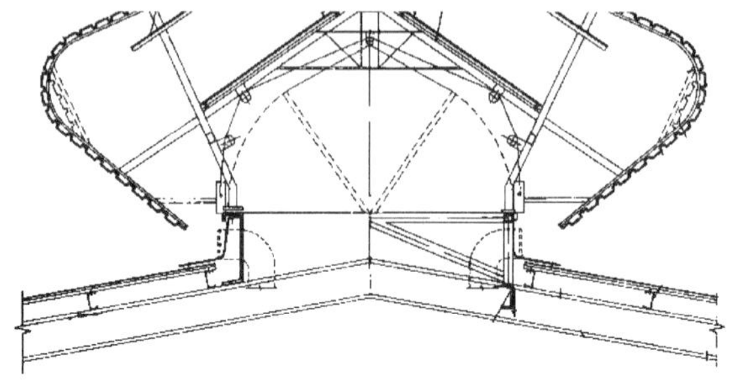

图 3-8　条形屋顶通风器示意图

条形屋顶通风器是针对一般工厂厂房屋顶上装设的自然通风天窗的单一功能，予以改良设计而成。自行设计的整流骨架是由钢板一体成型，上方搭接通风盖，整流骨架两边则固定侧板，因此具备通风及采光等功能，见图 3-8 所示。这种自然通风装置具有结构简单、重量轻，不用电力也能达到良好的通风效果等优点，适用于高大工业建筑。

球形屋顶自然通风器完全不依靠机械通风，仅靠热压运行，其工作原理是利用自然风力推动涡轮叶壳的旋转，同时利用离心力诱导通风器内空气排出。涡轮叶壳上的叶片可以捕捉迎风面的风力，从而推动叶片、涡轮叶壳旋转。因为叶壳的旋转而产生的离心力，诱导了涡轮下方的空气从背风面的叶片间排出。随着空气的不断排出，室外的新鲜空气不断通过窗户、门等通风口得以补充，于是实现了对房间进行通风换气的目的，其结构见图3-9所示。

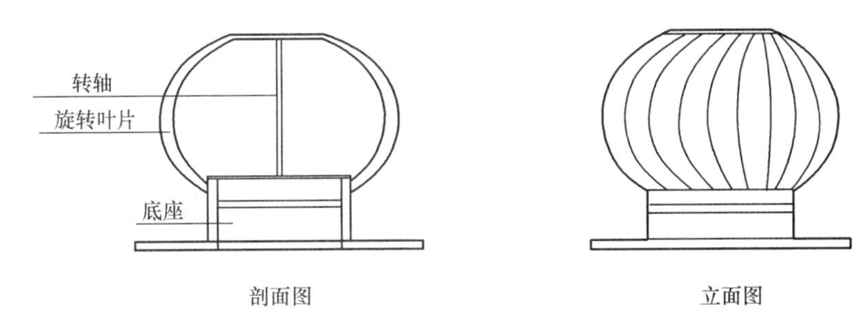

图3-9　旋流通风器示意图

此外，还有一种文丘里型的自然通风器，如图3-10所示。这种自然通风器上安装了诱导风管，在风吹过时通风器会将进风口旋转至迎风位置，利用风吹过通风器上横向的文丘里管内部产生的低压，产生抽吸效应，将室内空气吸到室外。

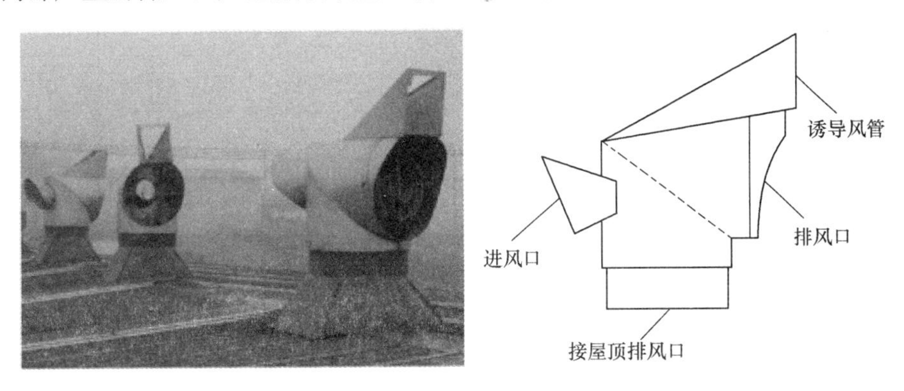

图3-10　文丘里型屋顶通风器示意图

4. 太阳能通风系统

太阳能通风系统的原理是利用太阳能加热空气，增加空气的热压驱动力，强化自然通风。因其具有降低建筑供暖通风与空调能耗、改善室内空气品质及能源资源可再生等优点而广泛应用于生态建筑设计中。太阳能的优势使得太阳能通风作为一项能够利用太阳能强化自然通风的技术，在许多建筑场合得到应用。

太阳能通风主要的结构形式包括太阳能通风墙、太阳能烟囱、双层玻璃幕墙、中庭通风、太阳能空气集热器等。其中，太阳能通风墙和太阳能烟囱的结构类似，两者的特点是由盖板、吸热板以及中间的空气流道共同组成的排风系统。太阳能烟囱通常有太阳能集热墙体和太阳能集热屋面两种典型结构。太阳能集热屋面又分为竖直式和倾斜式两种结构形式。此外，还有墙壁屋顶式的太阳能烟囱、辅助风塔通风的太阳能烟囱等，如图 3-11 所示。太阳能通风墙的冬夏季运行工况如图 3-12 所示。冬季需要引入室外新风时如图 3-12 (*a*) 所示，开启通风墙外侧下部风口和内侧上部风口，此时室外冷空气在流过通风墙时被墙壁加热向上运动，在被充分加热后通过内侧风口送入室内；冬季不需要引入室外新风时如图 3-12 (*b*) 所示，开启通风墙内侧上下部风口，室内冷空气进入通风墙，在其中被加热向上运动，通过上部风口回到室内，提高室内温度；夏季运行工况如图 3-12 (*c*) 所示，开启通风墙内侧下部风口和外侧上部风口，室内空气进入通风墙，被墙壁加热向上运动，通过外侧上部风口排出室外。

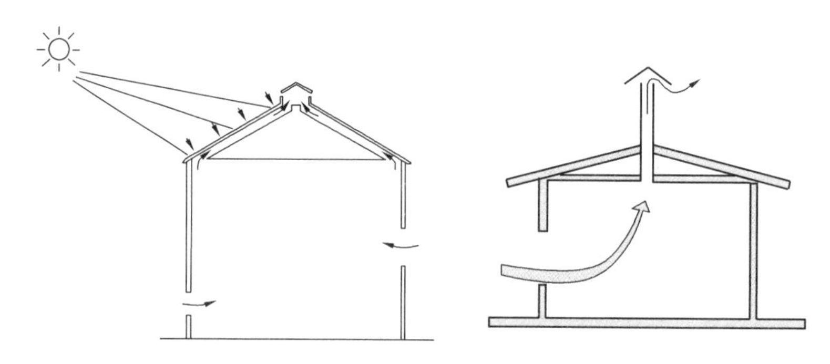

图 3-11 太阳能屋顶通风和太阳能烟囱

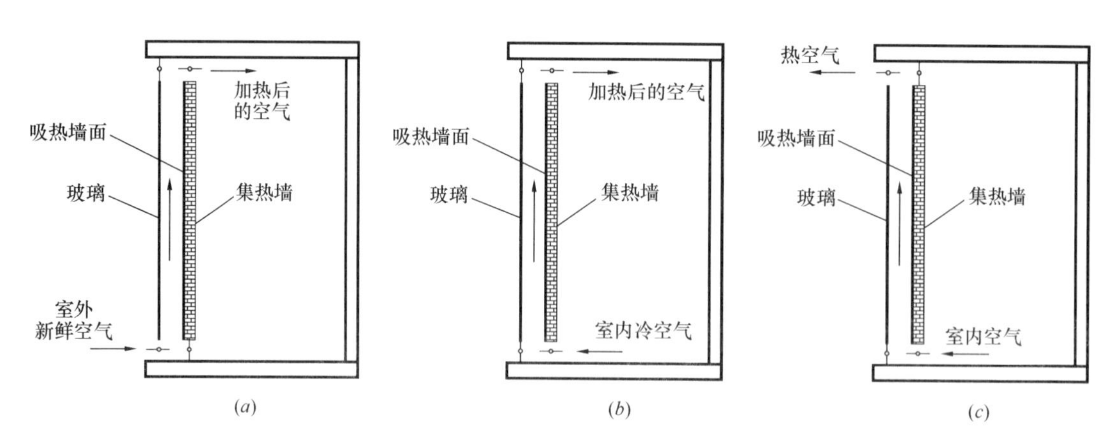

图 3-12 太阳能通风墙在不同季节的运行工况

(*a*) 冬季运行工况一；(*b*) 冬季运行工况二；(*c*) 夏季运行工况

3.1.3 自然通风的优化设计原则

1. 合理协调进、排风口设计

1）进、排风口面积

热压自然通风设计时，应使进、排风口高度差满足热压自然通风的需求。厂房自然通风是利用热压作用和室外空气流动时产生的风压作用，使厂房内外空气不断交换，形成自然通风。

热加工车间在生产过程中，散发大量的余热和灰尘等污浊气体，恶化了厂房内部环境，必须通过有效地组织厂房自然通风，迅速排除余热和污浊气体而改善内环境质量。当厂房高度和生产散热量为一定时，合理协调进、排气口面积，是提高厂房自然通风效果的关键所在。

图3-13所示为在热压作用下的厂房自然通风原理图。图中F_1为进气口面积、F_2为排气口面积、Δp_1为进气压力、Δp_2为排气压力、中和面以上为排气区、中和面以下为进气区。

由原理图可以看出：厂房自然通风设计的原则应该是尽量设法降低中和面的位置。因为中和面的位置低，就意味着由室外进入厂房内的新鲜空气，绝大部分或全部都流经工作区范围。显然，这对降低作业区温度、提高工作区空气质量，即提高自然通风效果，将起着决定性作用。另外，中和面的位置愈低，则图中的h_2值就愈大，而h_2值愈大，则排气压力Δp_2就愈大。在排气量一定的前提下，增大排气压力Δp_2就意味着可减小排气天窗开口面积F_2。减小天窗开口面积，对减小厂房结构断面、降低厂房土建工程投资起到较大的作用。

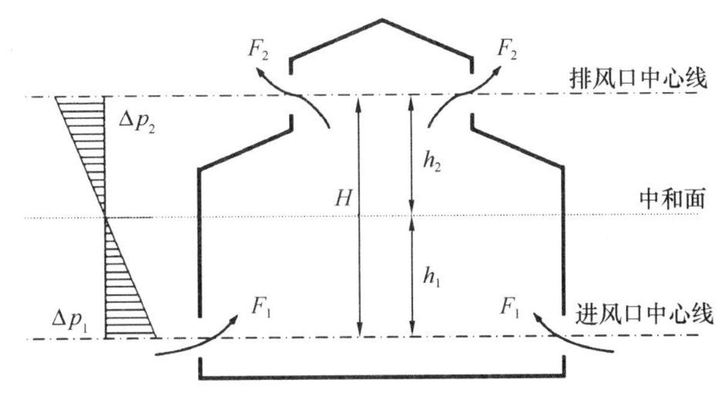

图3-13　进、排风口面积相等时热压作用下的厂房自然通风

由自然通风原理可知，当进、排气量为定值时，降低中和面位置的关键手段，就是合理协调进、排气口面积的比值。当进气口面积F_1大于排气口面积F_2时，中和面的位置低，反之，当排气口面积F_2大于进气口面积F_1时，中和面的位置高。

当不考虑局部机械通风的影响时，由厂房进气量等于排气量的原理，即可推导出以下计算公式：

$$h_1=\frac{HF_2^2}{F_1^2+F_2^2} \tag{3-6}$$

$$h_2=\frac{HF_1^2}{F_1^2+F_2^2} \tag{3-7}$$

由式（3-6）和式（3-7）计算可知，当进气口面积和排气口面积相等，即$F_1=F_2$时，中和面的位置居于进、排气口中心线间距H之中，即$h_1=h_2$，如图3-13所示。当进气口面积为排气口面积的$\frac{1}{2}$，即$F_1=\frac{F_2}{2}$时，则中和面位置很高，此时$h_1=\frac{4}{5}H$，$h_2=\frac{1}{5}H$，如图3-14所示。

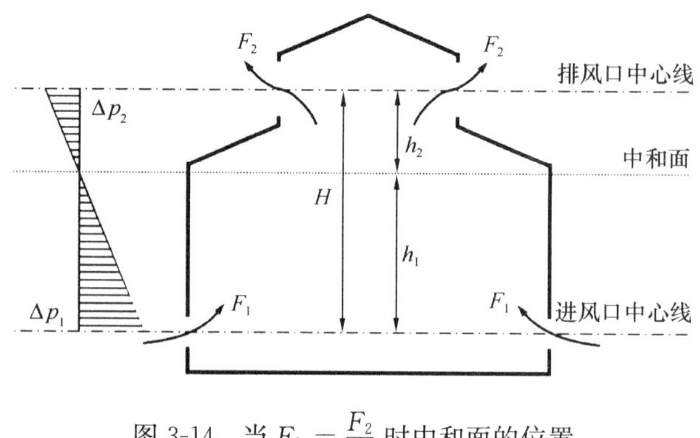

图 3-14 当 $F_1=\frac{F_2}{2}$ 时中和面的位置

当进气口面积为排气口面积的 $\frac{1}{3}$，即 $F_1=\frac{F_2}{3}$ 时，则如图 3-15 所示，中和面的位置更高。这种情况下，其 $h_1=\frac{9}{10}H$，$h_2=\frac{1}{10}H$，有时甚至部分天窗也将成为进气口（即天窗口的部分高度位于进风区）。当出现这种情况时，显然非常不利于自然通风。

由图 3-14 和图 3-15 所示的情况，由于其 h_2 值很小，因而导致排气压力 Δp_2 的值也很小，甚至出现部分天窗面积的排气压力为负值。此种情况下，尽管高大天窗的排气口面积 F_2 很大，但是由于其排气压力很低，没有充分发挥天窗的排气功能，即没有取得应有的通风效果。另外，由于中和面的位置很高，也降低了作业区的空气质量，这也是厂房自然通风设计所不能接受的结果。

可见，在利用外窗作为自然通风的进、排风口时，进、排风面积宜相近，应力求进气口面积不小于或大于排气口面积，这应该是提高自然通风效果的极为重要和有效的技术措施。当受到工业辅助用房或工艺条件限制，进风口或排风口面积无法保证时，应采用机械通风进行补充，形成利用热压的自然与机械的复合通风方式。在条件允许的情况下，可在地面设置进风口的方式，以增加进风面积。以地道作为热压通风进风方式，可获得较低的进风温度，提高热压通风效果，详细内容参见 3.7 节地道通风。相似地，当排风面积无法保证时，应采用机械排风方式进行补充。

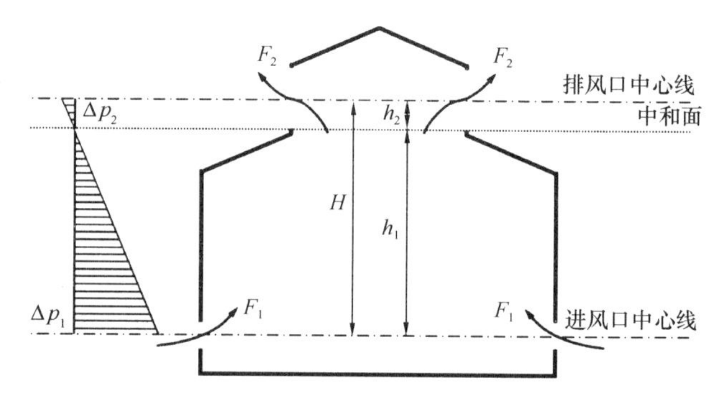

图 3-15 当 $F_1=\frac{F_2}{3}$ 时中和面的位置

工业厂房自然通风设计，不能只根据既定的建筑布局，单纯通过通风计算来决定天窗开口面积。在进行厂房自然通风设计时，首先要在满足通风量需要的前提下，尽量降低中和面位置，即争取将进风口面积集中开设在房间下部作业区范围内。要尽量将遮挡厂房下部侧墙进风口位置的辅助建筑和设备移动位置，保证进风口的面积和进风量。若因特殊原因无法移动阻挡物位置，则要将其下部架空，为厂房留取进风口位置。这样做会增大一些初期投资，但可以大幅度提高厂房的自然通风效果。因为如果不能保证工业厂房的进气口面积和进风量，造成 F_1 和 F_2 的比例失调，中和面位置提高，会导致排气压力显著降低而不得不增大天窗面积，最终依然会增大投资费用。

2）进、排风口高度

夏季由于室内外温差较小，故形成的热压小，为保证足够的进风量，消除余热、提高通风效率，自然进风口的位置应尽可能低、自然排风口的位置应尽可能高，以增加进、排风口的高度差，增强热压通风效果。参考国内外的相关资料，夏季自然通风进风口的下缘距离室内地坪的上限不应超过 1.2m。冬季为防止冷空气吹向人员活动区，进风口下缘不宜低于 4m，冷空气经过上部侧窗进入室内，当下降至工作区时，已经经过了一段混合加热的过程，这样就不至于使工作区过冷。如果进风口下缘低于 4m，则应采取防止冷风吹向人员活动区的措施。

3）进、排风口位置

除了合理设计进排风口的面积，还需要合理设计进排风口的位置，避免气流短路现象。

所谓气流短路，指由进气口进入厂房内的新鲜空气，在未进入作业区范围之前，就已经被加热而上升至天窗等排风口排出室外的现象，如图 3-16 所示。显然，这样的通风进气没有起到提高作业区空气质量和改善作业区热环境的作用。因此，为提高厂房自然通风效果，应尽量避免气流短路的现象。

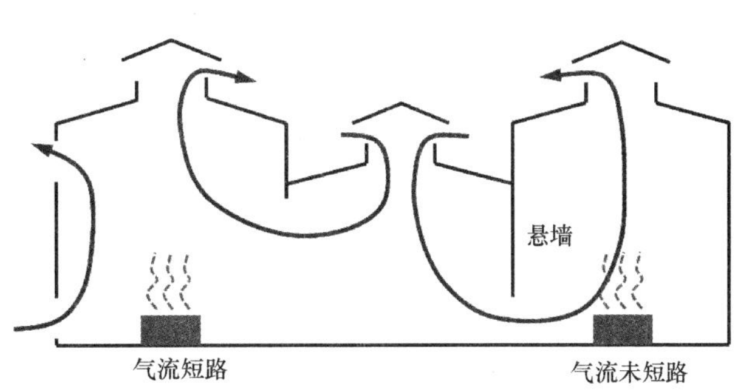

图 3-16　几种气流短路示意图

前文所述的高侧窗进气，即会造成气流短路现象。除了上述特殊情况之外，一般情况下是应尽量避免高侧窗进气。因为花费较多的投资，设置大面积的高侧窗，而又发挥不了应有的作用，是得不偿失的。这也就是说，通常设置在厂房起重机轨面以上的高侧窗，没有必要设计为开启窗，采用造价低廉的固定式采光带即可。但是考虑到起重机检修时操作人员的换气需要，尚须每隔一定距离在该采光带上设置一个换气口。

在某种情况下，为节省投资起见，有时自然通风设计将高侧窗作为排气口考虑，此种情况下当然需做成开启式窗。但为了避免因风压作用大于热压作用时出现倒灌现象，而扰乱厂房的自然通风组织、恶化室内环境，因此当设计采用高侧窗作为排气口时，必须像避风天窗一样，设置挡风板装置。

造成厂房气流短路现象的因素有多种，因此在进行自然通风设计中，应仔细分析，采取有效措施，尽量避免出现这种现象。

2. 与建筑形式和生产工艺相配合

1）多跨厂房的自然通风布置：

对于二类工业建筑，室内热源散发大量热量，为了提高自然通风效果，利用围护结构散热，在工艺条件允许的情况下，应尽量采用单跨结构。

但工业建筑受到工艺条件限制，可能会出现不允许单跨结构的情况，如大型钢铁企业中，有一些多跨热加工厂房，如热轧带钢厂的热卷库、热轧型钢厂的冷床区等。这类厂房内不但散热量很大，而且是多跨，有的厂房宽度可达 150m 以上。同时，由于厂房很宽，仅靠两侧外墙进气，不但送风口面积无法满足要求，而且送风的深度也远远无法达到要求。这就导致厂房中部位置形成严重的气流短路现象。此种情况下，如果只是通过自然通风计算求得天窗面积，设置更多天窗也难以满足室内通风的要求。此时可以考虑采取以下有效措施：

(1) 在热跨中部留取空跨或天井：

在热跨中部留取空跨或者天井，可以使冷空气从空跨或者天井中进入室内，提高自然通风的通风量，在冷热跨之间形成良好的空气流动，不仅有利于通风、提高室内环境质量及有利于操作人员健康，对于热处理车间来说，还有助于加速材料的自然冷却速度，从而缩短生产运作进程，对生产工艺有很大帮助。

(2) 采取冷热跨交替的布局，避免热跨相邻：

在多跨工业建筑中宜将冷热跨间隔布置，宜避免热跨相邻。这样可以利用冷跨天窗进气，同时应在冷热跨之间设置距地面 3m 左右的悬墙，如图 3-17 所示，这样可以使由冷跨天窗进入的新鲜空气流经热跨的作业区，再经热跨天窗排出。该悬墙的另一个作用是防止热跨上升的热气流侵入冷跨，使冷跨天窗不是进气，而成为热跨天窗排气的补充设施了。在许多工程设计中，由于在冷热跨之间未设置该悬墙，效果很不理想，究其原因就是冷跨天窗未很好地起到进气作用，而成为热跨排气的补充天窗，即使偶尔进气，也会形成气流短路。这就导致通风效果很不理想。

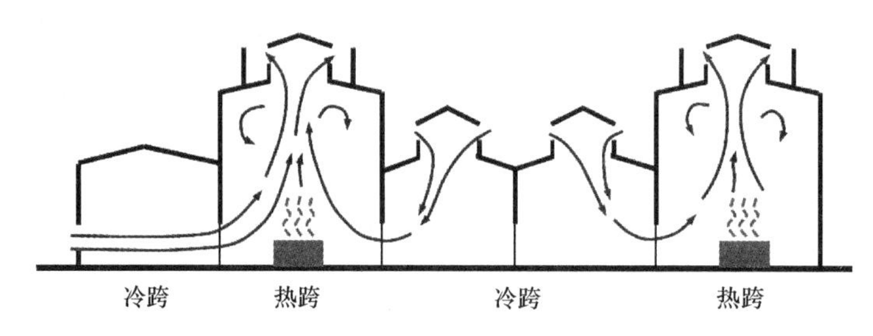

图 3-17　冷热跨多跨并联相间配置时的气流组织

2) 厂房的总平面布置：

自然通风的原理决定了其通风效果的好坏很大程度上取决于室外的环境参数，如室外温度、风速和风向。因此，在厂房的总平面布置上，要尽量考虑最大化利用自然通风的有利条件，避免不利因素。

(1) 以风压自然通风为主的工业建筑，在确定其朝向时，应考虑利用夏季最多风向来增加自然通风的风压作用或形成穿堂风，因而以风压自然通风为主的工业建筑，其迎风面与夏季主导风向宜成 60°～90°，且不宜小于 45°。这样可以最大限度地利用风压来进行自然通风。

(2) 室外风吹过建筑物时，会在迎风侧形成正压区，在背风侧形成负压区。正压区和负压区的范围大小与建筑物的形状和高度密切相关。在这些区域范围内如果设有自然通风的送、排风口，那么通风的效果就会受到影响。如图 3-18 所示，上风向建设有高大厂房，而下风向的厂房较为低矮。这样当室外风吹过时，就会在高大建筑后侧形成很大范围的负压区，在负压区范围内，风速较低，多出现各种回流现象。这种建筑布置方式会产生多种问题：第一，下风向的低矮厂房无法充分利用风压进行自然通风，通风效果不好；第二，高大厂房的自然通风的排风系统要进行相应的调整，否则其排出的余热和污染物如果排放至负压区，很可能会再次进入低矮厂房，造成低矮厂房室内环境严重恶化；第三，低矮厂

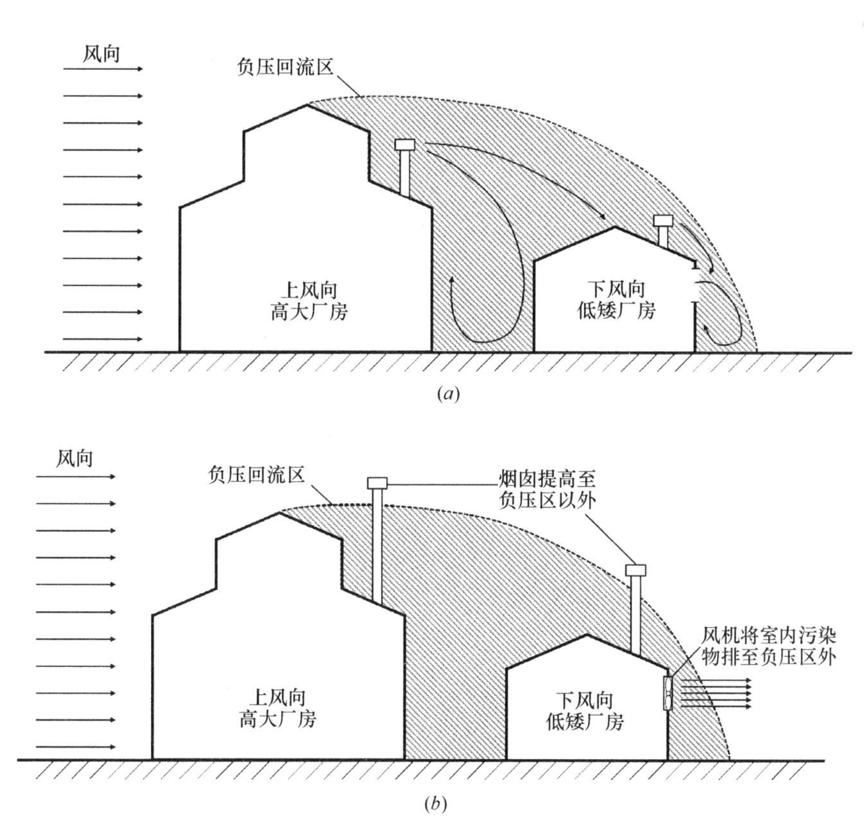

图 3-18　厂房布置示意图

（a）改造前；（b）改造后

房的自然通风系统也需要进行相应的调整，否则其排放出的余热和污染物很可能进入负压区，而再次回到低矮厂房内，难以被真正排除。

（3）周围空气被粉尘或其他有害物质污染的工业建筑，不能采用自然进风。由于目前工业建筑集中度较高，不同工业建筑所产生的污染物种类不同，因此在进行厂房总图设计时，必须充分考虑释放污染物的厂房对其他自然通风厂房的影响。同时，当厂房内部产生大量污染物时，也不能通过自然通风等手段将污染物释放到大气中。无组织排放对环境污染的程度大于有组织排放，这是因为有组织排放的废气都经过了高效的净化处理。

3）生产工艺布置：

在进行自然通风设计的时候，要根据生产工艺进行合理的布置。

（1）以热压为主进行自然通风的厂房，应当尽量将发热设备布置在天窗等排风口的正下方，以方便上升热气流直接通过天窗排出室外。

（2）当热源靠近厂房的一侧外墙布置，且外墙与热源之间无工作地点时，该侧外墙的进风口，宜布置在热源的间断处，这样就避免了从进风口进入室内的空气被散热设备加热和污染，提高了通风效率和室内热舒适度。

（3）当建筑利用穿堂风进行自然通风时，热源和污染源宜布置在厂房内主导风向下风侧，同时应在建筑下风侧设置挡风板等措施，防止刮倒风时余热和污染物被吹到室内，恶化室内环境，如图 3-19 所示。

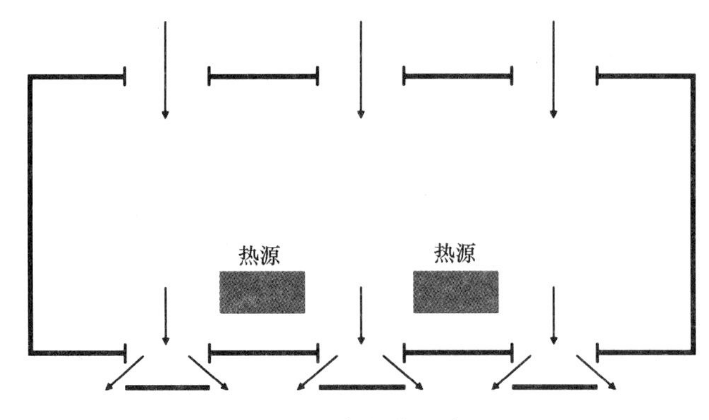

图 3-19　车间热源布置

4）在工艺允许的情况下，宜将热源和污染源的位置尽量抬高，以保证厂房内工作区的环境。或者将厂房设置为双层结构，将主要工艺设备布置在二层，并在一层、二层之间设置格栅、孔板等通风口。这样设置可以保证一层工作区的环境质量，同时二层也可以得到充分的自然通风，如图 3-20 所示。

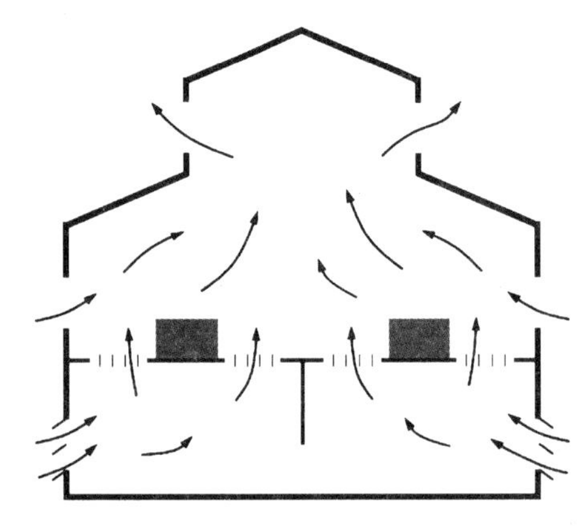

图 3-20　双层厂房的自然通风

5）对于室内温度高、发热量巨大的热源，应采取有效的隔热措施。例如，采用隔热板降低热源对工作区的辐射热量，效果比较显著。在工业条件下，一个单层单道反射通风隔热板可以将表面温度从 300～400℃降低到 70～80℃，而一个双层双道的反射通风隔热板基本上可以消除工作区的辐射，采取保温绝热的措施的效果也是有保证的。采取此类措施之后，热源的对流和辐射散热就转化为集中在热源顶面上的散热，大大降低了对工作区环境的影响，如图 3-21 所示。

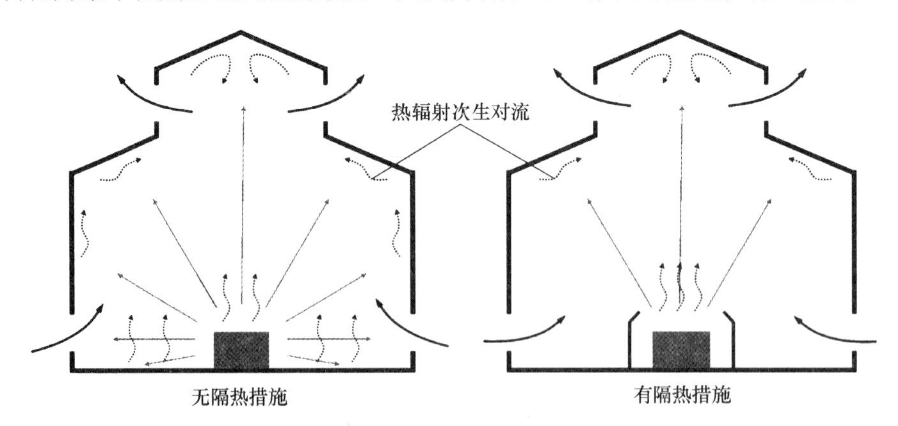

图 3-21　隔热措施对室内环境和通风的影响

3.2　局部排风

前文中提到的自然通风换气量巨大且无能量消耗，从节能角度看是首先考虑的通风方式。然而，在工业建筑中往往存在区域范围内余热和污染物集中产生的情况，此时自然通风很难保证这些区域的室内环境。针对这种情况，需采用局部排风系统，在污染源附近直接对污染物进行捕集，控制其在工业建筑内的扩散。设计完善的局部排风系统能在不影响生产工艺和操作的情况下，用较小的排风量达到最佳的有害物排除效果，保证工作区污染物浓度符合生产需求和卫生标准。

3.2.1　局部排风的基本形式

局部排风系统主要由局部排风罩、风管、风机和除尘净化处理设备组成，如图 3-22 所示。

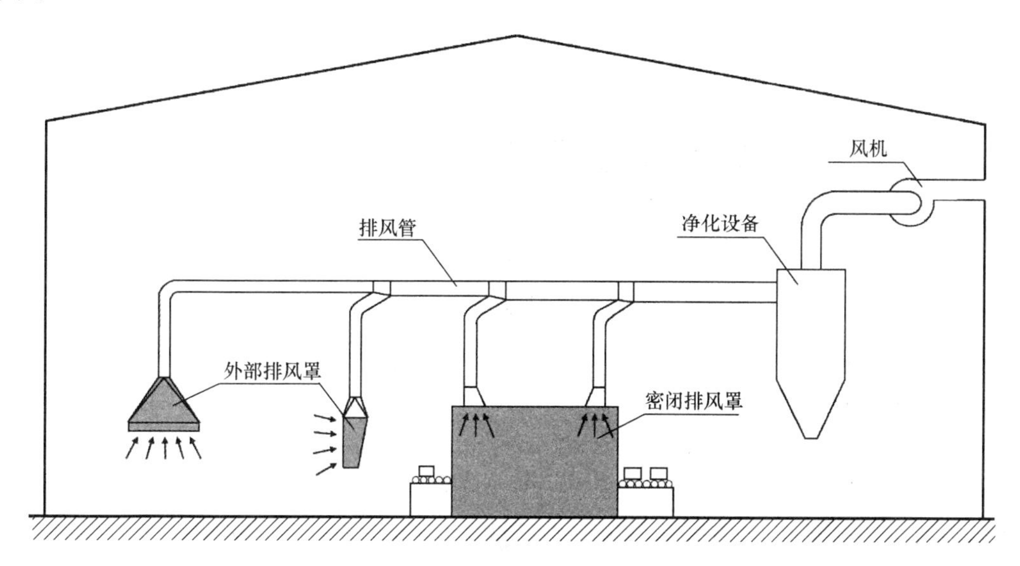

图 3-22　局部排风系统

局部排风罩：局部排风系统的终端设备，用以捕集各种污染物；

排风管：输送被捕集的污染气体；

净化设备：在将污染气体排放至大气或者循环利用之前，将其中的污染物分离处理；

风机：为局部排风系统的气流运动提供动力。

局部排风系统的效率很大程度上取决于从污染物源头到排风口的运输过程。可以通过调节排风口结构和排风量、污染源的动量分布、使用辅助空气射流、优化环境气流分布和调整操作人员自身行为的方式来实现系统的优化。局部排风的性能取决于这些因素之间复杂的相互作用。

3.2.2　局部排风的分类

在局部排风系统中，排风罩是系统的终端捕集装置。根据工艺和需求的不同，排风罩有各种形状、尺寸和设置方法。根据工作原理和方式的不同，局部排风罩可分为以下几种基本类型：

（1）密闭排风罩；

（2）接受式排风罩；

（3）外部排风罩。

绝大多数排风罩可以归类到这三种排风罩形式中。有的时候，排风罩可能同时包含上述几类排风罩特征。不同形式的局部排风罩对于污染物的控制能力有很大不同。图 3-23 列举了一些种类的局部排风罩对不同暴露量级别的污染物的控制区间对比，越靠上的局部排风罩形式可接受的污染物强度越大。

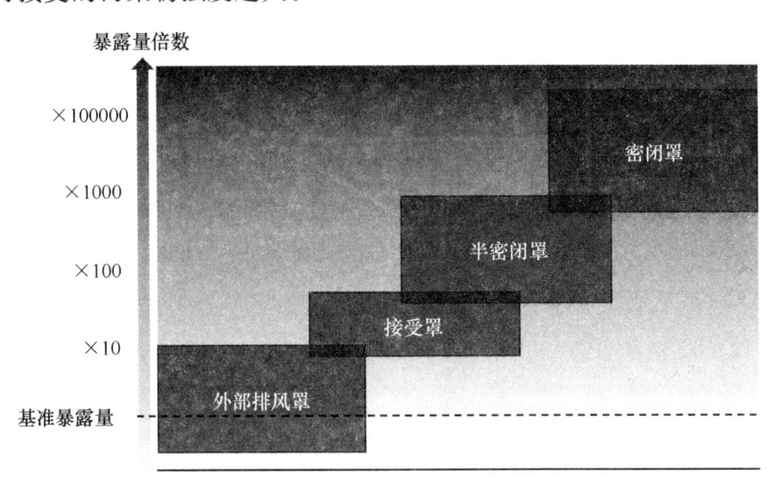

图 3-23　局部排风罩对不同暴露量的污染物的控制区间对比

1. 密闭式排风罩

密闭式排风罩（或称密闭罩）是将生产过程中的污染源密闭在罩内，同时进行排风，以保持罩内负压，防止污染物泄漏到罩外的一种排风罩形式。当密闭排风罩排风时，排风罩外的空气通过缝隙、操作孔口等渗入罩内，缝隙处的风速一般不应小于 1.5m/s。排风罩内的负压一般应在 5～10Pa 左右，排风罩排风量除了从缝隙和孔口进入的空气量外，还应考虑因工艺需要而进入的风量，或者污染源产生的气体量，或物料盛装时挤出的空气。

综上分析可以看出，不同的因素导致密闭罩内不同位置的压力升高变为正压，导致污染物从罩内扩散。因此，密闭罩的排风口位置应根据生产设备的工作特点以及污染气流的运动规律来确定。

对于输送散状物料的封闭罩，排风带走的物料越少越好，因此宜在物料少的地方接排风管，而且排风管入口处的风速不宜太大，其风速为：粉状物料不大于 0.7m/s；粒状物料不大于 1m/s；块状物料不大于 2m/s。另外，为防止因飞溅产生的高速气流溢出排风罩，在有高速气流处不应有孔口或缝隙；或适当加大密闭罩的体积，使高速气流自然衰减。密闭罩应当根据工艺设备的具体情况设计其形状、大小。最好将污染物散发位置密闭，这样可以降低排风量，比较经济节能。当无法将污染源密闭时，可将整个工艺设备密闭在罩内，同时开设检修门用于维修和操作。这样做的缺点是排风量较大，占地大。

当由于操作上的需要，无法将生产污染物的设备完全或部分地封闭，而必须开有较大工作面时，可以设置半密闭排风罩。属于这类排风罩的有柜式排风罩（或称通风柜、排风柜）、喷漆室、砂轮罩等。柜式排风罩分为吸气式和吹吸式两种。图 3-24 所示为三种形式的吸气式通风柜，其区别在于排风口的位置不同，适用于不同密度和特性的污染物。污染物密度小或产热量较大的工艺过程，由于污染气流受热向上运动，因此需要用上部排风；密度大或生产过程不产生热量时，为使排风口尽可能靠近污染物，可采用下部排风；密度不确定或者密度与空气接近时可选用上下同时排风，并随工艺不同对排风口风量进行调节。

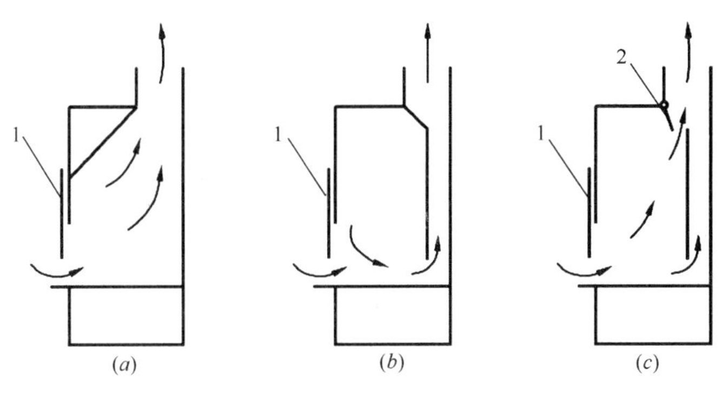

图 3-24　吸气式通风柜

（a）上排风；（b）下排风；（c）上、下可调排风

1—可开闭柜门；2—调节板

图 3-25 所示为吹吸式通风柜，通过吹吸气流的配合，可以隔断室内的干扰气流，具有较好的控制作用；当吹气气流采用室外空气时，由于对室内空气的吸气量减少，因此对需要供热（冷）的房间有显著的节能作用。

2. 接收式排风罩

有些生产过程或者设备本身会产生或者诱导一定的气流，这些气流带动污染物一起运动，根据具体形式有较为确定的运动方向，如热污染源上部会产生夹带污染物上升的浮羽流，砂轮磨削时会高速抛出磨削及大颗粒粉尘，诱导出大量较高速度的含尘气流等。由于这类污染气体有较高的速度，因此如果使用一般的外部排风罩需要很大的控制风速，控制效果也难以得到保障。因此，对于这类情况，在设置排风罩时应积极利用污染气流的运动，让罩口正对污染气流的自身运动方向，使污染气流直接进入排风罩内。这类利用污染气流自身运动进行捕集的排风罩被称为接收式排风罩（接受罩），如图 3-26 所示。

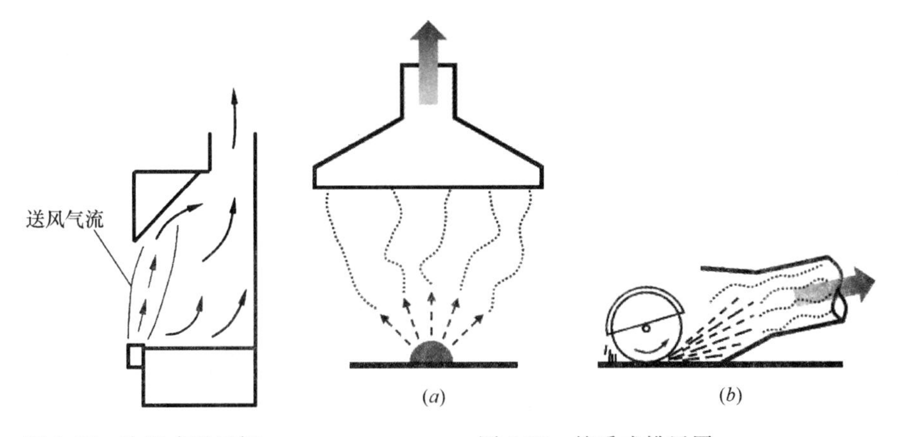

图 3-25　吹吸式通风柜

图 3-26　接受式排风罩

接受式排风罩的外形与外部排风罩几乎相同，但二者的工作原理和设置形式有很大不同。对于接受式排风罩来说，污染气体在罩口外的运动主要是由生产过程本身造成的，接

受式排风罩主要起接受这些污染物的作用。故接受式排风罩的排风量取决于污染气流的流量大小。因此，在相同的工作条件下，接受式排风罩所需的排风量远远小于一般的外部排风罩，同时控制效果也更好。同时，接受式排风罩的罩口尺寸不应小于罩口处污染气流的尺寸。

3. 外部排风罩

1）外部排风罩的基本原理

由于生产工艺的限制，当生产设备不能密闭时，应在污染源附近设置外部排风罩，利用外部排风罩的抽吸作用，在污染源周围形成低压区，使四周的空气都在压差作用下向排风罩口加速流动，从而使污染物被吸入外部排风罩内。这类排风罩统称为外部排风罩。外部排风罩是应用非常广泛的一种排风罩类型。

为保证污染物全部吸入罩内，必须在距吸气口最远的污染物散发点（即控制点）上造成适当的空气流动，如图 3-27 所示。控制点的空气运动速度称为控制风速（也称吸入速度）。这样就提出一个问题，外部排风罩需要多大的排风量，才能在污染物捕集位置造成必要的控制风速。

要解决这个问题，必须掌握污染源与排风口距离和控制风速之间的变化规律。因此，首先要研究排风罩口气流的运动规律。

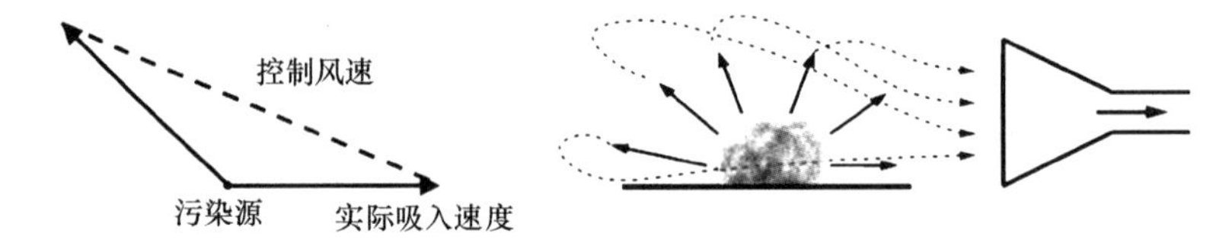

图 3-27　外部排风罩的控制风速

汇流作用下的排风口可以看做是一个“点汇”，吸气汇流过程本质上是压差导致的空气流动。当吸气开始时，在吸气口附近形成低压区，周围气体都会在压差的作用下向此区域加速流动，这种亚声速的低速汇聚流动使流体的压力降低，因此在吸气过程中低压区会一直保持。排风口的有效控制范围随着与出口距离增加而快速衰减，如图 3-28 所示。因此，在设置排风口时，应尽量靠近污染源，并应该设法减小其吸气范围。

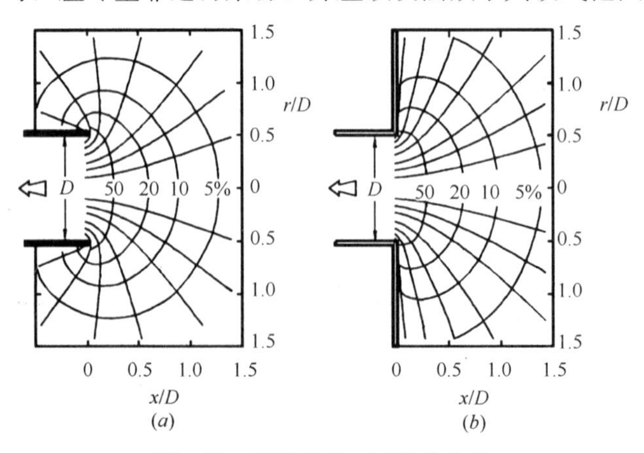

图 3-28　圆形排风口速度分布图

（a）四周无法兰边；（b）四周有法兰边

对于有较高速度的污染气流来说，很难利用外部排风罩进行控制。这时往往需要设置密闭罩或者接受罩。表 3-1、表 3-2 中列举了部分工况下的控制风速，这些数据都基于一些工程经验。但是由于生产过程的多样性，在实践中，设计者和供应商应对实际情况下的控制风速进行检查，必要时还要进行实际验证。

控制风速　　**表 3-1**

污染物释放情况	最小控制风速（m/s）	举例
以轻微的速度释放到相当平静的空气中	0.25～0.5	电镀槽中液体蒸发
以较低的初速度释放到尚属平静的空气中	0.5～1.0	焊接、流体输运
以相当高的速度释放出来，或是释放到空气高速运动的区域	1～2.5	粉碎、喷雾
以高速释放出来，或是释放到空气运动非常高速的区域	2.5～10	切割、喷砂、磨削

控制风速范围的应用条件　　**表 3-2**

范围下限	范围上限
室内空气流动缓慢	室内有扰动气流
有害物毒性低	有害物毒性高
低使用率或间歇性使用	高使用率或连续使用
大排风罩、大排风量	小排风罩局部控制

2）外部排风罩的分类

根据外部排风罩设置位置和形式的不同，可分为上部排风罩、下部排风罩、侧吸排风罩和槽边排风罩等。不同类型的外部排风罩主要是为了更好地满足生产过程的需要。例如，一些生产过程需要在污染源上部通过天车吊装，因此就不能设置上部排风罩；一些生产过程是在敞口槽内完成的，例如电解和电镀，此时适合设置槽边排风罩，等等。不同类型的排风罩如图 3-29 所示。

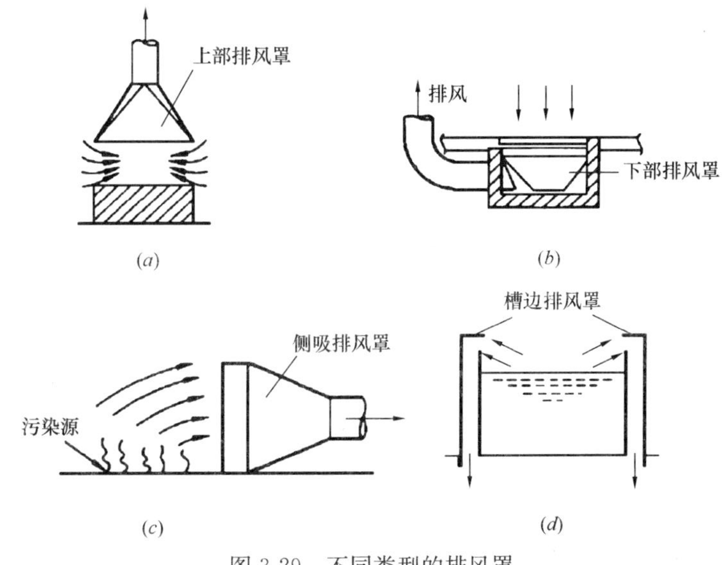

图 3-29　不同类型的排风罩

3.2.3 局部排风的优化设计原则

1. 局部排风罩类型的选择

（1）根据排风罩捕集效率的高低，应按照密闭排风罩、半密闭排风罩和外部排风罩的顺序来设置局部排风罩。即当有条件设置密闭排风罩的时候，尽可能不设置半密闭排风罩和外部排风罩，以此类推。

（2）根据污染源的不同形式和性质，选用与污染物情况相适应的排风罩。

例如，工艺生产槽边抽风排除槽内的有害物时，一般采用的是槽边条缝排风罩。根据第 2 章汇流的相关内容，排风汇流的速度衰减较快，因此当槽宽过大时，排风气流在最远端的控制速度已经很难达到捕集污染物的要求，继续增大排风量对控制效果的提升非常有限，但能耗会迅速提高。因此，对于槽宽大于 700mm 时，宜采用双侧或环形槽边排风罩；槽宽不大于 700mm 时，宜采用单侧槽边排风罩。

2. 局部排风罩的形状尺寸

局部排风罩的设置应靠近污染源，其形状和尺寸应与污染源对应。

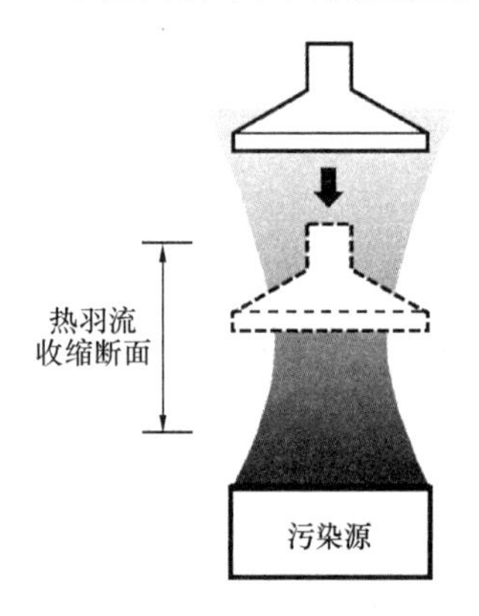

图 3-30 浮羽流的收缩断面及排风罩设置

根据第 2 章羽流的内容可知，在高温过程产生的热羽流或者热浮射流中，距热源表面 1～2 倍热源直径或 1～2 倍长边尺寸处，热羽流断面会发生收缩，气流覆盖范围宽度最小且流速较高，如图 3-30 所示。局部排风罩口位于此高度易于获得较高的捕集效率。故集中热源上部设置局部排风罩时，其罩口高度宜在距热源表面 1～2 倍热源直径或 1～2 倍长边尺寸高度处。

当排风罩距离热污染源较近时，排风罩的形状应与污染源形状相对应，实现最小的排风罩面积捕集污染物，在相同排风量的情况下获得更高的排风控制风速，从而提高排风罩的捕集效率。

当排风罩距离热污染源较远时，排风罩口形状需对应热羽流横断面形状。对于一定长宽比范围内的热羽流，在运动过程中其形状都会逐渐趋近于圆形，如图 3-31 所示。因此，当排风罩距离污染源较远时，如炼钢厂房中的屋顶排风罩，相同排风罩口面积下，宜根据热羽流发展的规律设置圆形排风罩。

3. 局部排风罩的方向、位置

1）排风罩的吸气气流方向应尽可能与污染气流的运动方向一致。根据控制风速的概

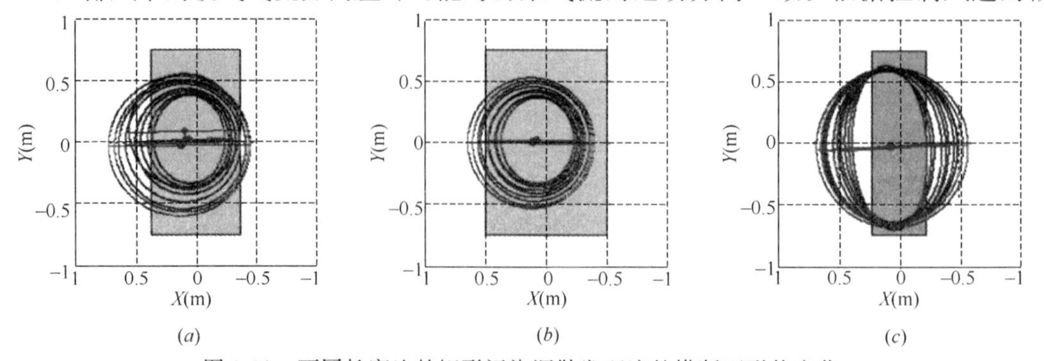

图 3-31 不同长宽比的矩形污染源散发羽流的横断面形状变化

念可知，当污染气流与排风气流的方向一致时，能有效增大污染物实际吸入风速，同时减小污染物的扩散，有利于提高排风罩捕集效率。

2）排风罩的吸气气流不应经过操作人员呼吸区，同时不应让污染物进入操作人员的呼吸区。如图3-32所示，操作人员不应该面向或者背对排风气流。当背对排风气流时，会在操作人员面前产生负压区，负压区内气流不易扩散，易产生污染物聚集。此时操作人员呼吸区处于负压区内，会导致操作人员吸入污染物；当面对排风气流时，污染气流会经过操作人员的呼吸区后再进入排风罩，同样会危害操作人员健康。

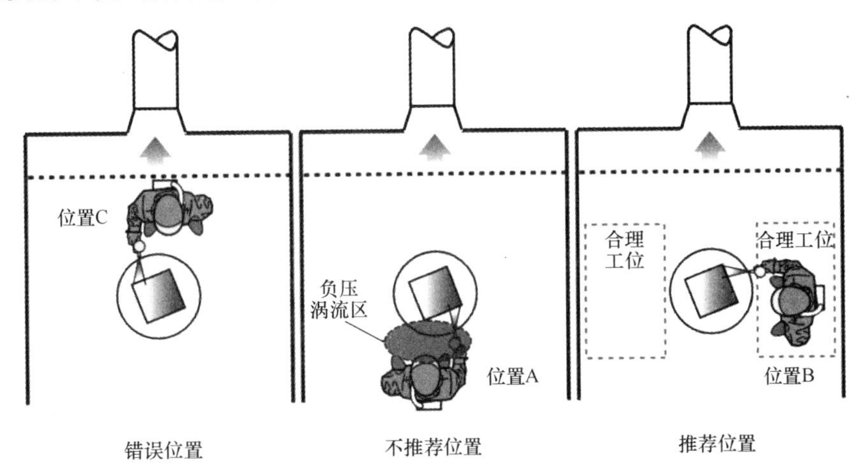

图3-32　排风气流与操作人员工位的关系

3）排风罩的设计和配置应尽量不影响操作工艺。例如，对于有天车吊装需求的生产过程，则不能设置顶部排风罩或者上部接收罩，这时应考虑设置侧吸式排风罩或者下吸式排风罩。

4）在设置排风罩时，要充分考虑周边干扰的影响。常见的周边干扰有：

（1）附近其他生产过程产生的气流运动；

（2）大风天气的自然影响；

（3）冷却空调、风扇气流的影响；

（4）附近打开门窗进、排风的影响；

（5）车辆、设备运动产生的气流；

（6）在附近移动的操作人员；

（7）设计不合理的补风。

4. 局部排风罩的精细化设计

1）由于生产工艺等限制，排风罩不能设置在污染源附近，或排风罩形状和尺寸不能与污染源对应时，应针对具体情况合理设置法兰边、挡板、气幕等装置来降低排风罩口吸气范围，限制污染物在到达排风罩前的扩散和掺混，以提高排风罩的排气效率。

在排风罩口设置法兰边，可以有效阻挡排风罩口后方的空气被吸入排风罩内，从而在罩口前方创造一个更大的控制范围，如图3-33所示。

设置挡板提高排风罩口的排风效率，其原理主要基于两方面：

（1）设置挡板限制了污染气流对周围空气的卷吸。根据第3章受限空间羽流的相关内容，靠近挡板的污染气流运动可以利用镜像原理，采用两个相同羽流叠加后的总流量的一半来计算。由计算可知，点热源羽流在受限挡板条件下相同断面上的流量仅为非受限条件下的63%左右。

（2）设置挡板使污染气流在运动时受到康达效应（Coanda Effect）影响，产生附壁作用，降低了污染气流的扩散。

图3-34展示了设置挡板后的浮射流的扩散和掺混情况。从图中可以看出，不论是温度场还是速度场的发展，在浮射流发展不受限时，随着高度的增加其主体不断卷吸周围空气呈现轴对称的变化趋势，而在其中一侧受限时，浮射流由于贴附作用的导向会发生明显向受限方向偏移的趋势，浮射流半径随着高度的增加不断减小最终形成贴附壁面流动，壁面贴附效应能够减少浮射流与室内空气的混合。

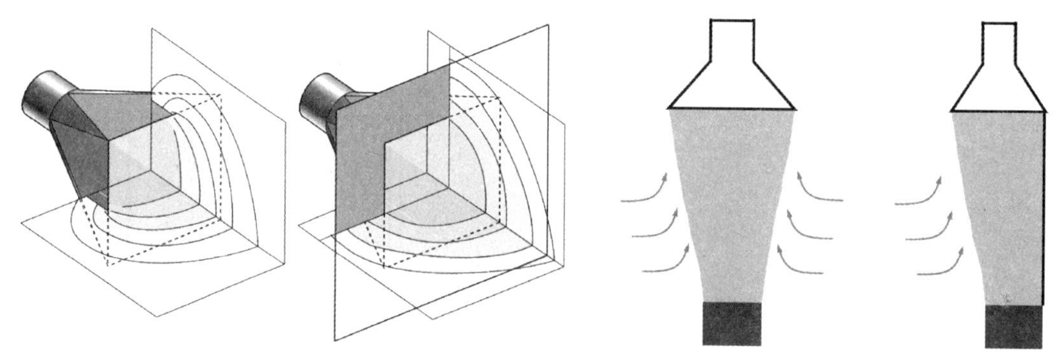

图3-33　设置法兰边前后的排风罩口的有效控制距离分布

图3-34　加设挡板后减小污染物扩散和掺混

因此，浮射流单侧受限时，壁面贴附效应会导致浮射流主体半径不断减小，若此时在受限污染源上方设置热源上部排风罩，那么即使此时上部排风罩的罩口面积无法完全覆盖污染源或者排风罩无法设置在污染源正上方，但是受限条件对浮射流产生的贴附作用会使得本来会从罩口逃逸的污染物偏转向受限方向重新被捕获，捕集效率得到提高。因此，当实际情况中无法按照理想情况设置排风罩时，通过合理设置挡板可有效增大排风罩控制距离，同时可适当减小排风罩口面积。

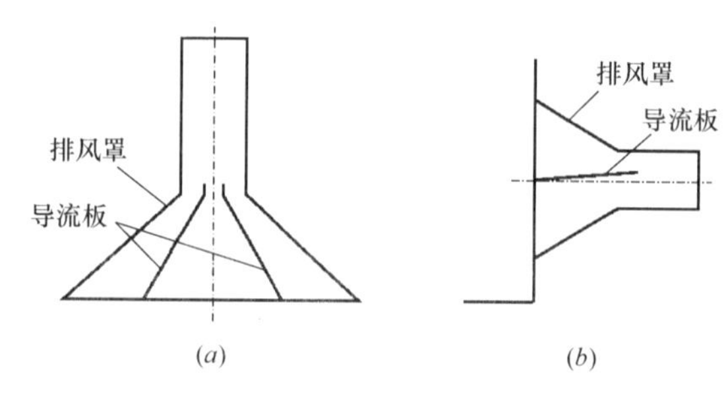

图3-35　设置导流板调节排风罩口流量分布

(a) 顶吸罩；(b) 侧吸罩

2）当污染物的流动并非均匀时，有时需要调节排风罩口的速度分布，这可以通过在排风罩内设置多种形式的导流板来实现，如图3-35所示。例如，当受热上升的污染气体在被排风罩捕集时，由于排风罩边缘的速度较低，因此可能会出现部分污染气体从排风罩边缘脱离控制的情况。这时就需要考虑加强排风罩边缘的排风速度，利用导流板可以有效地提高排风罩边缘的风速，从而降低污染气体逃逸的几率，如图3-36所示。

3）低回流排风罩口设计：

设计局部排风罩时应注意排风罩口形状。如果设计不当，会使气流在排风罩口产生流动分离、回流和较强的湍流，从而降低排风罩的捕集效率。

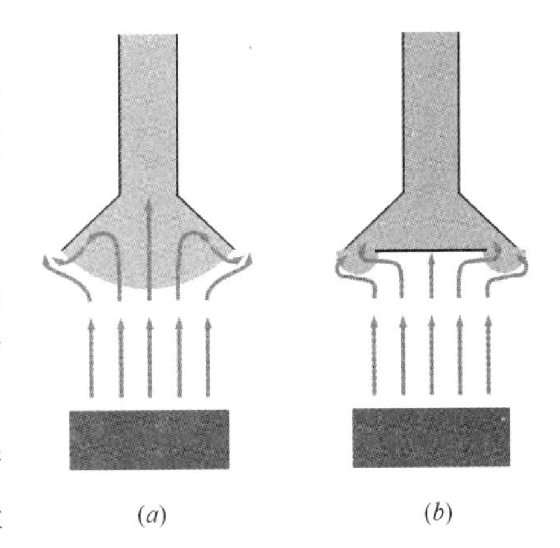

图 3-36 排风罩口设置导流板前后的污染物流动

当气流被吸入没有设置任何设施的排风罩口时，在罩口会出现气流分离现象，产生负压回流区，如图 3-37(*a*) 所示。回流区的存在会对排风罩产生两种负面影响：

（1）部分已经被吸入排风罩的污染气体会随着回流区的运动重新脱离排风罩的控制，从罩口边缘逃逸到建筑环境中，从而降低排风罩的捕集效率；

（2）由于回流区的存在，导致排风罩口处的流线收缩，相当于排风罩口截面积减小，排风阻力增大，有效排风量降低，从而进一步降低了排风罩的捕集效率，如图 3-37(*b*) 所示。

对于越大的排风罩，这种罩口气流流动分离现象越明显。要减小排风罩口的回流区，可在排风罩口设置“喇叭”形法兰板，让排风罩口边缘附近气流平滑进入排风罩，进而有效降低排风罩口的流动分离、减小回流区，进而有效提高排风效率，如图 3-37(*c*) 所示。

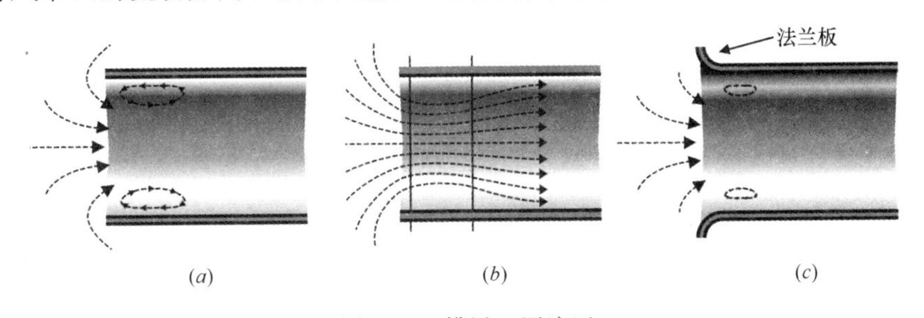

图 3-37 排风口回流区

4）典型案例：

局部排风罩的精细化设计需综合考虑多方面因素，应用多种优化手段，才能达成最佳效率。现以某炼钢厂转炉门型局部排风罩优化为例。转炉二次烟气主要发生在钢水从钢包倾倒至转炉，对于炼钢厂的转炉二次烟气，由于污染源形状复杂，污染源运动范围较大，因此在设计排风罩时，要充分考虑到烟气散发的规律，设计形状合适的门型排风罩。如图 3-38 所示，左图黑色实线为改进前的排风罩轮廓，虚线为排风罩口。排风罩的形状并没有充分考虑到转炉烟气的形状与释放规律，因此导致大量烟气从排风罩口附近逃逸到环境中。经过改进后的排风罩如右图所示，根据转炉烟气的释放规律和形状，进行了如下改进：

（1）增大了门型排风罩的容积，以容纳更多烟气，防止烟气从门型排风罩中逃逸；

（2）降低了门型排风罩口高度，使污染气流在进一步扩散之前就被排风罩捕集；

（3）根据烟气发展的形状，相应缩小了排风罩口面积，从而在不增大排风量的情况下提高了排风罩口的控制风速，提高了对烟气的捕集控制能力。

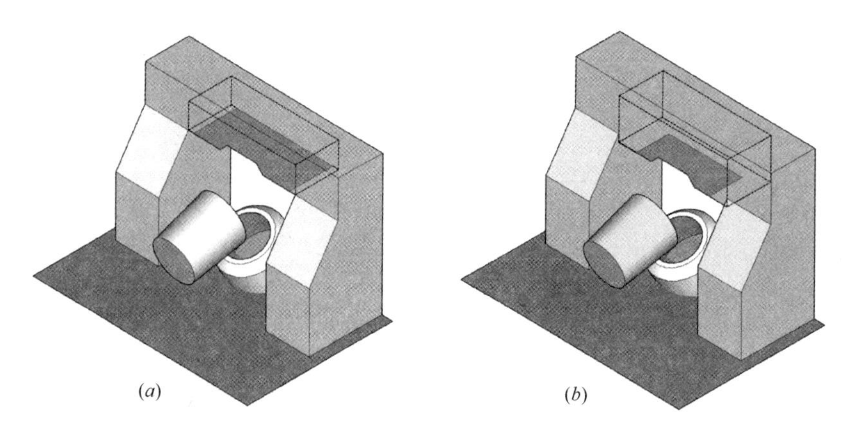

图 3-38　针对转炉烟气释放规律对门型排风罩进行改进示意图
（a）改进前；（b）改进后

3.3　局部送风

对于一些面积较大、工作人员较少且位置相对固定的场合，如果采用全面通风会造成很大的能耗，可以采用局部送风方式；这样就只需要对工作人员工作的地点进行环境保证。另外，采用局部送风方式时，有时可以允许工作人员根据自身需求对送风参数进行调节，以实现满足不同需求的个性化送风。

3.3.1　局部送风的基本形式

对于面积较大、操作人员较少的生产车间，用全面通风的方法改善整个车间的生产环境，既困难又不经济。例如有些车间，只需要对操作人员和重点位置进行送风，就可以有效降低局部环境温度，降低局部污染物浓度。这种在局部地点营造良好空气环境的通风方法称之为局部送风。在工业建筑环境控制中，局部送风经常用来对室内人员、重点设备和产品所处局部环境进行调节和保护。局部送风系统一般由送风口、送风管、空气处理设备和风机等部分组成，如图 3-39 所示。

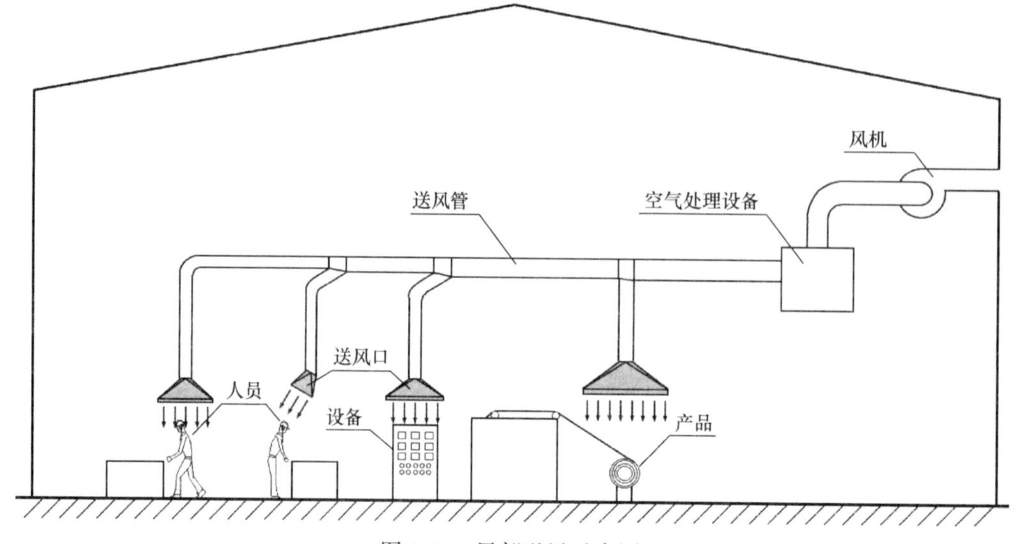

图 3-39　局部送风示意图

送风口：局部送风系统的终端设备，用来将新鲜空气送到指定位置；

送风管：输送新鲜空气；

空气处理设备：将室外空气或室内循环空气进行处理，使其参数达到送风标准；

风机：为局部送风系统的气流运动提供动力。

局部送风系统的效率高低，主要取决于送风口到送风目标之间的新鲜空气输运过程。输运过程与送风口结构、送风量、送风参数、环境气流和送风目标特性（如操作人员自身行为）密切相关。局部送风系统的性能取决于这些因素之间的复杂相互作用。因此，在设计应用局部送风系统时，要充分考虑到各种影响因素的作用。

3.3.2 局部送风的分类

1. 系统式局部送风装置

如果操作人员经常停留的工作地点辐射强度和空气温度较高，或者工作地点散发有害气体或粉尘不允许采用再循环空气时（如铸造车间的浇注线），可以采用系统式局部送风装置。采用系统式局部送风的基本原理是利用射流的基本理论。

送风空气一般要经过冷却处理，可以用人工冷源，也可以用天然冷源（如利用地道冷却），进行空气降温。

采用系统式个性化送风时，工作地点的温度和风速可按表3-3采用。

工作地点的温度和平均风速 **表3-3**

热辐射照度（W/m^2）	冬季		夏季	
	温度（℃）	风速（m/s）	温度（℃）	风速（m/s）
350～700	20～25	1～2	26～31	1.5～3
701～1400	20～26	1～3	26～30	2～4
1401～2100	18～22	2～3	25～29	3～5
2101～2800	18～22	3～4	24～28	4～6

注：1. 轻作业时，温度宜采用表中较高值；重作业时，温度宜采用较低值，风速宜采用较高值；中作业时，其数据可按插入法确定。
2. 表中夏季工作地点的温度，对于夏热冬冷或夏热冬暖地区可提高2℃；对于累年最热月平均温度小于25℃的地区可降低2℃。
3. 表中热辐射照度系数指1h内的平均值。

系统式局部送风系统在结构上与一般送风系统完全相同，差别在于送风口的结构。常见的送风口形式是一个渐扩短管，如图3-40(*a*)所示，它适用于工作地点比较固定的场合。图3-40(*b*)所示是旋转式送风口，出口设置有导流叶片，喷头与风管之间采用可转动的活动连接，可以任意调整送风气流方向。旋转式送风口适用于工作地点不固定，或设计时工作地点还难以确定的场合。图3-40(*c*)所示是球形喷口，它可以任意调节送风气流的喷射方向，广泛应用于生产车间的长距离送风。当工作地点较为固定，且需要局部送风对操作人员进行较为全面的保护时，可选用图3-40(*d*)所示的大型送风口。这种送风口的送风可以整个覆盖住操作人员的活动范围，对操作人员的保护效果最好。

2. “Air dress”局部送风系统

“Air dress”送风系统是基于康达效应的一种个性化送风系统。其送风是基于一种环形的条缝形风口，工作原理是：从环形条缝形风口垂直向下送出的送风气流在向下运动的

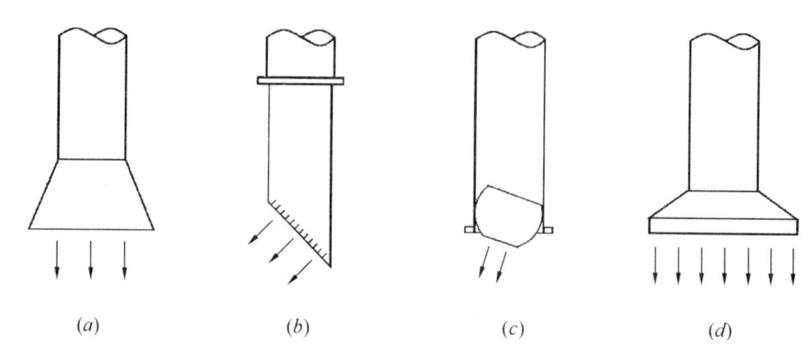

图 3-40　局部送风风口示意图

过程中，将会由于康达效应的作用而贴附于人体表面，同时因为其具有向下运动的动量，继而沿着人体表面继续向下运动，此时在人体表面就形成了一层干净、舒适的空气，就像是在人体表面穿上了一件空气衣“Air dress”，因此称为“Air dress”送风系统，如图3-41所示。

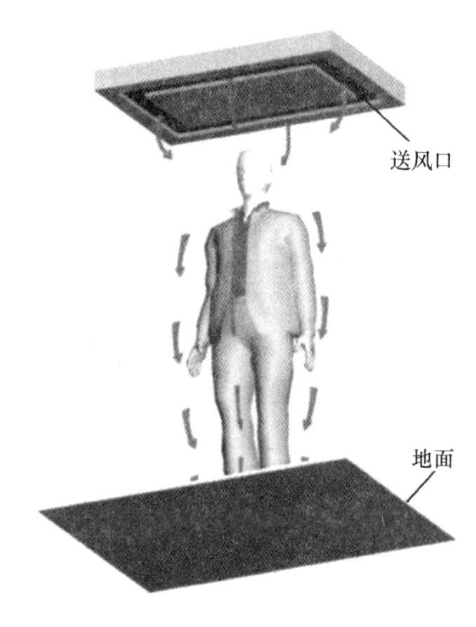

图 3-41　“Air dress”送风示意图

注：“Air dress”送风适用于人员活动幅度较小，位置较为固定的工作岗位。

“Air dress”送风不直接吹向人的头部，且需要的风量小，因此具有如下优点：①满足人体呼吸区的新风量要求；②满足整个人体微环境的热舒适性要求；③实现人体的整体防护；④避免吹风感；⑤更加节能。

3.3.3　局部送风的优化设计原则

局部送风系统应符合下列要求：

（1）不得将有害物质吹向人体。

（2）吹风气流应尽量从人体前侧上方或正上方吹向人体的上部躯干（头、颈、胸），使人体呼吸区处于新鲜空气的包围之中，如图 3-42 所示；其中，图 3-42(*a*) 所示为窄送风射流，高送风速度：这种送风方式的送风效果不够理想，清洁区面积较小，污染物易通过与送风气体混合进入呼吸区，在使用时要注意送风口与人体应保持一定距离，使送风射流扩散到一定范围，包裹人体关键位置。图 3-42(*b*) 所示为宽送风射流，低送风速度：常用的送风方式，保证了洁净面积，污染物远离呼吸区。缺点是随着送风面积加大，送风量较大。图 3-42(*c*) 所示为“空气衣”送风：通过送风气流低速贴附操作人员周围流动，以较小风量实现对人的整体保护。

（3）局部送风系统应设置合理的送风范围，不宜让局部送风气流干扰污染气流的运动和排风系统对污染物的捕集。

（4）局部送风系统应根据现场实际情况，例如操作人员的劳动性质和劳动强度来设定送风速度和温度，尽量减少操作人员的吹风感。

（5）操作人员活动范围较大时，宜采用可移动或可旋转送风口。

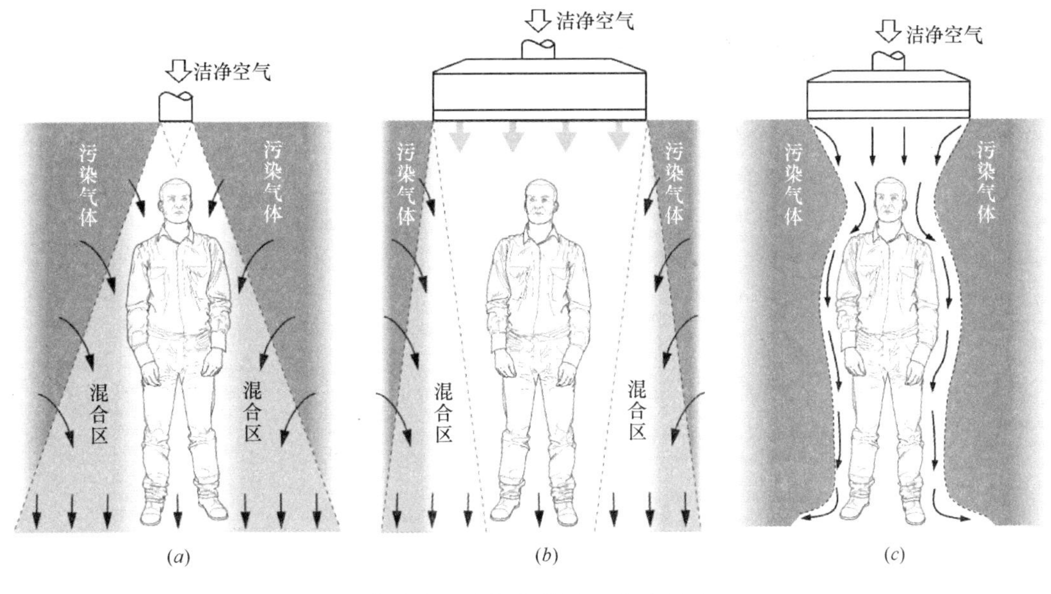

图3-42　个性化送风方式示意图

3.4　吹吸式通风

3.4.1　吹吸式通风的基本原理

为提高捕集效率，局部排风罩往往要求设置在尽可能靠近污染源的位置。然而由于工业生产中的限制，污染源距离排风罩口较远时，宜采用吹吸式通风系统。吹吸式通风作为局部通风中的一种，是利用吹风罩形成定向的吹风气流和排风罩形成的排风气流一起组成的联合装置，吹吸式通风系统不仅可以很好地控制污染物和有害气体，还能在很大程度上节省风量，降低能耗，所以吹吸式通风系统装置比起仅设置局部排风装置，具有控制污染物效果好、控制区域灵活、节能等众多优点，同时系统风量小、抗外界干扰气流能力强，可以广泛应用在各种场合。

在吹吸气流中，送风射流的稳定性相对较强，速度衰减很慢，其在轴心处当吹风距离大于风口宽度的2倍时仍可以保持完好，大于20倍的位置处风速依旧在20%以上，可知送风射流的控制能力非常强；但排风气流衰减则很快，所以如果把吹风气流和排风气流联合起来工作，既可以弥补排风气流衰减快的弱点，还可以增加控制范围和距离。吹吸式通风系统的原理如图3-43所示。

吹吸式通风系统广泛应用于各类场合，在工业生产中对污染物的捕集效果明显，它使用送风射流让污染物与周围空气隔断，既对污染区进行了有效的控制，还降低了对工作人员操作的影响。吹吸式通风系统的运行和维护费用也相对较低，初投资也比较少，是一种很理想的控制局部

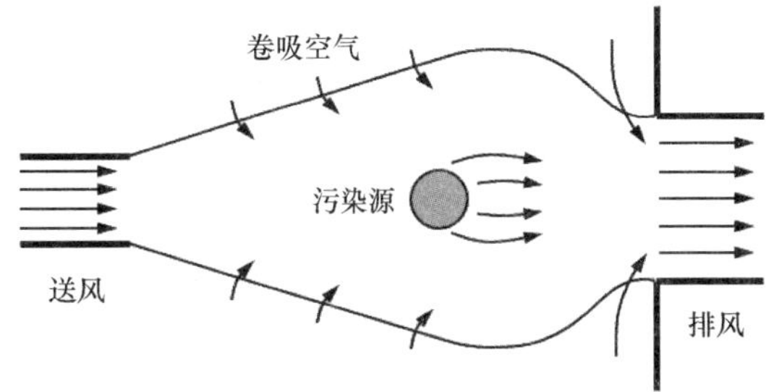

图3-43　吹吸式通风原理示意图

环境、排除污染物的通风方式。

鉴于考虑吹吸作用的方法和适用条件不同，吹吸式通风系统存在多种不同的设计计算方法。影响吹吸系统工作的因素很多，如吹吸风口的结构形式和尺寸，吹吸口有无挡板，吹吸风量的大小和比例，处理对象的尺寸和工艺条件等，而现有计算法考虑的因素不同。另一个因素是如何考虑吹气气流与吸气气流的作用方式，吹出气流可以吹到比较远的地方，能量衰减得比较慢，而吸入气流则能量衰减得比较快，二者的关系如何，应该分别考虑还是联合考虑。以下从考虑吹吸气流有无相互作用的角度，将现有的吹吸式通风设计方法进行分类。

3.4.2 吹吸式通风的分类

根据送风气流的气流特性及对污染物的控制方式不同，吹吸式通风主要可分为敞口槽吹吸式通风和工作区吹吸式通风两种，分别如图 3-44 和图 3-45 所示。

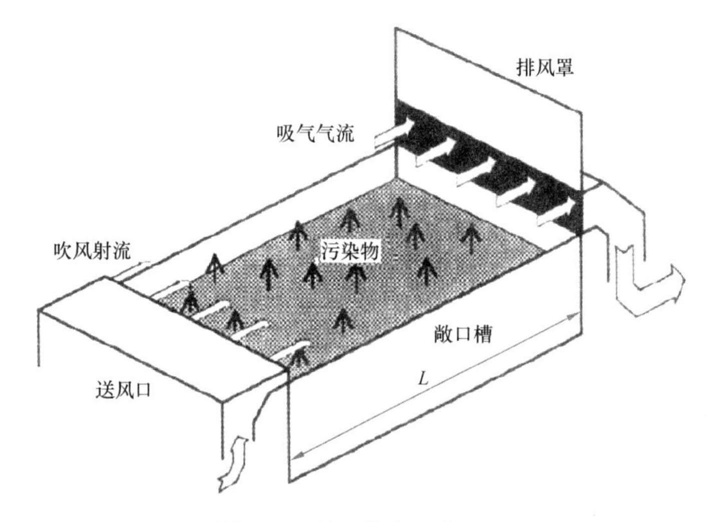

图 3-44 敞口槽吹吸式通风

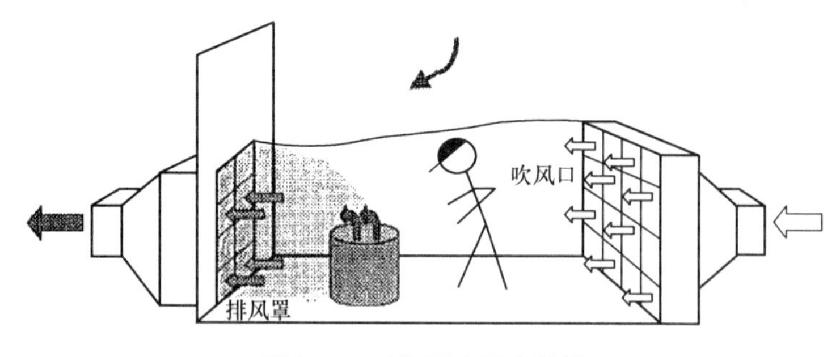

图 3-45 工作区吹吸式通风

高速流场的敞口槽吹吸式通风和低速流场的工作区吹吸式通风（利用平行流吹吸式通风控制污染）之间的区别为：①控制区域不同。敞口槽吹吸式通风适用于控制工业槽内的污染物扩散；平行流吹吸式通风主要用于工业厂房内工作区域的局部环境控制，适用于排风口设置位置距离污染源较远的情况。②控制风速不同。敞口槽吹吸式通风是利用从吹风口吹出的高速气流所形成的空气幕阻挡从工业槽内散发出来的污染物向周围环境传播，并使之随吹吸气流经排风罩排出；平行流吹吸式通风是利用从吹风口均匀吹出的低速吹风射流所形成的宽阔的吹吸气流流场来控制污染物的传播，同时，用处理过的新鲜空气组成平行流，不但向操作者提供新鲜空气，同时不让污染空气与操作者接触而直接排除。

3.4.3　吹吸式通风的优化设计原则

1. 吹吸式通风的状态

吹吸式通风性能的好坏，主要取决于送风、污染源、排风三个要素。只有合理匹配这三个要素之间的关系，吹吸式通风才能实现真正的高效节能。如表 3-4 所示，根据三个要素之间不同的配置，吹吸式通风可以分为四种典型状态：发散状态、过渡状态、封闭状态和强吸状态。

当三个要素匹配极度不合理时，吹吸式通风呈发散状态，即大量污染物不受通风系统控制逸散到室内环境中。其中，当送风射流速度严重不足时，吹吸式通风状态如表（*a*）所示。送风气流直接被污染气流推开，流向送风口上游方向。当送风量提高而排风量不足时，部分污染物会突破送风空气幕的影响逸散到环境中，如表（*b*）所示。当送风量过大时，送风和污染物的混合气流不能完全被排风口捕集，从而导致部分混合气流逸散到环境中。这三种情况下的吹吸式通风都没有起到相应的作用，因此是失效的。

过渡状态的吹吸式通风系统如表 3-4 第二列所示。如表（*a*）所示，当送风量过小而排风量很大时，靠近排风口位置的污染物可以被排风口捕获，然而送风气流直接被污染气流推开，流向送风口上游方向，导致部分污染物逸散到环境中。当污染气体量过大时，送风气流和排风气流能形成闭合的控制面，可以捕集绝大多数污染物，如表（*b*）和（*c*）所示。此时的控制面易受到干扰，有被失效的风险。

封闭状态如表 3-4 第三列所示。此时送风气流、排风气流和污染气流之间形成了合理的匹配，污染源所释放的污染物可以稳定地被送、排风所形成的控制面捕获。这种状态是吹吸式通风最理想的状态。

表 3-4 最后一列显示了送、排风量过大时吹吸式通风的流态。此时对污染气体的控制效果十分理想，但是显然地，送、排风气流过大会导致能耗增大，不利于节能。

吹吸式通风的典型流态　　　　**表 3-4**

发散状态	过渡状态	封闭状态	强吸状态
(*a*) 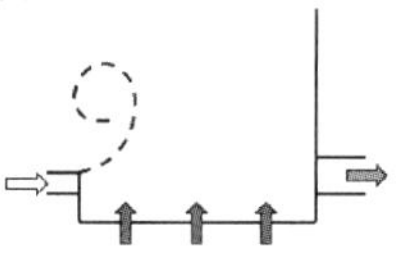	(*a*) 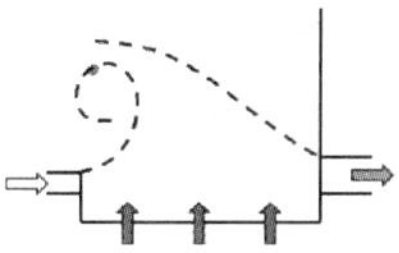	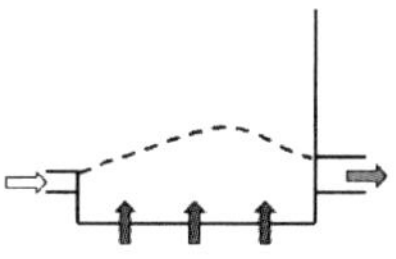	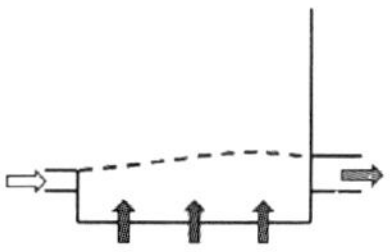
(*b*) 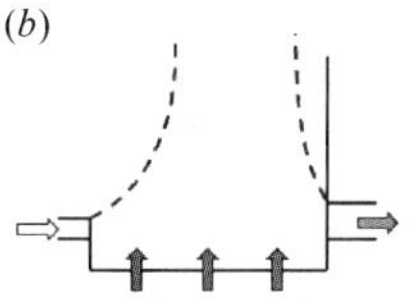	(*b*) 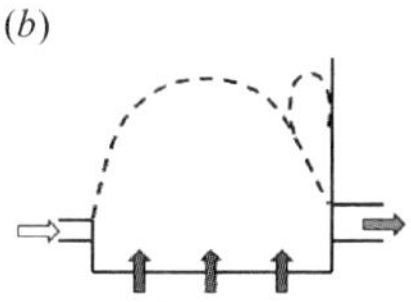		
(*c*) 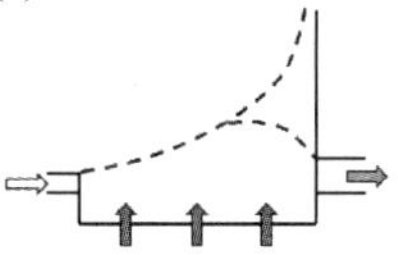	(*c*) 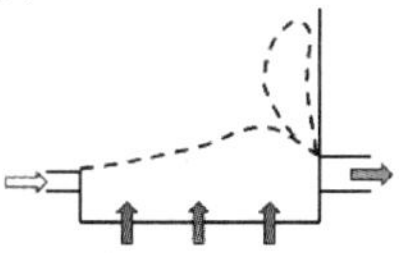		

2. 障碍物对吹吸式通风的影响

1）障碍物位置对吹吸流场速度分布的影响

障碍物的存在对障碍物后流场影响显著。送风射流在障碍物前方与障碍物碰撞，流动在此流域形成流动滞止区，转向沿物体壁面向周围流动，在障碍物后的很大范围内，速度都比较低，随着距离的增加，汇流作用对流场的控制起到主导作用，其下游速度逐渐恢复。障碍物距离吹风口越近，障碍物对速度分布的影响越大，障碍物后低速区的范围越大。障碍物离吹风口越近，障碍物对流场的影响越大。障碍物后低速区范围对污染物控制有一定的影响。在局部通风系统中，一般需要有控制风速，根据污染源的性质以及干扰气流来确定控制风速，如果吹吸流场的风速过低，就不能抵御干扰，容易造成污染物的扩散。一般将最低控制风速取为0.3m/s，因此要尽量避免在障碍物后低速区存在干扰气流。

2）障碍物尺寸对吹吸流场速度分布的影响

如图3-46所示，障碍物的存在使流场发生变化体现在两个方面：一是使射流流场发生了偏转，流场变宽；二是障碍物周边的流场发生了比较大的变化，各障碍物迎风面速度急剧下降，至障碍物处形成流动滞止区，转向沿物体壁面向周围流动，在障碍物后形成低速区。各障碍物对迎风面前的影响比较接近，但各障碍物对背风面区域的影响从图上看与障碍物尺寸有较大关系。

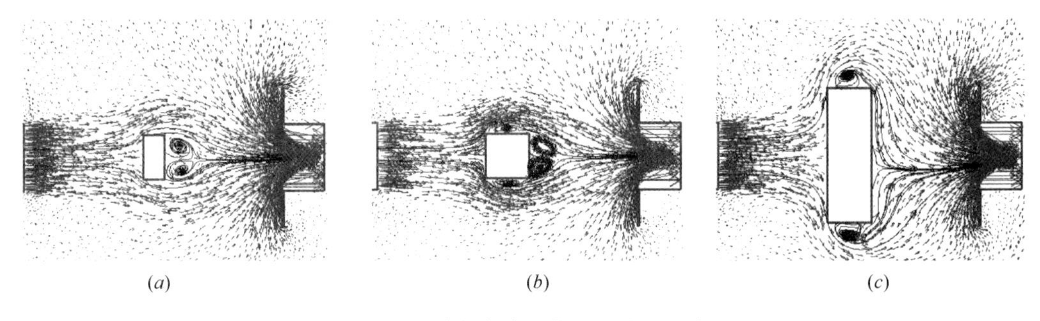

(*a*)　　(*b*)　　(*c*)

图3-46　不同宽度障碍物后回流区示意图

(*a*) 宽/长=0.33；(*b*) 宽/长=0.67；(*c*) 宽/长=1.5

(1) 随着障碍物长度的增加，障碍物后低速区的范围减小。障碍物越长，对于其不利的一方面是，根据前文中障碍物位置对流场影响的规律，障碍物迎风面距离吹风口越近，障碍物后的低速区越大。然而，对其有利的有两点，其一是障碍物越长，分离的边界层会出现二次附着，射流沿着障碍物流动，在障碍物后分离时的宽度变窄，减小了障碍物背风面的低速区；另外一点是因为障碍物越长，越靠近吸风口，吸风口的回流作用增强，吸风口附近的负压，对射流流体造成了一定的抽吸作用，减小了低速区的范围，使得障碍物后速度恢复较快。总体而言，障碍物长度的增加对流场影响很小，吹吸气流控制长度不同的障碍物对流场影响的能力基本相同。

(2) 障碍物背风面涡流区的宽度与障碍物的宽度相当，随障碍物宽度增加而增加。障碍物宽度<吹吸风口的宽度，障碍物对气流的影响在流场的有效作用范围内；障碍物宽度≥吹吸风口的宽度，障碍物后低速区的范围增大，气流对该位置的控制能力下降，会有气流逃逸。

总而言之，障碍物的尺寸对吹吸式通风的效果有较大的影响，在设计吹吸式通风时应积极考虑障碍物尺寸对吹吸式通风的影响。

3.4.4　涡旋排风

吹吸式通风是利用送风射流限制污染物扩散，将污染物输送至排风罩口的一种通风形式。除了上文提到的吹吸式通风形式，还有多种送风射流的应用方式来提高排风罩的捕集效率。一类是利用送风射流形成空气幕，配合排风罩使用以起到类似挡板、法兰板的隔断作用，从而利用较小面积的排风罩和较小的排风量提高污染物捕集效率，这类排风罩的介绍详见3.8.2节。另一类是利用送风射流与排风气流配合，产生柱状空气涡旋，从而改变传统排风气流的汇流流动形式，有效提高对污染物的控制距离和捕集效率。目前，利用空气涡旋的排风罩形式主要有空气涡旋排风罩、气幕旋风排风罩、旋转气幕式排风罩等。本节将对这类利用空气涡旋原理的排风形式进行介绍。

1. 涡旋排风基本原理

空气涡旋排风是根据柱状空气涡旋原理，利用柱状空气涡旋强负压梯度、高轴向速度、长输送距离的特性，通过设置合理的送、排风形式，在污染物与排风罩口之间人工生成柱状空气涡旋的一种排风形式。

2. 涡旋排风生成条件

柱状空气涡旋是一种自然界中常见的流动现象，如大自然中的龙卷风和尘卷风。尽管运动尺度、生成方式都有不同，但这类涡旋运动都满足流体力学中对涡旋运动的描述，涡旋的生成都要满足类似的必要条件。在涡旋排风研究范围内，柱状空气涡旋生成和存在有三个必要条件。

1）上升气流

上升气流是空气涡旋向上运动的动力，由于气流上升导致下部气压降低，在涡旋形成后空气不断上升运动。

2）下部角动量气流

角动量气流存在于涡旋靠近底部平面附近，为涡旋不断提供维持旋转所需的角动量，同时补充涡旋向上运动的空气。

3）底部平面

根据亥姆霍兹定理，涡管不能在流体中凭空产生或者消失，一端必定会连接在壁面或者液面上，或者封闭成环形。对于柱状空气涡旋，底部平面必不可少。

3. 涡旋排风流场结构

在实际应用中，涡旋排风系统存在多种实现形式。但其流场结构特征基本保持相同。如图3-47所示，涡旋排风的流场可以划分为三个区域。

1）涡核区

该区域为柱状空气涡旋的核心区域，速度分布和压力分布类似兰金涡（Rankine vortex）的内部结构。

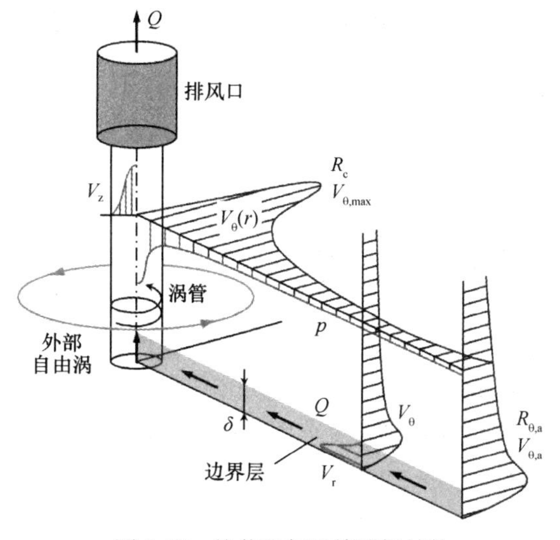

图3-47　柱状空气涡旋流场结构

2）外部自由涡区

该区域内空气缓慢绕涡核区域转动，速度分布和压力分布类似兰金涡的外部结构。

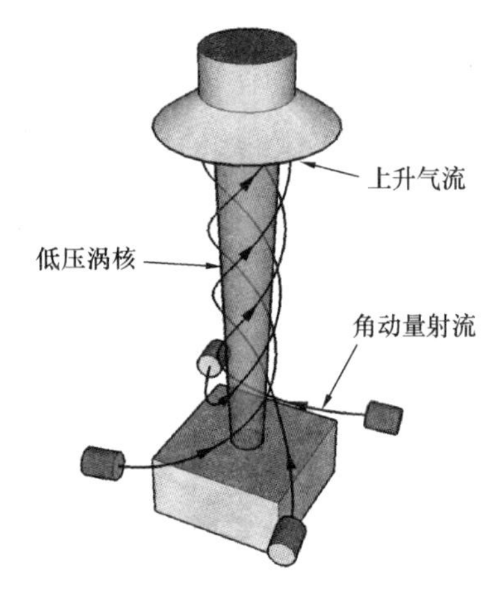

图 3-48　柱状空气涡旋排风罩

3）边界层区

根据通道涡原理，在边界层区的气体微团受到底部平面的摩擦阻力，边界层气流切向速度减小，因此边界层内压差力大于离心力，气体产生向涡旋中心的径向运动。

在涡旋排风中，根据不同的角动量送风方式，外部自由涡的轴向速度分布略有不同，但基本流场结构保持一致。

4. 涡旋排风应用形式

1）空气涡旋排风罩

新型空气涡旋排风罩结构如图 3-48 所示。根据龙卷风等柱状空气涡旋的生成原理，利用下部切向设置的风机形成带角动量送风气流，配合排风口处的排风气流，形成柱状空气涡旋。柱状空气涡旋具有显著的负压梯度和轴向上升速度，可有效限制底部平面污染源释放的污染物的扩散，并快速将污染物输送至排风罩口排出室外，从而有效提高顶吸排风系统的捕集效率。图 3-49 对比了传统顶吸式排风罩和空气涡旋排风罩对烟气的捕集效果。与传统上吸式排风罩相比，柱状空气涡旋排风罩控制距离长，污染物控制效率较高，尤其是对于相对密度较大，在气流中跟随性较差的污染物控制效果较好。

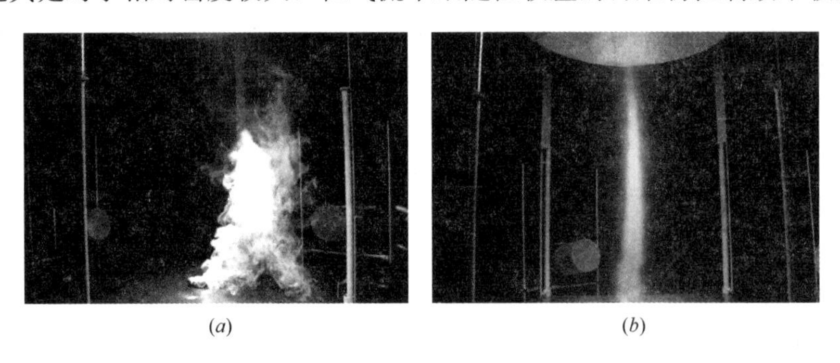
(*a*)　(*b*)

图 3-49　传统顶吸式排风罩与空气涡旋排风罩捕集效果对比

（*a*）传统顶吸式排风罩；（b）空气涡旋排风罩

2）气幕旋风排风罩

这种气幕排风罩形式如图 3-50 所示。这种排风罩在排风罩四角安装四根送风立柱，以一定的角度按同一旋转方向向内侧吹出连续的气幕，形成气幕空间。在气幕中心上方设有排风口。在旋转气流中心由于吸气而产生负压，这一负压核心给旋转着的空气分子以向心力，而空气分子由于旋转作用将产生离心力。在向心力和离心力平衡的范围内，旋转气流形成涡流，涡流收束于负压核心四周并射向排风口。由于利用了龙卷风原理，涡流核心具有较大的上升速度。试验研究表明，其上升速度沿高度的变化不大，有利于捕集远离排风口的有害物。这种排风罩的优点是：可以远距离捕集粉尘和有害气体；由于有一个封闭的气幕空间，污染气流与外界隔开，用较小的排风量即可有效排除污染空气；具有较强的抗横向气流干扰的能力。

3）旋转气幕式排风罩

这种新型排风罩形式如图3-51所示。这种排风罩在排风罩口附近设置诱旋射流喷口，具体实现方式为使用呈一定角度的导流叶片，或送风管切向送风等，使从射流口喷射出具有一定扩散角的旋转射流。一方面，这种旋转射流可有效限制排风罩吸入周围环境洁净空气，起到一定的屏蔽作用；另一方面，旋转射流通过空气黏性传递动量，使内部污染气体获得一定的角动量，从而形成柱状空气涡旋流场，提高了对污染物的捕集能力。

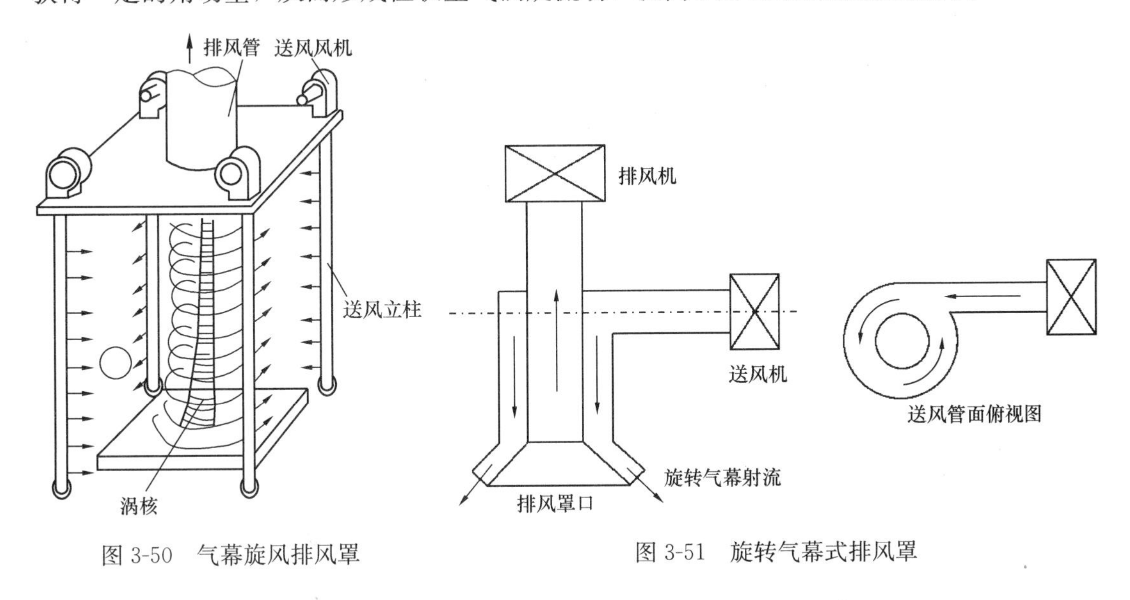

图3-50　气幕旋风排风罩　　图3-51　旋转气幕式排风罩

3.5　全面通风

工业建筑内需要利用通风方法来消除生产过程中产生的细小颗粒物、有毒气体等污染物和余热以维持生产环境。这些污染物可能会影响操作人员的健康和安全，在某些情况下，当浓度超过其爆炸下限浓度或可燃下限浓度时，这些污染物也有可能成为可燃或易燃的危险物质。因此，首先应该尽可能使用通风系统，特别是局部排气系统来控制这些余热和污染物。这是因为局部排气系统往往针对性地设置在热源和污染源附近，相比于全面通风系统需要更少的风量，同时也能达到更好的通风效果。然而，当局部排风系统仍然无法满足工业建筑室内环境需求时，就需要利用全面通风来消除剩余的余热和污染物。

工业建筑的全面通风包括机械通风和自然通风两种方法。自然通风系统不消耗额外的能量，仅仅由重力或自然风力驱动，因此广泛应用于工业建筑环境控制（尤其是在寒冷和温和气候地区的热车间）。但是由于自然通风过于依赖室外风速、空气温度和洁净度等外部环境参数、因此在工业建筑等大型建筑中，自然通风的通风效果存在较高的不可控性，单纯地设置自然通风往往不能完全满足工业建筑室内环境控制的要求。因此，工业建筑的环境控制需要设置机械通风系统进行全面通风。

3.5.1　全面通风策略

了解室内全面通风策略是控制工业建筑室内温度、湿度、污染物浓度和气流分布的基础。不同的全面通风策略会营造出不同的室内环境特征。全面通风系统的表现很大程度上取决于所选择的通风策略。各种通风手段（例如送、排风口位置分布、通风气流温度的高低）、各种生产过程和各种扰动都会影响到全面通风的最终效果。在进行室内环境营造时，可以选择不同的策略以达到所需要的目的，例如使用低速送风装置直接向工作区进行送风（置换通风）或者使用辐射冷却吊顶，都可以实现为工作区降温的目的。

表 3-5 列举总结了本节所要介绍的全面通风策略。

室内全面通风策略 **表 3-5**

全面通风策略	混合通风	置换通风	分区通风	单向流通风
温度、湿度和污染物浓度分布特点	送风与室内空气充分混合，稀释室内有害物	利用不同温度的空气密度差，产生下冷上热的室内环境	通过向特定区域送风，使特定区域环境参数满足要求	通过送风创造室内单向均匀通风气流流场
X 轴：℃，mg/m³，%RH Y 轴：房间高度 SU＝送风，EX＝排风	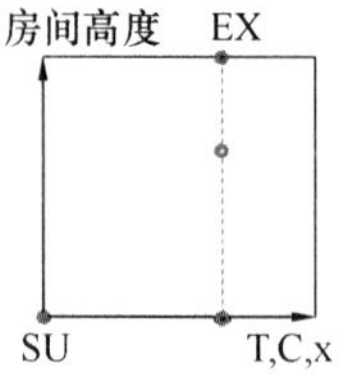 房间高度 EX SU T,C,x	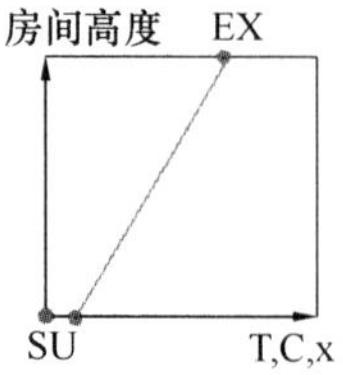 房间高度 EX SU T,C,x	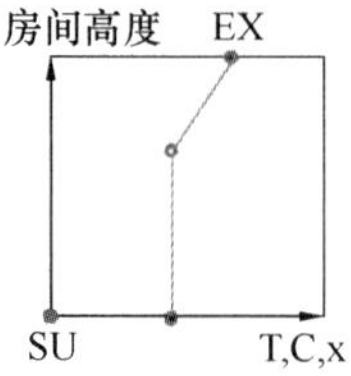 房间高度 EX SU T,C,x	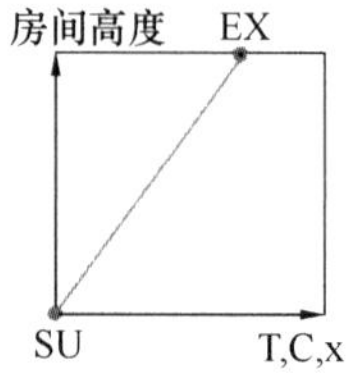 房间高度 EX SU T,C,x
主要通风机理	通过高动量送风对室内空气进行充分稀释混合	房间气流组织和控制主要由浮力驱动；采用低动量送风方式	通过送风控制室内部分区域的气流组织	房间气流组织方式和采用低动量的单向气流，以克服湍流扰动
理论排热排污效率	←			→
典型应用形式				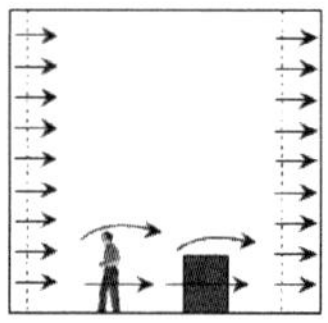

3.5.2 混合通风

1. 概念

混合通风是通过送风射流将新鲜空气送入室内，在送入过程中，新鲜空气与室内空气发生掺混，随着送风射流的扩散，风速和温差会很快衰减，污染物会得到稀释，最终形成全室参数比较均匀的室内环境。这种混合策略以混合稀释为方法，以达成全室环境参数均匀为目的，是一种普遍应用的全面通风策略。这种混合策略在应用到具体建筑环境内时一般被称为混合通风。

在混合通风系统中，送风速度通常大于工作区的可接受的风速。根据加热/冷却负荷的不同，送风温度可以高于、低于或等于工作区的空气温度。对于最关键的工作区，混合通风可以直接对工作区送风或者利用送风射流的回流来进行通风。当混合通风的送排风设置合理时，就可以在工作区和房间上部区域都产生相对均匀的气流速度、温度、湿度和污染物浓度。当回流区在工作区附近时，就可以保证工作区内风速合适，温度较为均匀。

2. 优点和缺点

混合通风的优点：

(1) 可以有效避免室内出现温湿度、污染物浓度过高的滞止区；

(2) 可以有效避免供热时室内存在的温度梯度的不利影响。

混合通风的缺点：

(1) 追求全室环境参数的混合，导致排风口位置的污染物浓度较低，从而导致排热、排污效率不高；

(2) 为了达成室内环境参数的均匀，同时在室内环境限制范围内，需要对整个空间的污染物进行稀释处理，所以通常需要很大的送风量，使得全面通风系统的能耗较高；

(3) 混合策略较高的送风速度往往会导致房间局部位置有较强的吹风感。

3. 设计关键

混合通风中的送风射流要创造足够充分的室内气流运动，以保证整个空间内的空气能够充分地发生掺混和稀释，这样室内某些位置集中释放的余热和污染物会被均匀地稀释到整个空间，以避免局部高温和高污染物浓度的出现。因此，混合通风又被称为稀释通风。

4. 应用形式

根据建筑环境的不同需求，混合通风系统在实际应用中存在多种形式。例如上送上排形式，其特点是将送、排风管和设备都布置于空间的上部。上送下排形式，则是将送风口置于空间上部，将排风口设置于房间的下部。这种形式的送风气流不直接进入工作区，有较长的与室内空气掺混的距离，能够形成比较均匀的温度场和速度场。在实际应用中，常用的还有下送下排形式，侧送、上下排等多种送排风形式，如图3-52所示。

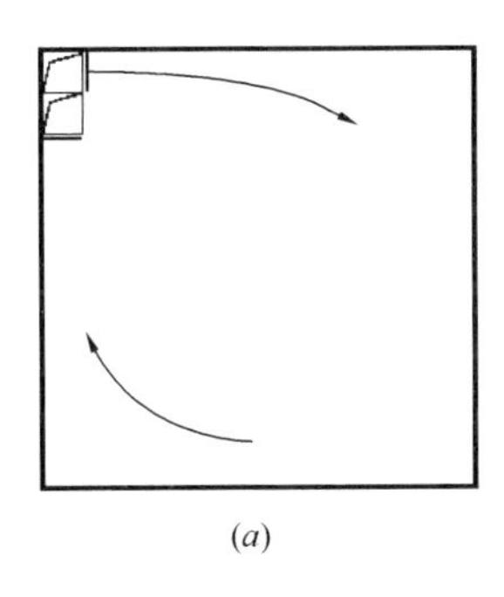
(*a*)

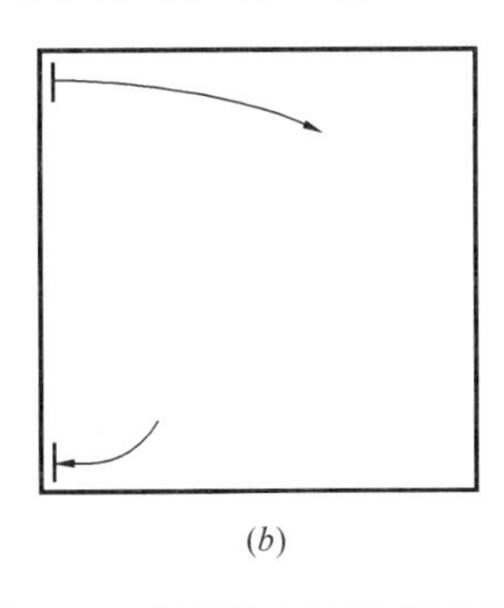
(*b*)

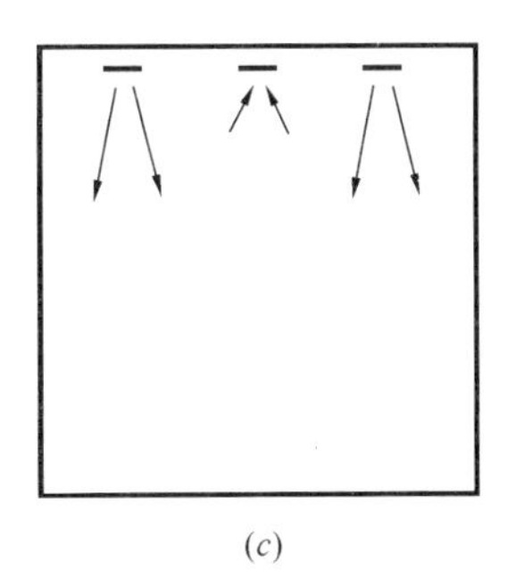
(*c*)

图3-52　典型混合通风应用形式

(*a*) 上侧送上侧排；(*b*) 上侧送下侧排；(*c*) 上送上排

从上述应用形式中可以看出，混合通风大多数为上部送风。这种上部送风不占用下部工作区空间，同时有效地利用了房间上部空间，在房间通风量很大时，通风设备和管道往往占据大量体积，上部送风的混合通风在风管布置方面存在很大的优势。同时，由于混合通风主要以混合稀释为目的，计算方法比较成熟。因此，混合通风在工业建筑中目前得到了大规模的应用。

3.5.3　置换通风

1. 概念

置换策略是根据不同温度下空气密度不同的原理，将低于室内空气温度的冷空气以较低风速（不大于0.5m/s）送入室内。受浮力影响，冷空气沿地板扩散，淹没整个房间的下部区域。靠近热源的空气被加热形成热羽流，携带余热和污染物一同升至房间上部区域；在上部区域，上升热羽流沿屋顶水平扩散。由于冷热空气流密度差形成的浮力作用，会在室内某高度上形成明显的上、下两个区域，此现象即为热分层现象。室内热分层后形成的上部区域为混合区，该区域空气温度高并且污染物浓度大；下部区域为清洁区，该区域空气温度低并且污染物浓度小。清洁区的高度取决于提供给房间下部的送风量和送风温度，以及热源产生的热对流热量。这种置换策略在应用到具体建筑环境内时一般被称为置换通风，如图 3-53 所示。

当污染物与余热一起释放时或者污染气体比周围室内空气温度更高时，置换通风是一种很好的通风方式。当室内有比较强的空气湍流，会干扰上升热羽流输送热量和污染物时，一般不宜选用置换通风。

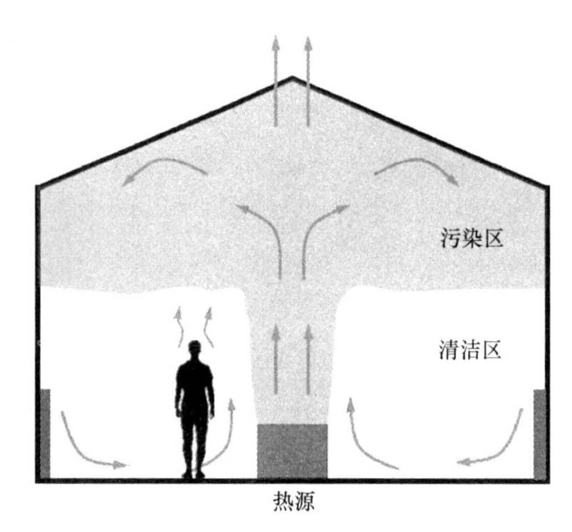

图 3-53　置换通风气流组织形式

2. 优点和缺点

置换通风的优点：

（1）下部清洁区内污染物浓度低；

（2）排热和排污效率相对较高；

（3）主要考虑清洁区内的空气品质，因此置换通风所需的通风量较小，能耗较低。

置换通风的缺点：

（1）通风效果非常易受室内气流扰动的干扰；

（2）送风速度低，导致送风口面积过大；

（3）一般在低温送风情况下才能使用，很难应用于供暖；

（4）置换风口仅控制出风温度，不控制排风温度，因此无法精确控制区域内部湿度。因此，只能用于不要求湿度控制的区域，如舒适性区域。

3. 设计关键

置换通风的分层效应使气流由下向上逐渐运动，与活塞流通风在整个房间内的温度和污染物分布很相似。然而，这两种通风方法的驱动力完全不同，因此各种环境参数的分布实际上并不相同。在活塞流通风中，室内均匀的气流流场是由大面积均匀送风造成的；而在置换通风中，气流流场是由室内气体的密度差造成的，即房间气流运动由空气浮力控制。

需要注意的是，在应用置换通风前，需要考虑厂房内的环境和污染物的性质。由置换通风的原理可知，置换通风主要是利用气体热轻冷重的自然特性来迁移余热和污染物，将洁净空气以小温差、低风速、低紊流度的方式送入工作区下部，利用房间内空气的上下分层来保证下部工作区的环境。因此，只有当满足以下所有条件的时候，才适合设置置换通风：

（1）厂房内有热源或热源与污染源伴生；

（2）污染空气温度高于周围环境空气温度；

（3）房间高度不小于 3m；

（4）厂房内无强烈的扰动气流。

置换通风只有当送风温度低于室内气温时才能正常作用，也即一般的低速送风的置换通风不能应用于供暖风，因为当供暖风时，送出的低速热空气会因受到浮力很快向厂房上部空间扩散，无法充分对下部工作区进行供暖。后文提到的碰撞射流通风方法在一定程度上克服了置换通风供暖问题，但通风的效果有待于进一步观察。因此，对于冬季需要供暖的厂房，需要谨慎使用置换通风。

4. 应用形式

根据置换通风的送、排风口形式的不同，可以将置换通风分为下侧送风、地板送风、附壁流送风和碰撞射流送风四种方式，如图3-54所示。其中，下侧送风的送风口布置于房间下侧位置，通过较大面积的送风口将新鲜冷空气低速送入室内；当墙壁下侧没有足够空间设置送风口或对气流的均匀性有较高要求时，可将送风口设置于地板中，可以使整个房间有较好的送风均匀性。附壁流送风是利用康达效应，使在较高位置送出的气流贴附墙壁向下运动，最终送入下部占据区内。这种通风方法可以将送风口贴墙设置在较高的位置，同时也可以设置在房间内的立柱周围，从而提高了通风系统设置的灵活性。碰撞射流送风是利用送风管将新鲜空气以较高风速送至地面附近，气流在碰撞地面后向四周扩散开。这种置换通风形式有较高的送风速度，高速的送风气流在碰撞地面以后仍然可以以较高的风速向四周扩散。在冬季热风供暖时，碰撞射流送风速度高的特点促使热风首先沿地面附近扩散，从而使热空气尽可能在工作区内停留，保证热空气在室内下部工作区的混合与流动，在一定程度上克服了置换通风不适合供暖的问题。

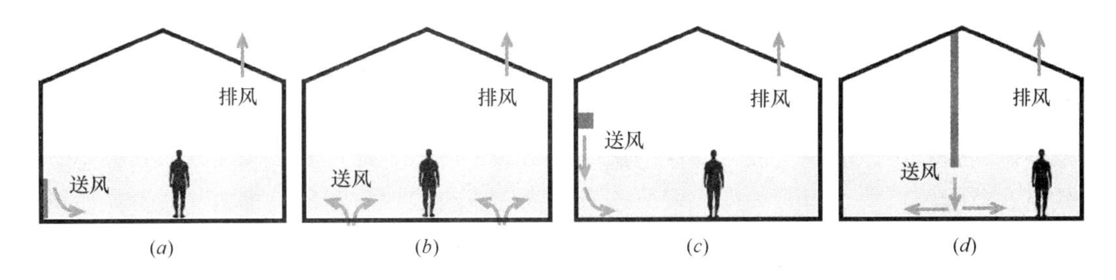

图3-54　典型置换通风应用形式

（a）下侧送风；（b）地板送风；（c）附壁流送风；（d）碰撞射流送风

工业建筑多为高大空间建筑，室内空气垂直方向温度梯度较大，因此当条件适宜时，在工业建筑中采用这种通风方式，不仅可以减少初投资，降低运行成本，显著降低能耗，而且能保证工作区空气始终符合卫生和舒适性要求。

3.5.4　分区通风

1. 概念

分区策略是指在全面通风中只控制房间某一区域的环境参数，而相对忽略房间的其余部分。分区策略下的房间气流由送风射流和浮力源来控制。由于只需要控制特定区域的环境参数，因此分区策略下的通风能耗相比混合策略下的全面通风有大幅度的降低。然而，其通风的有效性很大程度上取决于所使用的方法和实际生产的条件。相比于分层策略，分区策略下工作区的污染物浓度和温度分布更加均匀。

分区可以是垂直分区也可以是水平分区。典型的垂直分区适用于高大空间，其送风口分布在靠近楼层的工作区，排气口位于顶棚附近。同样，在需要时也可采用水平分区，利用适当的措施将室内空间划分为不同的块，以实现水平方向上的分区通风。在这些水平区分的块中，可以在垂直方向上进一步应用不同的分区策略。

2. 优点和缺点

分区通风的优点：

（1）相比于混合通风有更高的排热排污效率；

（2）只需考虑通风区域的气流组织分布，通风能耗较低；

（3）有效防止控制区内产生局部高污染物浓度滞止区。

分区通风的缺点：

为保证控制区域的通风效果，气流组织设计较为复杂。

3. 设计关键

根据所需要分区形式的不同，每种分区通风系统都有各自的设计要点。分区策略中，将新鲜空气送入工作区内，与工作区内空气进行充分的混合和稀释。浮力源与补给空气射流的位置和功率对室内热量、污染物和湿度的积累有着显著的影响。这种通风策略应用的基本原则是：

（1）供冷时，冷风只送到工作区，此外利用室外空气或回风以分隔形成上部非空调空间，或用于满足消防排烟之需；

（2）供暖时，送风温差宜小，且应送到工作区。有条件时可与辐射供暖相结合。

4. 应用形式

对于工业建筑，尤其是体量较大的高大空间建筑，采用混合通风所消耗的换气次数过大，通风能耗往往难以承受，而采用分层策略的置换通风又很难保证低温送风在整个工作区生成均匀的分层。因此，这些场所多应用“分层空调”来对房间下部区域进行通风。在分层空调的设计中，能否保证工作区的温度分布均匀，得到理想的速度场，达到分层空调的效果和节能的目的，很大程度上取决于合理的气流组织。要利用合理的气流组织使送入室内的空气充分发挥作用，在满足工作区通风要求的前提下，最大限度地降低分区的高度，以达到节约通风负荷，减小通风设备容量并节省设备运转费用的目的。

当房间面积过大且不需要对所有区域进行通风时，可以用气幕、隔挡等设施设置水平分区，根据不同区域的需求进行通风。

常见的分区策略通风气流组织如图 3-55 所示。

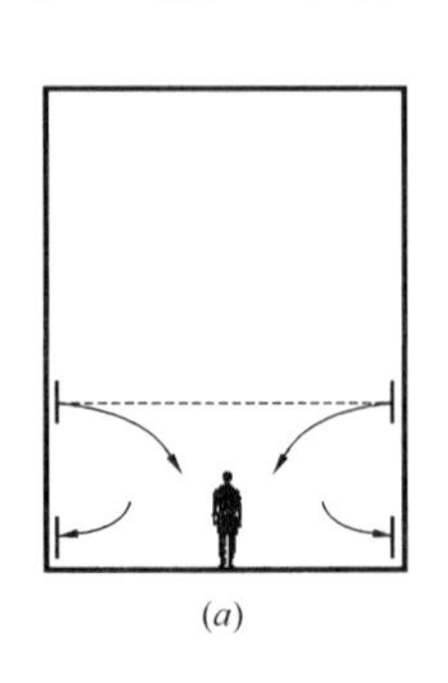
(*a*)

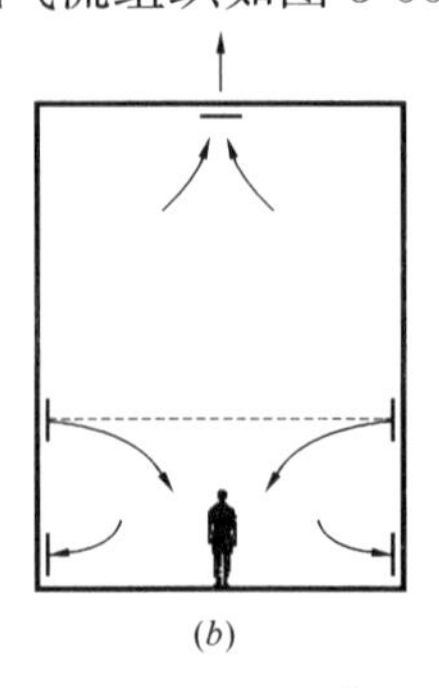
(*b*)

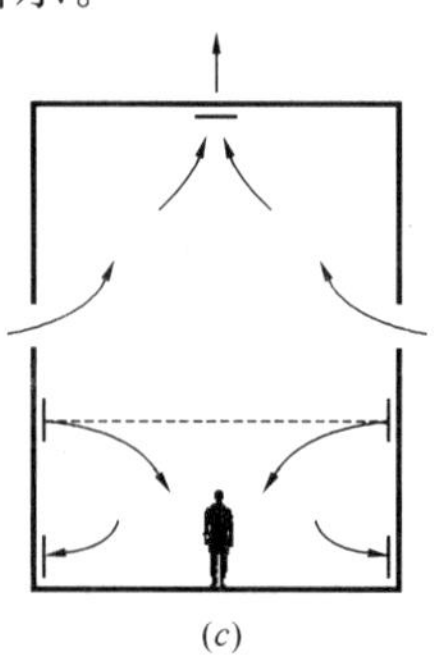
(*c*)

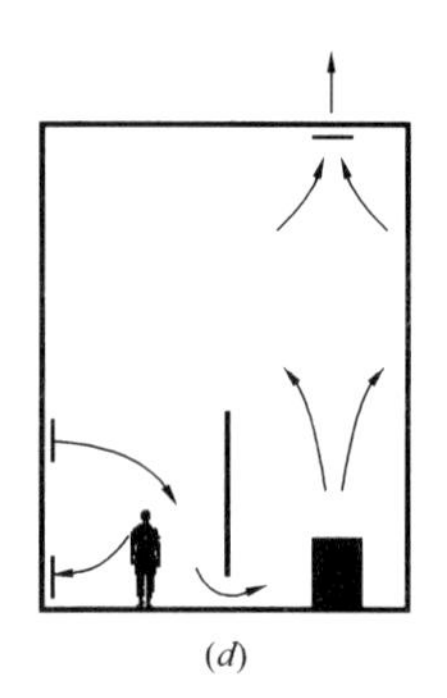
(*d*)

图 3-55　典型分区通风应用形式

(*a*) 工作区 100%送排风；(*b*) 非空调区承担部分排风；(*c*) 非空调区设置部分自然补风；(*d*) 水平分区通风

3.5.5　单向流通风

1. 概念

单向流通风是指房间内气流以均匀的截面速度，沿着平行流线以单一方向运动的通风方式。因为这种气流运动方式类似于活塞，因此又称为活塞流通风。在单向流通风房间内，从送风口到排风口，气流流经途中的断面几乎没有变化，在流动断面上的流速比较均匀，流动方向近似平行，几乎不存在涡流。单向流策略下的通风不是靠洁净气流对室内脏空气的掺混稀释作用，而是靠洁净气流的推出作用将室内污染物沿整个断面排至室外，达到保证室内环境的目的。单向流策略通风需要大风量维持室内的活塞流运动，实际应用中包括垂直单向流和水平单向流等。

2. 优点和缺点

单向流的优点：

(1) 可以控制整个区域内气流均匀；

(2) 污染源上游区域可保证洁净；

(3) 排出余热和污染物的效率非常高。

单向流的缺点：

(1) 需要非常大的风量，导致通风能耗很高；

(2) 需要很大面积的送、排风口；

(3) 对送、排风口的气流均匀设计要求较高。

3. 设计关键

由于单向流通风并非利用空气的稀释作用，其污染物对房间无扩散污染，而是由气流的活塞作用排出室外，因此使室内保持一定速度和方向的单向流是设计中的关键措施，送风面前需设置导流板、混合箱等设施，送风面上需要设置蜂窝板、阻尼板、孔板等设施来保证送风的均一性。

此外，排风面的排风速度均一性也十分重要，同样需要设置相应设施来保证排风速度均匀。

4. 应用形式

单向流通风由于需要大风量来维持室内的活塞流流动形式，因此多用于对室内环境要求较高且非高大空间的洁净室等场所。

常见的单向流通风气流组织如图 3-56 所示。

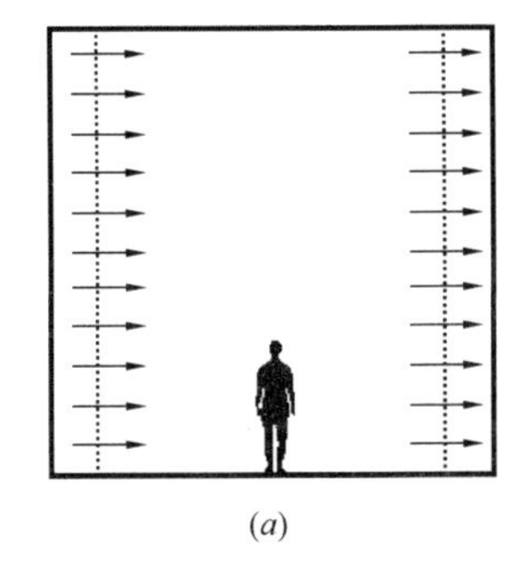

(a)

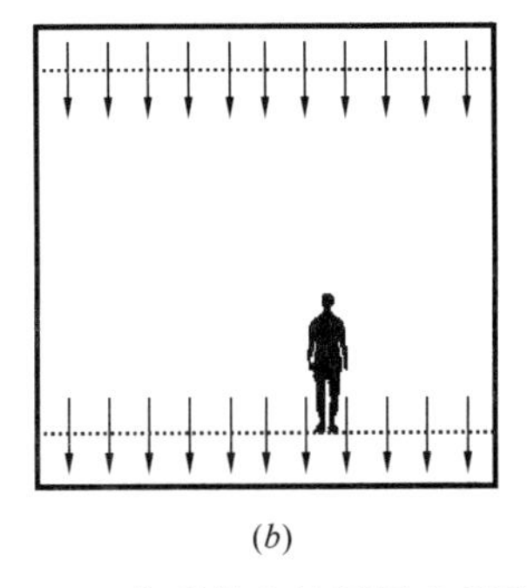

(b)

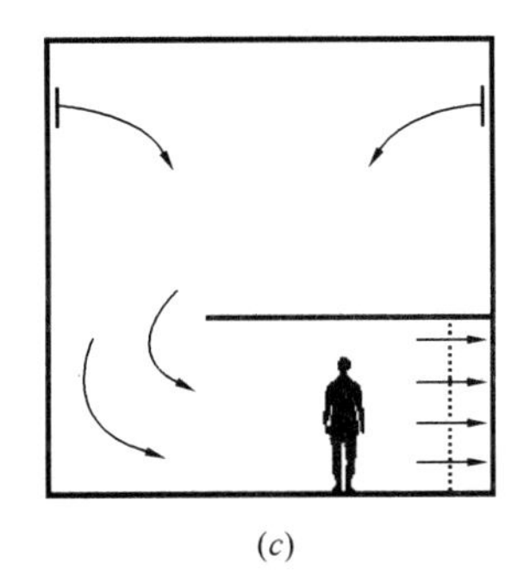

(c)

图 3-56　典型单向流通风应用形式

(a) 水平单向流；(b) 垂直单向流；(c) 局部单向流

3.5.6 全面通风的设计原则

全面通风效果的好坏，与气流组织密切相关。工业建筑环境非常复杂，污染源种类繁多，往往拥有不同的特性，例如既有垂直上升的高温烟气羽流，也有水平扩散的常温扬尘；工业建筑环境控制要求往往相差很大，既有高散发高污染的车间，也有洁净度要求极高的洁净车间。因此，在这种复杂环境下，要通过全面通风有效且高效地控制室内环境，就需要对气流组织的一般原则充分了解，从而选用合适的全面通风策略。所谓的气流组织，就是合理地布置送、排风口位置、分配风量以及选用合适的风口形式，以便使用最小的代价达到最佳的通风效果。合理的气流组织的一般原则是：让清洁空气首先通过工作区等有清洁需求的区域，然后再流向污染区域，且不应破坏局部通风系统的正常工作。一般通风房间的气流组织存在多种方式，在进行设计时要根据房间尺寸、污染物源位置、操作人员位置、污染物性质及浓度分布等具体情况，合理确定全面通风气流组织。

1. 房间尺寸

在设计全面通风时，需要注意房间尺寸对通风效果带来的影响。对于工业建筑，不同生产工艺的房间尺寸差别巨大，因此要充分考虑在房间体积、长度、宽度、高度不同情况下的气流组织形式。

1）房间体积

工业建筑中经常出现内部空间巨大的单体工业建筑，如大型客机的组装车间等。对于房间体积过大的房间，很难使用一般的混合通风，这是因为所需的通风量过大，同时也很难保证混合稀释效果。对于置换通风来说，也很难保证低温新风能均匀置换整个房间下部的空气，因此通风效果难以保证。因此，对于大体积房间，应尽量使用分区通风，尽可能将工作区按需求分割成不同的水平分区来进行通风。这样才能有效提高通风效果，降低通风能耗。

2）房间长度

对于长度较短的房间，当用侧送侧排的通风方式时，送风射流会碰撞到送风口对侧墙而在室内形成回流区，其流动形式如图 3-57(*a*) 所示，回流区是由送风射流的卷吸气流和排风气流共同作用而生成的。当房间长度继续增大时，送风射流的流速会随着掺混而不断降低，送风射流范围会逐渐减小，如图 3-57(*b*) 所示。射流作用范围最大的临界长度可通过下式估算：

$$x_{\max} \approx 0.33\sqrt{BH} \tag{3-8}$$

式中 B——房间宽度（m）；

H——房间高度（m）。

由于生产工艺的需求，在工业建筑中经常出现长度较长的房间。当房间长度超出临界值，且室内温度梯度不明显时，侧送风射流会在一定距离后与屋顶面发生分离而产生局部回流区，在回流区以外的房间部分会生成若干次级回流区，如图 3-57(*c*) 所示。当室内存在较为明显的上升热气流时，室内会产生热力分层。热力分层的存在会减弱室内上部送风气流的分离和汇流，最终形成如图 3-57(*d*) 所示的气流组织。

3）房间宽度

当房间宽度较大时，需要在房间一侧布置多个送风口以实现均匀送风。送风口的布置

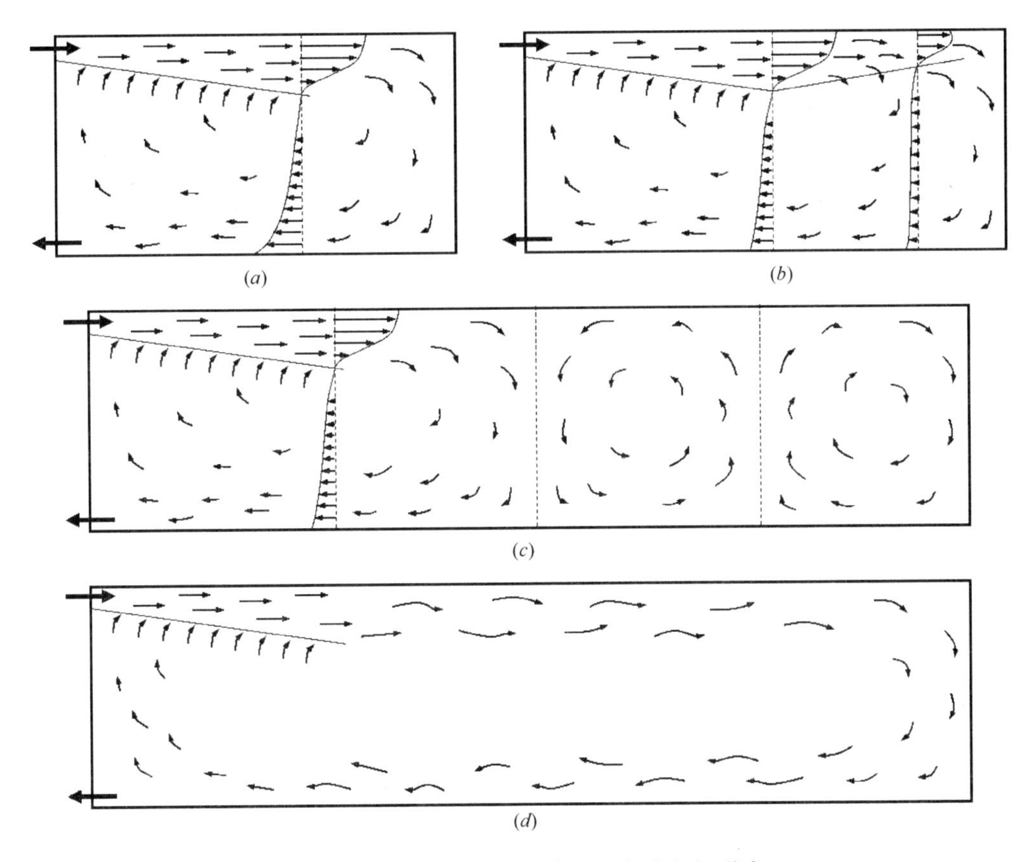

图3-57　不同长度房间的侧送风气流组织形式

要考虑到送风末端装置的形式，根据不同送风末端装置的送风气流扩张角和送风距离来确定送风口的位置和间距。

4）房间高度

当室内有明显热流上升运动或太阳对屋顶辐射较强时，室内会出现下冷上热的热力分层现象。当热力分层界面高于工作区时，对整个房间进行混合通风会导致部分通风量被浪费，不利于降低通风能耗。因此，对房间温湿度均匀性要求不是特别高的房间，适宜采用置换通风或分区通风的方式，对局部环境参数实现有效控制。

2. 送、排风口位置

(1) 排风口尽量靠近污染物源或污染物浓度高的区域，把污染物迅速从室内排出。

(2) 送风口应尽量接近操作地点，送入通风房间的清洁空气，要先经过操作地点，再经污染区排至室外。

(3) 在整个通风房间内，合理布置送排风口位置，尽可能消除气流滞止区，避免污染物在局部地区的积聚。

图3-58对比了几种不同形式的气流组织形式，其中图3-58(*a*) 和图3-58(*b*) 是典型的不合理气流组织形式，不合理的气流流动组织使污染物难以被排出室外，危害工作区内室内人员的健康。

(4) 在长房间内应用送风侧排的混合通风时，当室内不存在明显热力分层的情况下，

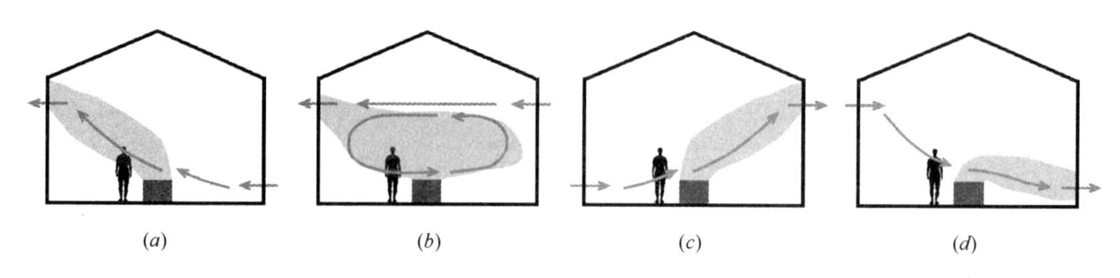

图 3-58　几种气流组织形式的对比

(a) 污染物经过操作地点；(b) 污染物处于回流区内；(c) 合理气流组织（高温污染物）；
(d) 合理气流组织（非高温污染物）

宜将排风口设置在房间另一端。否则房间远端的通风量可能很小，造成房间内污染物的聚积，如图 3-59 所示。

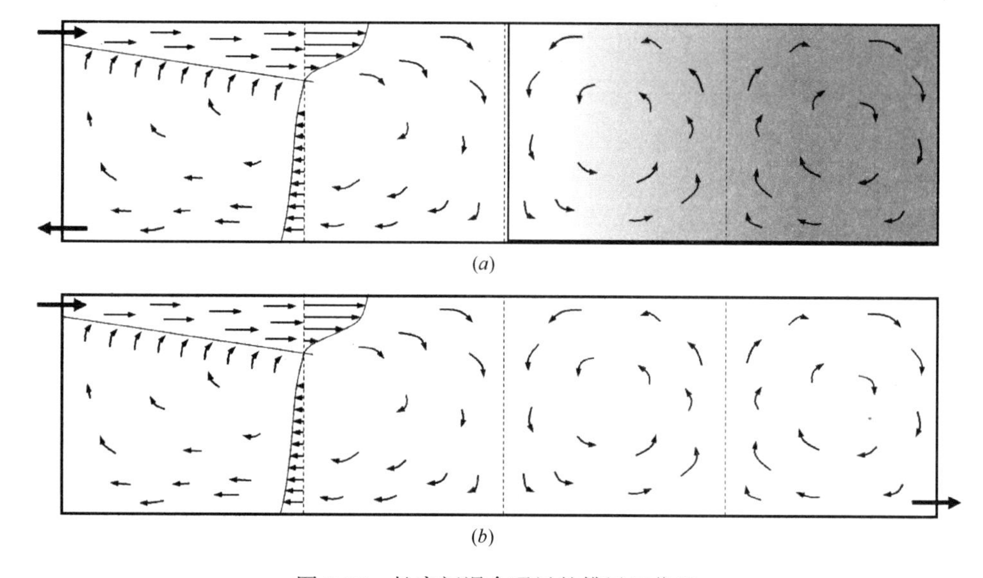

图 3-59　长房间混合通风的排风口位置

(a) 房间远端污染物聚积；(b) 室内污染物分布较为均匀

对于空气完全混合的房间，理论上排风口的位置并不重要。但实际上，房间内气体很难做到完全混合。原因之一是室内存在温度差或密度差。在工业建筑环境中，各种污染源释放的污染物往往比室内空气温度更高，而且在某些情况下，污染物本身的密度与空气密度不同。

因此，为了把污染物从室内迅速排出，全面通风的排风口应尽量设在污染物浓度高的区域。在设计全面通风系统时，首先需了解车间内污染物的释放位置和释放强度。污染气体在车间内的浓度分布，不仅与污染气体本身的密度有关，还和污染气体与室内空气混合后的混合气体密度有关。一般认为，当车间内散发的污染气体密度较大时，静态污染气体会沉积在下部，排风口会因此设在车间下部。但这种看法并不够全面，由于车间内污染气体浓度一般不会太高，由此引起的空气密度增值一般不会超过 0.30～0.40g/m^3。但是，空气温度变化 1℃所引起的气体密度变化值为 4.0g/m^3。由此可见，只要室内空气温度有极小的不均匀，污染气体就会随室内空气一起运动，即空气对流导致的污染物运动幅度远远大于密度差导致的污染物运动。只有当室内没有空气对流时面密度较大的污染气体才会沉积在车间下部。另外，有些比较轻的挥发物，如汽油、乙醚等，也会由于蒸发吸热，使周围空气冷却，会和周围空气一起沉积。因此，具体的送、排风口布置方式应该根据房间实际情况进行计算和设置。

3.5.7　全面通风的节能优化

在保证室内卫生和工艺要求的前提下，为降低全面通风系统的运行能耗，提高经济效益，进行全面通风系统设计时，可采取以下的节能措施：

（1）在集中采暖地区，设有局部排风的建筑，因风量平衡需要送风时，应首先考虑自然补风（包括利用相邻房间的清洁空气）的可能性。所谓自然补风是指利用该建筑的无组织渗透风量来补偿局部排风量。如果该建筑的冷风渗透量能满足排风要求，则可不设机械进风装置。

从热平衡的观点看，由于在采暖设计计算中已考虑了渗透风量所需的耗热量，所以用渗透风量补偿局部排风量不会影响室内温度。只有当局部排风系统风量大于计算渗透风量时，才会导致渗透风量的增加，从而影响室内温度。

（2）当相邻房间未设有组织进风装置时，可取其冷风渗透量的50%作为自然补风。

（3）机械进风系统在冬季应采用较高的送风温度，直接吹向工作地点的空气温度，不应低于人体表面温度（34℃左右），最好在37～50℃之间。这样可避免操作人员有吹冷风的感觉。

（4）根据前面相关章节所介绍的内容，热源形成的热羽流会向上运动到厂房上部位置，因此在高大厂房会形成显著的上热下冷的垂直温度梯度。因此，当房间上部没有明显的污染物聚积时，冬季可将上部热空气利用通风机送至下部工作区以满足其下部工作区的供暖需求。

（5）净化后的空气再循环利用。根据卫生标准的规定，经净化设备处理后的空气中，如污染物质浓度不超过室内最高允许浓度的30%，空气可再循环使用。

（6）为充分利用排风余热，节约能源，当工艺条件允许及技术经济合理时应设置热回收装置。排风热回收装置的额定热回收效率应符合表3-6的要求。

热回收装置的额定热回收效率　　**表3-6**

类型	效率（%）	
	制冷	制热
全热回收效率	>50	>55
显热回收效率	>60	>65

同时，排风热回收系统的净回收效率应符合表3-7的规定。

热回收装置的净回收效率　　**表3-7**

类型	效率（%）
全热回收	≥48%
显热回收	≥55%
溶液循环式热回收	≥40%

热回收技术是工业建筑通风中非常重要的技术，目前有多种热回收系统形式，主要分为固定板热回收、热管热回收、转轮热回收和间接热回收，如图 3-60 所示。其中，间接热回收设备不需要进气和排气管并排设置。因此，当热回收对象存在交叉污染风险时，这种系统比其他热回收系统有优势。同时，间接热回收的冷热源即使在建筑中的不同部分，也能通过管道进行热回收，这极大地提高了系统布置的灵活性。但该系统的主要缺点是由于存在中间流体作为传热介质，降低了系统的效率，驱动中间流体的泵也会耗电。当然，用泵输送液体耗能远远小于风机输送气体耗能。间接热回收系统的热效率通常为 45%～65%。在工业建筑中，热回收系统不仅与保持建筑环境的通风有关，也与大量工艺流程的通风系统有关。工业建筑中常见体量巨大的热源，如冶金过程中产生的高温烟气。利用高效的方式回收这部分热量将会极大地提高建筑的节能性。

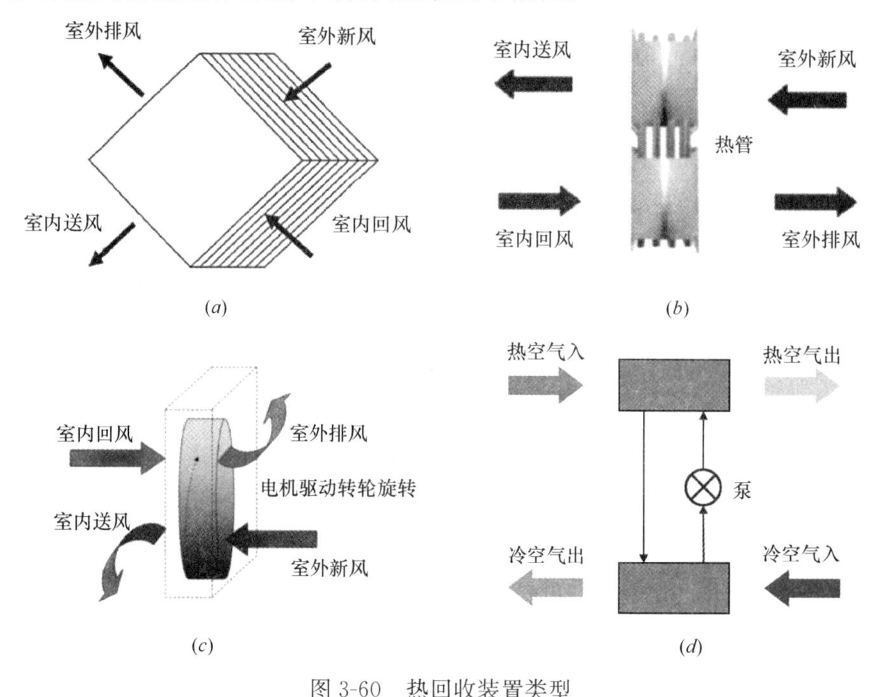

图 3-60 热回收装置类型

(*a*) 平板热回收；(*b*) 热管热回收；(*c*) 转轮热回收；(*d*) 间接热回收

(7) 当室内外压差不相等时，由于通风房间一般不是严格密闭的，因此当房间处于正压状态时，室内空气会通过房间不严密的缝隙或者窗户、门洞渗入到室外，这部分空气量被称为无组织排风；当室内处于负压状态时，室外空气会渗入室内，这部分进风量被称为无组织进风。让清洁度要求较高的房间保持正压，产生污染物的房间保持负压。在某些情况下，房间内的无组织进、排风量不宜过大。如室内外温差较大，会导致较高的空调能耗；当无组织进风空气质量达不到进气洁净度要求时，会降低室内空气品质；室内设计有局部排风系统时，会导致局部排风系统抽吸能力下降，进一步恶化室内环境。

一些生产车间经常与仓库等生产辅助用房通过连廊等通道连接或直接连接。当这些生产辅助用房中存在有酸液、碱液、粉状物料等易扩散的污染物时，生产车间不宜有过大负压，以免生产辅助用房中的污染物扩散到生产车间中。如果需要生产车间保持负压，则需要在生产辅助用房和生产车间之间做好隔离措施，防止污染物扩散。

（8）严寒及寒冷地区设有供暖系统的厂房安装有大风量的空气压缩机、锅炉引风机等设备时，其设备取风口宜直接从室外取风。这是因为在严寒及寒冷地区，空气压缩机、锅炉引风机等设备如果从室内取风，必然造成建筑物门、窗等处渗透风量加大，室内负压过大，有时甚至造成外门开启困难。大量的室外冷风进入室内，室内温度难以保证，同时要补充巨大的新风热负荷，这给建筑冬季供暖设计带来很大的难度。因此，应与相关专业协调，避免从室内直接取风的做法。

3.6　复合通风

3.6.1　复合通风的基本原理

自然通风和机械通风都有各自的优点和缺点。自然通风系统的主要缺点之一是性能上的不确定性，在某些情况下，自然通风不能满足工业建筑卫生或生产工艺要求。单纯的自然通风中存在两个基本问题：

（1）缺少对空气流动的主动控制；

（2）没有温度控制。

因此，单纯地依赖自然通风在一年中的某些季节、某些时间段内是难以保障的，很可能会导致冬季可能无法有效地进行自然通风，而在夏季自然通风时出现较差的热舒适状况。另一方面，单纯地使用机械通风，在室内所需通风量较大时，会存在较高能耗的缺点，非常不利于工业建筑的节能。因此，结合自然通风与机械通风的复合通风，在某种程度上为两种通风方式各自存在的问题提供了新的解决方案，既可以改善室内环境，又能降低建筑能耗。复合通风有多种模式，各种模式的基本原理是结合自然通风和机械通风系统的特点来实现最好的性能，克服各自的问题。两种系统的组合随着对室外空气的需求以及室外温度的变化而变化，同时也考虑建筑的实际状况。一个好的复合通风系统应该既能全面利用自然条件，同时又能与机械系统有效结合。

3.6.2　复合通风的分类

根据使用方式的不同，复合通风主要可以分为三种模式。

1. 自然通风与机械通风在不同时刻使用

自然通风和机械通风系统共存于同一建筑内，两个系统自成体系，在不同的时间或季节，两个系统交错使用。自然通风系统和机械通风系统是完全相互独立的。在不同的时刻使用哪个系统由控制策略来决定，如图3-61所示。例如，在室外温度和室内要求的温度比较接近的情况下，自然通风可以满足室内通风的需要。但当室外温度与室内要求的温度相差甚远时，自然通风将不能满足通风需求，通风策略就会从自然通风方式

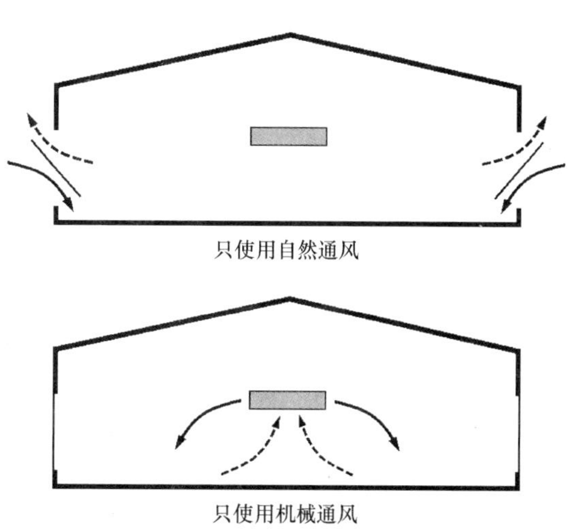

图3-61　自然通风与机械通风独立使用

转换为机械通风方式。这种方法也适用于在工作时间运行机械通风并在夜间冷却采用自然通风的系统。从建筑设计与建筑设备工程的集成度方面考虑，交互使用式复合通风系统中自然通风和机械通风系统相互独立，系统的集成度较低，系统简单。这种复合通风方式设计的关键在于决定如何和何时启用或关闭两个相互独立的系统。

2. 自然通风与机械通风在不同区域使用

在这种复合通风模式下，自然通风和机械通风两个系统不再独立使用，而是布置在建筑的不同区域，在空间上进行复合通风。也就是说，在同一时间机械推动力和自然推动力可以同时共存，推动不同室内区域的空气流动。这种复合通风方式多见于一些体量较大、进深较长的建筑。如图 3-62 所示，在建筑的边缘区域，可以有效利用热压或者风压对该区域进行自然通风；而在建筑深处位置等自然通风难以控制的区域，可以利用机械通风系统保证这些位置的通风满足要求。这种复合通风方式最大程度地利用了自然通风，从而可以有效降低通风系统的能耗，同时又可以保证整个建筑都满足通风需求。这种复合通风方式设计的关键在于如何确定自然通风和机械通风负责的区域，使整个室内环境都满足通风需求。

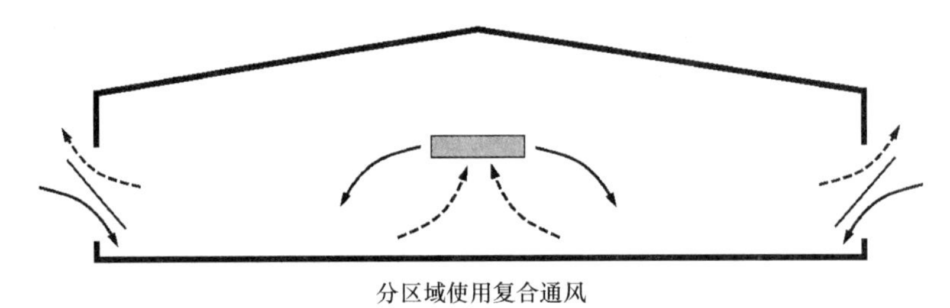

图 3-62　自然通风与机械通风共同使用

3. 自然通风与机械通风相互配合使用

在这种复合通风模式下，自然通风系统和机械通风系统一个为主，一个为辅，可以是机械通风辅助自然通风的系统，也可以是自然通风辅助机械通风的系统。例如图 3-63(*a*) 所示，在屋顶设置排风机来辅助自然通风，在高通风需求时期或自然驱动力减弱时，可以通过风机辅助提高压差，提高通风效果。另一方面，如图 3-63(*b*) 所示，室内通风以机械通风为主，与此同时利用热压、风压的自然驱动力提高机械通风效果，降低机械通风压力损失。该模式设计的关键问题是如何依据风压和热压的变化大小来控制机械通风系统的运行。

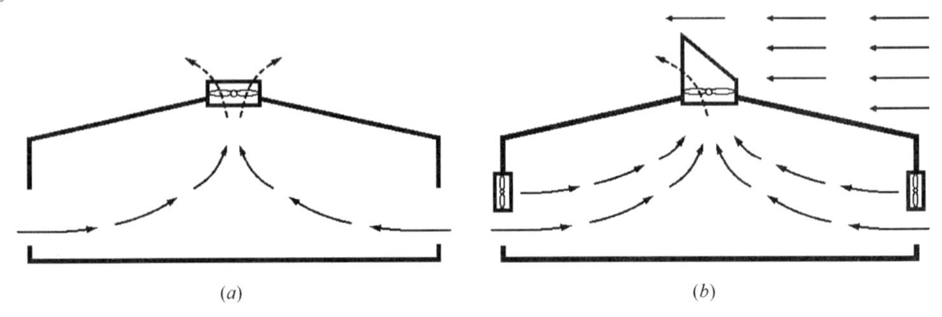

图 3-63　自然通风与机械通风相互配合使用

(*a*) 机械通风辅助自然通风；(*b*) 机械通风充分利用热压和风压

3.6.3　复合通风的优化设计原则

由于基于不同的设计策略，对复合通风性能的期望不能与机械通风相同，例如能源性能指标和舒适要求方面。复合通风和机械通风系统之间的成本比较应在全寿命周期成本基础上进行，而不是简单地基于初始资本成本基础，因为由于不同的设计方法，两种系统在初始、运行、维护和处理费用之间存在着显著的不同。

复合通风性能的好坏非常依赖于室外气候和建筑物周围的微气候以及建筑物的尺寸及热性能，因此有必要从设计一开始就充分考虑到这些因素。同时，建筑的夜间降温潜力和周围环境的空气污染等问题也需要仔细考虑。例如，如果建筑所在地区日夜温差较大，就可以考虑采用夜间自然通风降低室内温度；如果白天周围工厂生产散发污染物，则在白天要减少自然通风的使用。在设计中，建筑物开口的位置和大小，以及各种增强驱动力的设计，比如太阳能烟囱和通风屋顶，都必须与白天和夜间的通风策略相协调。另外，必须确定适当的控制策略，应该确定复合通风的控制是基于自动控制还是用户手动控制，如果是自动控制，则需要设计合理的控制策略。最后，必须优化设计整个系统的控制策略，使得在复合通风运行过程中既能降低能源消耗，同时又能保持可接受的室内环境。

设计复合通风系统需要达到优化室内空气品质和温度控制两个方面的要求。在某些气候条件下，设计复合通风系统需要优化的侧重有所不同。例如，在炎热气候条件下，温度的控制可能更重要。在寒冷气候且不影响室内热舒适的情况下，室内空气品质的控制往往更重要。然而，在温和气候下，室内空气品质和温度控制通常都需要考虑。

在复合通风的设计过程中，关键是要对自然通风系统和机械通风系统进行合理的匹配，包括：

（1）通风风量的匹配。要保证在复合通风的任何系统运行形式下通风量都能达到建筑通风需求。

（2）气流组织的匹配。要保证机械通风和自然通风的气流组织不互相冲突，不影响工业建筑内合理的气流组织，不发生气流短路。

（3）控制策略的匹配。要根据通风需求合理定制复合通风的控制策略。在能保证通风质量的前提下尽量减少机械通风的使用，降低通风系统的能耗。

下面举例说明复合通风的运行策略。图 3-64 所示 6 种通风方式，即为某复合通风系统的几种典型通风方式。方案中优先采用自然通风（图 3-64*d*、图 3-64*e*）；当自然通风不能满足风量需求时，可利用 Trombe 墙式太阳能烟囱技术强化自然通风（图 3-64*a*、图 3-64*b*），或采用太阳能强化自然通风辅助式机械通风（图 3-64*c*）；若室外环境恶劣，仍不能

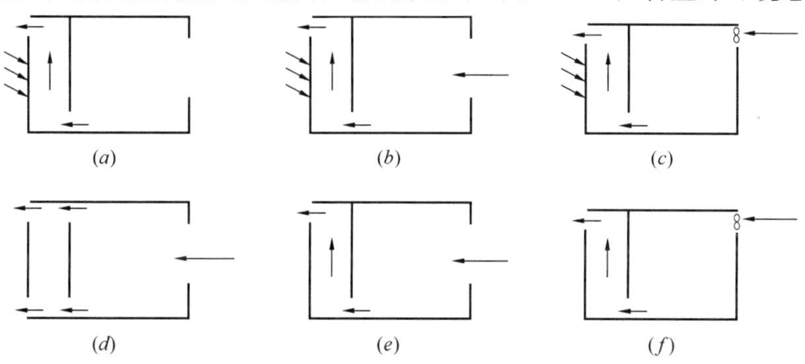

图 3-64　复合通风系统的几种典型运行方式

满足室内热舒适和空气品质需求时，开启机械通风系统（图 3-64f）。若仍不能满足要求，则开启空调系统对空气温湿度进行进一步处理。

工业建筑中最常见的复合通风形式是热压通风＋机械排风共同作用的复合通风。与单纯依靠热压的自然通风相比，复合通风在一定程度上通过增加机械排风量，对室内热环境有所改善。但需要注意的是机械排风量并非越大越好，而是存在一个临界排风量。当机械排风量大于该临界值时，会破坏复合通风中自然通风的效果，造成气流短路，从而不仅会提高能耗，而且会导致室内热环境严重变差，如图 3-65 所示。对于这种形式的复合通风，当设置自然排风口时，需要考虑的关键问题是如何避免机械排风量超过临界值造成自然排风口短路的问题。而当不设置自然排风口，或自然排风口关闭时，需要考虑的问题是如何避免机械排风量过大，使自然进风气流对室内热源和污染源气流造成干扰的问题，如图 3-66 所示。

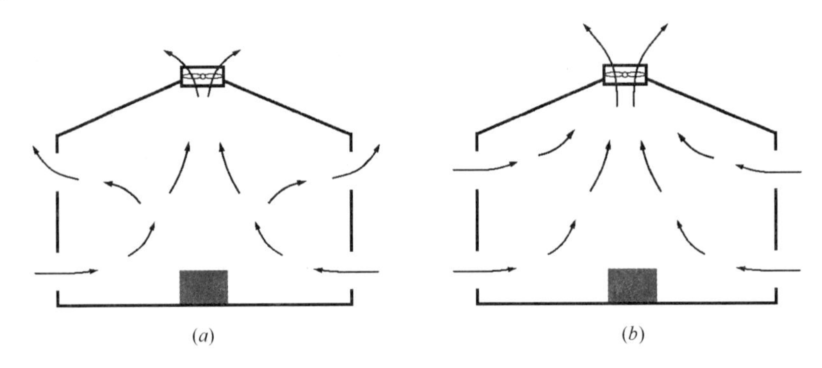

图 3-65　热压通风＋机械排风共同作用复合通风中的机械排风量临界值

（a）机械排风量小于临界值，自然排风口和机械排风口共同作用；

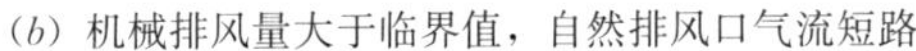

（b）机械排风量大于临界值，自然排风口气流短路

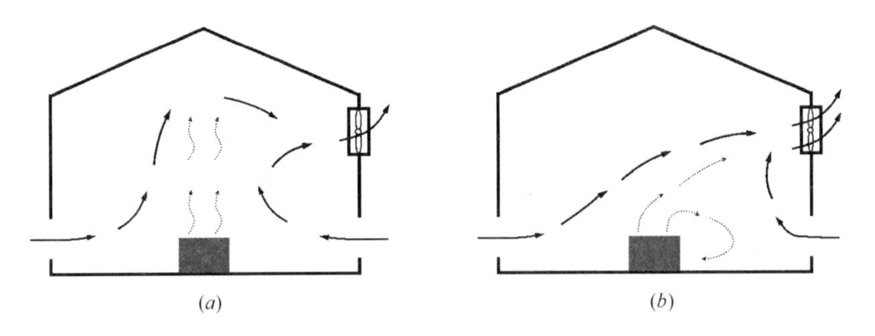

图 3-66　热压通风＋机械排风共同作用复合通风中存在的排风量临界值

（a）机械排风量小于临界值，自然送风先经过工作区，再将污染气流排出室外；

（b）机械排风量大于临界值，送风气流对室内热源和污染源气流造成干扰

3.7　地道通风

3.7.1　地道通风的基本原理

地道风降温技术指利用地道冷却空气，通过机械送风或诱导式通风系统送至地面上的建筑物，达到降温目的的一种专门技术。系统相当于一台空气—土壤的热交换器，利用地

层对自然界的冷、热能量的储存作用来降低建筑物的空调负荷，改善室内热环境。

地道通风系统由三部分组成：①进风口部分、②地下埋管部分、③出风口部分，如图 3-67 所示。进风口一般情况下应高于地面 2m 以上，以减少尘土及污染物的吸入；空气在进入地下埋管部分之前要进行过滤处理，即在进风口处安装过滤器，以保证清洁的空气在土壤空气换热器内与土壤进行换热，提高土壤能的利用率，同时，使得管内空气不被污染，保证良好的空气品质。进口部分则根据建筑物的不同，因地制宜。最重要的部分是地下埋管，即土壤空气换热器，室外新风流经地下埋管时通过壁管与周围的土壤换热，换热效果直接影响到系统的性能。

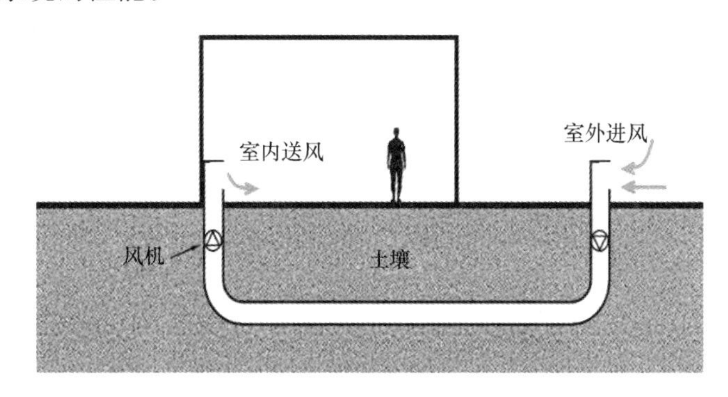

图 3-67　地道通风示意图

3.7.2　地道通风的优化设计原则

地道通风的降温效果跟地层的原始温度关系密切，全国各地地温相差较大，这使得不同地区在设计地道通风时要根据气象资料的不同特点，因地制宜，作不同的技术处理。

由于地道风受外界因素影响较大，往往不能像人工冷源那样，获得较低的出风温度，这时就应更加关注和人体舒适感觉相关的其他空气参数，如空气流速、相对湿度及室内外空气温差，配合良好的气流组织形式，即使出风温度稍高一点，也可获得理想的送风降温效果。

利用地道通风降温的建筑，其围护结构应有良好的热工特性，有可供埋管的场地。并且为增加换热效果，地道通风可配合常规自然通风、机械通风等多种通风方式使用。

由于热空气与地道进行热交换时，地道壁体会有热量积存，影响换热。因此，间歇运行可以使地道有蓄能恢复过程，有利于提高通风降温效果。

地道长期不用，地道内空气易沉积灰尘，滋生霉菌，送入室内会造成室内空气污染。因此在设计时，可设置排气吹扫管口，在送风前先对地道进行吹扫。

空气流经地道时，会出现干、湿两段冷却过程，在湿冷段地道壁面会析出凝结水，凝结水的析出对地道风设计而言有优点也有缺点。

优点：(1) 凝结水析出，空气减湿。而夏季希望空调风减湿，这时地道相当于一个天然表冷器，对空气作减湿降温处理。

(2) 壁面析水，此时地道又相当于一台湿式除尘器，空气中的浮尘微粒会因水而成滴落下，达到净化空气的目的。

缺点：(1) 地道内湿度较高，经测可达 90%～100%，无法设置风机等防潮要求较高的设备，必须单独为其设置风机小室。

(2) 积水会发霉变质产生臭气，对运行管理造成影响。

另外，有些地区，地下水污染严重，会渗入地道，导致地道内产生异味。

因此，在进行地道降温设计时，首先要分析当地气象条件和地质资料，确保空气在经过地道后可以达成降温效果，并且地道不受污染。另外，地道设适当坡度，及时排除凝水以保证地道内清洁。地道管径选择 1.5m 左右，这样可以对其进行必要的清扫、清毒等处理，加强管理，保证地道风的清洁、舒适。

地道风降温工程一般要求低，无需作复杂计算，计算时按室外通风计算温度进行计算即可。大空间的送风方式宜采用地面或下送风方式，这样只保证人员活动的 2m 以内范围有良好的降温效果，可极大地降低能耗。

3.8 空气幕

3.8.1 空气幕的基本原理

空气幕是利用条形喷口送出一定速度、温度和一定厚度的幕状气流以阻隔不同空间区域间空气的热质传递和输运。空气幕在工业生产中已得到广泛应用。在工业厂房大门、冷库大门和冷藏车门处设置空气幕，能有效维持不同空间区域空气温度等参数稳定，从而降低能耗，同时还可以隔断室外有害气体、昆虫等进入室内；对有分区域要求空气品质的空间，空气幕能有效地阻隔有害气体对清洁区域的污染；当空气幕与局部排风罩联合使用时，可以起到类似挡板、法兰板的隔断作用，有效降低排风罩对于周围洁净空气的吸入，阻止污染气体扩散，从而提高局部通风的捕集效率；空气幕还可以用于防排烟，可以有效防止建筑物火灾烟气的蔓延等。

3.8.2 空气幕的分类

按照送风形式的不同，空气幕可分为上送式、下送式、侧送式、双侧送、吹吸式等形式，如图 3-68 所示。

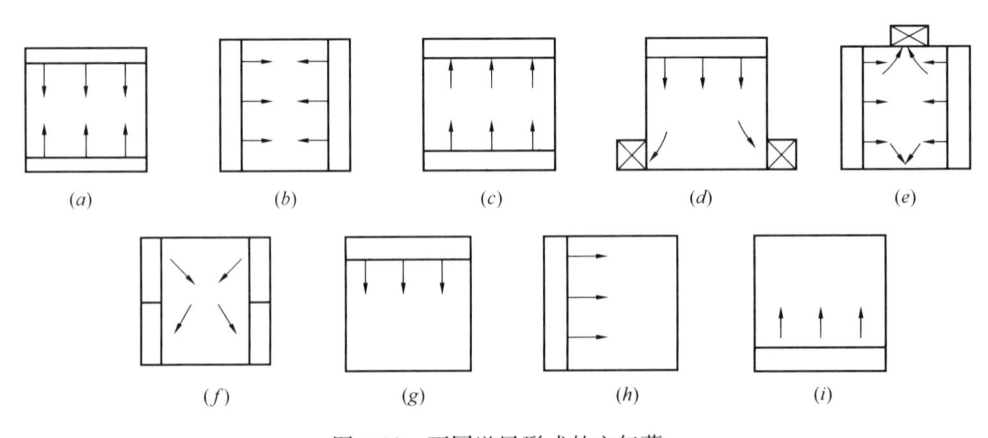

图 3-68 不同送风形式的空气幕

按照空气幕的使用位置，可以将空气幕分为大门空气幕和室内隔断空气幕两类。下面分别对这两类空气幕进行介绍。

1. 大门空气幕

在运输工具或者人员进出频繁的生产车间、冷库等场合，为减少或隔绝外界气流的侵入，可在大门附近设置条缝型送风口，利用高速气流所形成的空气幕隔断室内外空气流通，如图3-69所示。

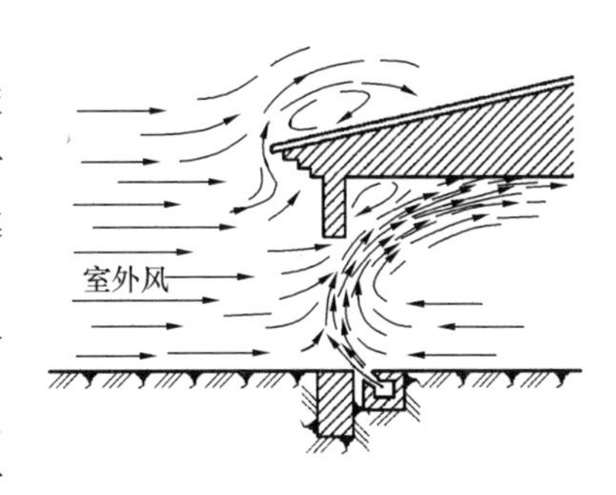

图3-69　下送风大门空气幕

大门空气幕的优点是不影响车辆或人的通行，可使采暖建筑减少冬季热负荷，供冷建筑减少夏季冷负荷。除了用于隔断室外空气，大门空气幕还可以用于其他场合，如在洁净房间防止灰尘进入，在冷库隔断库内外空气流动，等等。

大门空气幕按系统形式可分为吹吸式和单吹式两种。其中，单吹式空气幕根据送风口位置不同可分为上送式、下送式、侧送式空气幕。

1）吹吸式空气幕

吹吸式空气幕是在大门上部或者一侧设置送风口，另一侧设置回风口的空气幕形式。吹吸式空气幕的封闭效果较好，在人员、车辆通过时对空气幕效果影响也较小。但是由于系统结构较复杂，费用较高，在大门空气幕中使用较少。

2）上送式空气幕

上送式空气幕安装在门上部。上送式空气幕安装简便，不占建筑面积，送风气流的卫生条件较好，适用范围较广，是一种在工业建筑中常用的空气幕形式。上送风大门空气幕其目的只是阻挡室外冷（热）空气，让空气幕送风射流和地面接触后自由向室内外扩散。

3）侧送式空气幕

侧送式空气幕安装在大门侧部，分为单侧式和双侧式两种。当外门宽度小于3m时，宜采用单侧送风，当外门宽度为3～18m时，宜采用单侧或双侧送风。工业建筑的大门往往高度、宽度都很大，因此当上送式空气幕无法完成对大门的密封时，宜设置双侧送式空气幕来实现对大门的完全隔断。为了不阻挡气流，装有侧送式空气幕的大门严禁向内开启。

4）下送式空气幕

下送式空气幕安装在地面之下，由于送风射流最强区在门下部，因此抵挡冬季冷风从门下部侵入时的挡风效率最好，而且不受大门开启方向的影响。但是下送式空气幕的送风口在地面下，送风气流会受到运输工具的阻挡，且送风口容易被赃物堵塞，而且会把地面的灰尘吹起。因此，下送式空气幕一般仅适用于冬季室内外温差巨大、运输工具通过时间短、工作场地较为清洁的厂房。

空气幕按送风温度不同可分为热空气幕、等温空气幕和冷空气幕三种。

1）热空气幕

空气幕内设有加热器，将空气加热后送出，适用于严寒时期隔断室外冷空气侵入，降低室内热负荷。

2）等温空气幕

空气不经处理直接送出，气幕主要起隔断作用，可以隔断室外污染物、昆虫等。

3）冷空气幕

空气幕内设置冷却器，空气冷却后送出，适用于炎热时期隔断室外热空气侵入，降低室内冷负荷。

2. 隔断空气幕

隔断空气幕是利用高速气幕对室内环境进行隔断，从而达到对污染物的隔离或对不同环境参数需求区域的隔断。隔断空气幕起到的作用相当于挡板或隔断墙，对于一些受生产操作限制而不能设置实体挡板和隔断墙的区域，宜使用隔断空气幕。隔断空气幕可以用于隔断室内局部环境，也可以用于全室范围的隔断。下面举例介绍隔断空气幕的应用形式。

1）Aaberg 排风罩

隔断空气幕与局部排风系统共同作用的排风罩称为 Aaberg 排风罩。这种排风罩是在排风罩口附近设置气幕射流装置，利用生成的空气幕隔断周围环境的清洁空气被吸入排风罩内，从而有效提高了利用射流与排风气流的结合。这种气流控制方式是由 C. P. Aaberg 首先提出的，故将采用该种控制气流的排风罩统称为 Aaberg 排风罩。Aaberg 排风罩可分为槽边二维和三维两种形式，其结构如图 3-70 所示。

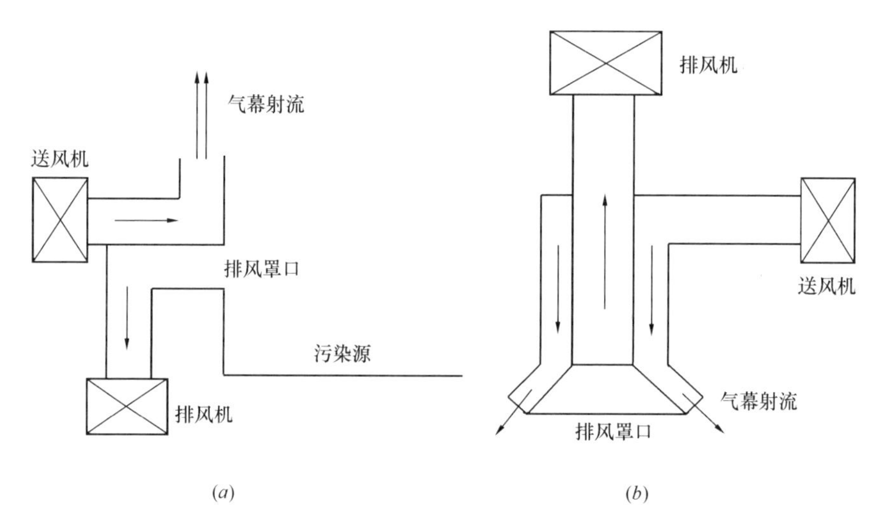

图 3-70　Aaberg 排风罩侧视示意图

（*a*）二维槽边 Aaberg 排风罩；（*b*）三维环形 Aaberg 排风罩

在 Aaberg 排风罩中，气幕射流垂直于排风气流或轴向速度与排风气流相反。Aaberg 排风罩最显著的特点是沿着排风罩口轴线的气流速度衰减慢，因此控制距离较远，所需排风量较小，排风罩面积较小，对工艺操作的影响较小。Aaberg 排风罩与传统排风罩的控制范围对比见图 3-71 所示。

2）整体隔断空气幕

在工业生产中，常常会出现对环境参数有不同需求的生产工艺布置在同一车间的情况，例如在纺织工厂中，精梳工艺生产所需要的相对湿度范围为 55%～60%，而并粗工艺生产所需要的相对湿度范围为 60%～70%。由于生产工艺、运输存储的限制，很难用隔断墙将车间内不同的区域分隔开。这时可以考虑利用整体隔断空气幕将车间的不同环境参数要求区域进行隔断。

如图 3-72 所示，整体隔断空气幕条形送风口设置于房间顶部，均匀向下送出参数均匀的空气射流；空气幕下方地板上设置有回风口，可吸入空气幕射流，使整个空气幕射流范围内实现完全隔断，从而将室内区域 A 和区域 B 完全分隔开，起到了隔断墙的作用，同时又不影响正常的生产和输运需求。回风口吸入的空气经过一定处理之后可供隔断空气幕循环使用。

整体隔断空气幕适用于非高大空间建筑，当室内环境对室内空气流速要求不高，且房间上部没有聚积污染物时，整体隔断空气幕可不设置地板回风口，空气幕直接从房间上部吸入空气吹至房间下部，并贴地自由扩散。

3.8.3　空气幕的优化设计原则

衡量空气幕性能的关键是要保证空气幕的隔断性能。空气幕从送风口喷出，随着送风距离的增长，气幕风速逐渐下降，更容易受到干扰而导致隔断能力减弱。如图 3-73 所示，当空气幕正常运作时，空气幕可将其两侧空间完全隔断，如图 3-73（*a*）所示；当空气幕两侧存在热压和风压作用时，会产生横向气流流动，对空气幕造成干扰，使空气幕射流发生偏转。当横向气流较小时，空气幕偏转角度较小，仍能保持其隔断性能，如图 3-73（*b*）所示；当横向气流达到一定大小以后，空气幕的远端由于气流流速较低，形状保持能力较弱，受到横风干扰无法保持形状，从而其结构遭到破坏，空气幕的性能将急剧下降，如图 3-73（*c*）所示。因此，良好的空气幕有足够的强度，来抵抗横向压力的干扰，在工作区间内形成连续的稳定气流，从

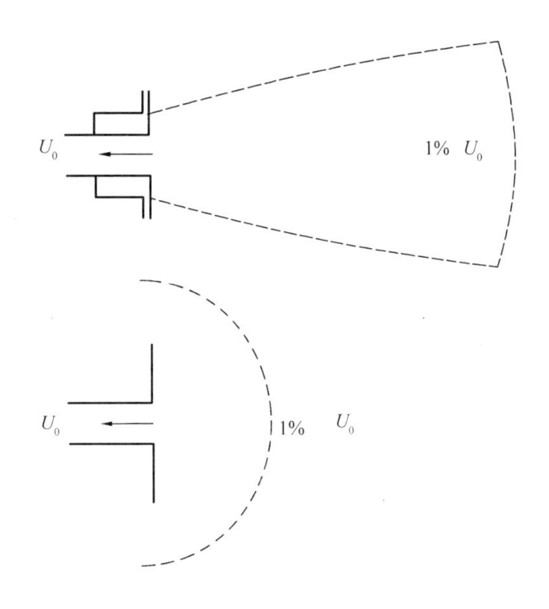

图 3-71　Aaberg 排风罩与传统排风罩的控制范围对比，图中虚线为等速度线

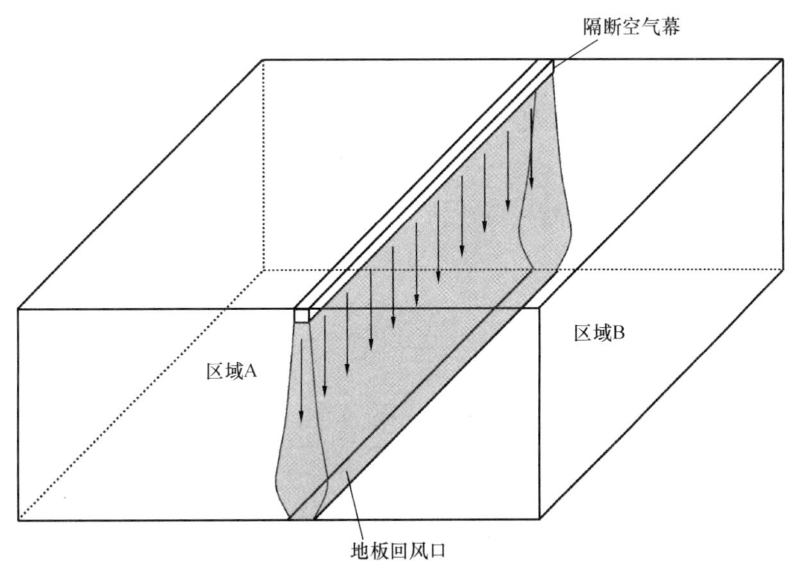

图 3-72　整体隔断空气幕示意图

而起到封闭的作用。

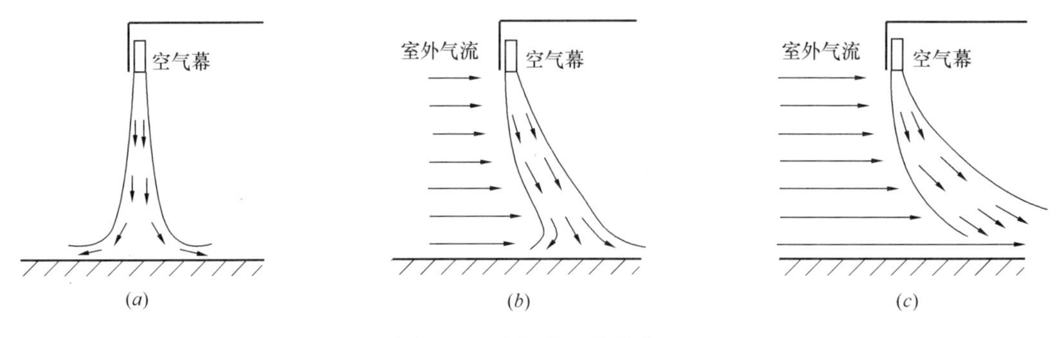

图 3-73　空气幕运作状态

(a) 空气幕正常运作；(b) 空气幕受横向气流影响；(c) 空气幕结构被横向气流破坏

在设计空气幕时，应注意根据环境特征对封闭距离 H_0、空气幕的送风速度 u_0、送风宽度 b_0、送风角度 α_0 等参数进行合理设计，使空气幕运行时能保持其隔断性能，如图3-74所示。

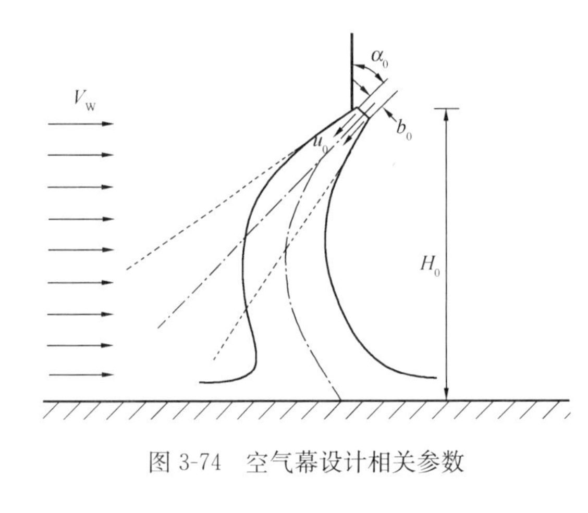

图 3-74　空气幕设计相关参数

根据空气幕应用场合的不同，可使用不同评价指标来评价空气幕的性能。当空气幕主要用于隔绝两侧气流通过时，可使用封闭效率公式（3-9）来评价：

$$\eta = 1 - \frac{L'_w}{L_w} \tag{3-9}$$

式中，L'_w表示空气幕运行时，流入到其另一侧的空气量（m^3/s）；L_w表示空气幕不运行时，流入到另一侧的空气量（m^3/s）。

当空气幕主要用来隔绝气幕两侧热交换时，可使用隔热效率公式（3-10）来评价：

$$\eta_t = 1 - \frac{Q'_w}{Q_w} \tag{3-10}$$

其中，Q'_w表示空气幕运行时，传递到其另一侧的热量（kJ）；Q_w表示空气幕不运行时，传递到其另一侧的热量（kJ）。

3.9　通风性能评价指标

在工业建筑中，通风除尘系统能耗在建筑综合能耗中占据很大比例。随着工业生产的规模不断增大以及对生产环境要求的不断提升，通风除尘系统的规模也越来越大，其能耗也随之不断提高。在实际工程项目中，为提高污染物捕集效率，往往盲目增大风量，然而，通风系统的能耗和捕集效果并非线性分布，而是存在一个捕集效率“屈服点”，即当增大通风量所提高的捕集效果在到达较高水平后进入平缓发展区域，捕集效率几乎不随着风机风量增大而增长；而增大通风量所需的能耗随通风量的增大而快速升高，呈指数增长。图 3-75 显示了通风量增大时捕集效率和能耗的变化规律与最佳能效比风量区。由图可见，只有在最佳能效比风量区内，才能实现控制效果和能耗的最佳平衡。

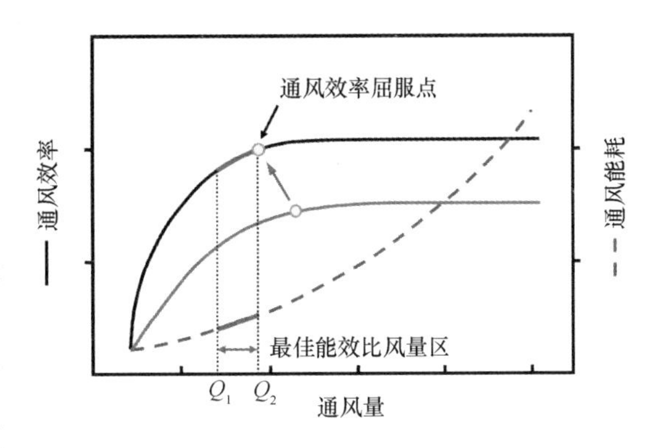

图 3-75　通风除尘系统捕集效率与能耗的关系

可以清楚地看出，工业建筑通风量并非越大越好，在通风量超过捕集效率屈服点之后，过大的通风量对工业建筑室内环境控制效果的提升微乎其微，但系统能耗却快速增长到难以接受的程度。因此，对于通风系统存在一个最佳能效比风量区。故在进行通风系统设计时，应该积极采用高效、节能的通风技术，合理对通风系统进行优化设计，争取利用小通风量实现工业建筑室内环境控制。

3.9.1　通风性能评价指标的作用

室内空气的速度分布、温度分布和污染物浓度分布状况可以表征通风性能的好坏。良好的通风气流要求设计者组织合理的空气流动，营造空气品质优良、舒适、节能的环境。由于送、排风的形式、送风量的大小都会影响气流组织，因而需要利用通风性能评价指标对室内空气环境进行预测和评价。

针对不同的通风需求和侧重，在学术领域已经提出了较完善的通风性能评价指标，主要包括：不均匀系数（包括温度不均匀系数和速度不均匀系数）、室内平均空气龄、通风效率、空气分布特性指标、送风可及性及能量利用系数等。

通风空调房间气流组织对于室内空气品质、建筑物能耗和人体健康至关重要。通风空调的基本任务是排除室内有害的热与污染物，使室内空气环境满足卫生及舒适性标准。在此基础上要求有效地控制污染物的排除：

（1）使某些污染物尽量控制在一定的区域，以免使其向其他的区域扩散，例如要有效地控制污染物的排放，使其尽量不要向其他区域扩散；

（2）而在另外一些区域，却要求尽快地将污染物排除，尽量减少污染物在室内的停留时间；

（3）在以上基础上，减少送风量、合理采用更有效的气流组织等，进而达到节能的目的。

因此，在设计工业建筑的过程中，人们都希望在规划设计阶段就能预测室内空气的分布情况，然后根据一定的评估标准从而制订出最佳的通风空调方案。但在当前的室内环境建设中，各种通风性能评价指标处于一种较为尴尬的位置。一方面，基于传统的评价指标体系多需要根据现场测量数据计算得出，因此在建筑建成前无法利用各种评价指标来预测所设计建筑通风性能的好坏；另一方面，当建筑建成后，各种评价指标有了测量的基础，却很难再利用其指导既有建筑物的气流组织设计的功能，各种通风性能评价指标单纯成为了评价性工具。因此，各种通风性能评价指标需要结合先进的预测技术，才能真正发挥其应有的作用。

预测技术从根本上改变设计者在气流组织设计中的角色，变被动的终点控制为主动的气流组织预测，进而可以对室内空气品质及能耗等作出合理的预测。评价指标则是能否对可能的几种预测结果进行合理的评判，进而制订出最佳的气流组织方案的决定性因素。现有的预测气流组织的方法主要有四种：射流公式法、Zonal Model 法、计算流体力学（CFD）法以及模型实验法。

其中，计算流体力学（CFD）法是利用相关 CFD 软件对室内环境进行建模，根据室内环境的设计参数设置模型的边界条件，通过迭代计算得出室内各点的气流速度、温度、相对湿度和污染物浓度等参数。继而可以通过人体舒适度要求、污染物浓度限值等技术指标来对当前设计进行评估，或者在各种参数的基础上得到新的统计指标，如空气龄、通风有效性、排热效率及排污效率来判断通风气流组织是否合理。

由于 CFD 方法具有对房间几何形状复杂程度基本无限制、计算速度较快、结果详细、实用性强、可靠性好等优点，尤其是其结果完备性的特点，使得研究人员只要获得准确的数值模型和边界条件，就能够在设计时对建筑通风性能提前进行科学且快速的预测，故而极大地降低了建筑通风系统设计失败的风险，同时极大地提高了设计的精度。

3.9.2 全面通风评价指标

对于全面通风气流组织，有多种评价指标。从评价指标的分类方面，存在多种体系，可以从多角度分类：从时间角度来看，可以分为动态指标和稳态指标；从指标反映的物理意义来看，可以包括热舒适指标、空气品质指标、通风效果相关指标等；从气流的角度，又有单纯反映流动的指标和综合了室内条件的指标，等等。本节简要介绍一些在工业建筑环境中常用的全面通风评价指标。

1. 换气次数

换气次数（Air Changeper Hour，ACH），又称换气率（Air Change Rate），是最简单和常用的通风系统评价指标，在各种规范和手册中经常出现。换气次数指房间单位时间内空气更换的次数，通过单位时间进入房间的风量（m^3/h）除以房间体积（m^3）计算而得。如果房间通风方式为均匀送风或完全混合送风，换气次数是评价室内空气换气频率多少的一个指标。

换气次数的定义式为：

$$n = \frac{Q}{V} \tag{3-11}$$

式中，Q 表示房间通风换气量（m^3/h），V 表示房间容积（m^3），n 表示换气次数（次/h）。

在通风设计中，由于换气次数只能表征通风换气量的大小，而不能反映通风系统的气流组织形式，因此是一种最粗略的通风评价指标和设计参数。当条件允许时，应根据更精细的条件（例如室内人数、污染物释放量等）和方法来确定通风换气量。只有当建筑环境中散发的有害物参数不确定时，才宜利用换气次数来确定全面通风的通风换气量。

2. 空气龄

空气龄（Age of Air）是指空气进入房间后到达任意某点的时间。空气龄反映了进入房间的空气的新鲜程度，其依据的是在室内经过越长时间的空气越容易被加热或受到污染。房间内某点的空气龄越小，说明该点的空气越新鲜；空气龄同时还能反映房间排污能力，平均空气龄（Mean Age of Air，MAA）越小的房间，排除污染物的能力就越强。空气龄可以通过实验法进行测量，包括脉冲法、上升法和下降法三种测量方式，具体测量方法可见相关文献。

室内平均空气龄可以通过下式进行计算：

$$\tau_{\mathrm{p}}=\frac{1}{C(0)}\int_{0}^{\infty}C_{\mathrm{p}}(t)\mathrm{d}t \tag{3-12}$$

其中，$C(0)$ 表示示踪气体的初始浓度，$C_{\mathrm{p}}(t)$ 表示某一时刻室内某一确定的点的浓度。

空气龄可以通过脉冲法、上升法和下降法等示踪气体方法进行计算，也可以直接求解空气龄的输运方程得到，方便利用数值模拟进行计算。具体推导求解过程可见相关文献。

3. 换气效率

换气效率用来表示通风系统将送风送至室内某一特定点的效率（例如在新风作用下，通风房间内的空气的置换速率有多快）。换气效率的定义为：

$$\varepsilon_{\alpha}=\frac{\tau_{\mathrm{n}}}{2\tau_{\mathrm{p}}} \tag{3-13}$$

其中，τ_{p}表示室内平均空气龄；τ_{n}表示房间的名义时间常数，其定义为：

$$\tau_{\mathrm{n}}=\frac{V}{Q} \tag{3-14}$$

名义时间常数（s）在定义式的表达上是换气次数（次/h）的倒数，但是单位有所不同。

在理想单向流通风的条件下，房间的换气效率最高。此时，房间的平均空气龄（τ_{p}）最小，它和出口处的空气龄（τ_{e}）、房间的名义时间常数存在以下关系：

$$\tau_{\mathrm{p}}=\frac{\tau_{\mathrm{e}}}{2}=\frac{\tau_{\mathrm{n}}}{2} \tag{3-15}$$

因此，可以定义单向流通风下的房间平均空气龄与实际通风条件下的比值为换气效率（该值不大于1），它反映了新鲜空气置换原有空气的快慢与单向流通风下置换快慢的比例，定义为：

$$\eta_{\mathrm{a}}=\frac{\tau_{\mathrm{n}}}{2\tau_{\mathrm{p}}}\times100\% \tag{3-16}$$

由定义可知，$\eta_{\mathrm{a}}\leqslant100\%$，换气效率越大，房间通风效果越好。如图3-76所示，在只有单向流的情况下，$\eta_{\mathrm{a}}=100\%$；全面孔板送风近似于单向流条件，$\eta_{\mathrm{a}}\approx100\%$；单风口下送上排情况下 $\eta_{\mathrm{a}}=50\%\sim100\%$，顶送上排和上送上排的均近似于50%。

4. 排污效率

排污效率（Contaminant Removal Efficiency）用来评估空间或者空间中某点的污染程度以及排除污染物的有效性。排污效率是衡量稳态通风性能的指标，对相同的污染物，在相同的送风量时能维持较低的室内稳态浓度，或者能较快地将室内初始浓度降下来的通风气流组织，可认为排污效率较高。影响排污效率的主要因素是送、排风口的位置（影响气流组织形式）和污染源的性质及位置。根据通风目标的不同，排污效率可以有不同的定义式。

当通风目标为工作区时，排污效率可定义为：

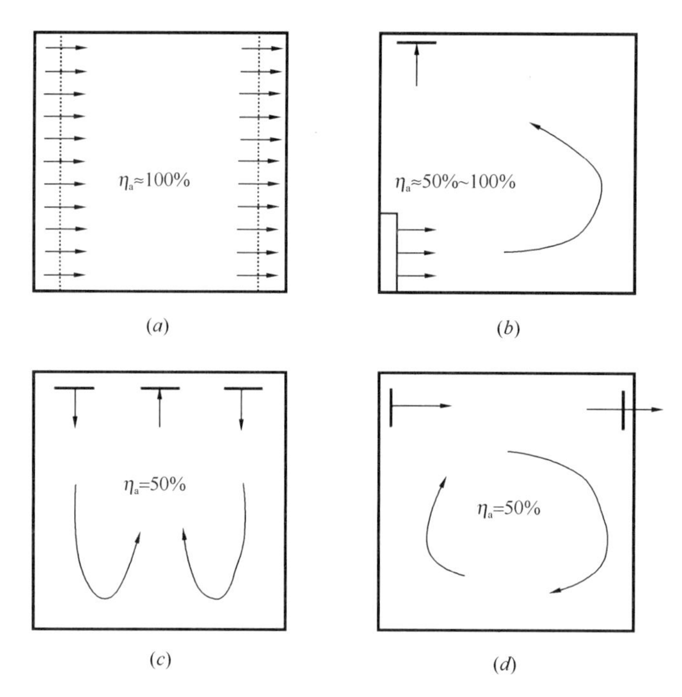

图 3-76　不同通风方式下的换气效率

（*a*）近似单向流；（*b*）下送上排；（*c*）顶送上排；（*d*）上送上排

$$\varepsilon_e = \frac{C_e - C_S}{C_p - C_S} \tag{3-17}$$

其中，C_e表示排风中污染物的浓度，C_S表示送风中所含的污染物浓度，C_p表示工作区中污染物的平均浓度。

当通风目标为整个房间时（如单向流洁净室），排污效率可定义为：

$$\varepsilon_e = \frac{C_e - C_S}{\overline{C} - C_S} \tag{3-18}$$

其中，$\overline{C}$表示整个房间中污染物的平均浓度。

为了评估通风系统在不同时间下对室内某点的污染物排出效率，定义绝对通风效率为：

$$\varepsilon_{e\alpha} = \frac{C_{pi} - C_{pt}}{C_{pi} - C_S} \tag{3-19}$$

其中，C_{pi}表示某点的初始污染物浓度，C_{pt}表示经过 t 时间后该点的污染物浓度，C_S表示送风中所含的污染物浓度。

5. 排热效率

当把余热也作为一种污染物时，根据前文排污效率的定义就可得到排热效率（Heat Removal Efficiency）的定义。排热系数用温度来定义，用来考察气流组织形式的能量利用率。其定义式为：

$$\varepsilon_t = \frac{t_e - t_S}{t_p - t_S} \tag{3-20}$$

其中，t_e表示排风温度，t_S表示送风温度，t_p表示工作区的平均温度。

在实际应用中，排热效率与排污效率略有不同。对排污效率来说，如果一个通风系统的 $C_p > C_e$，则基本可以认为该通风系统的设计不合理；而对排热效率来说，不同的气流组织形式在达成相似的热舒适条件时，排热效率存在很大差异，不能由排热效率高低简单判断气流组织是否合理。如下送上排形式的气流组织，一般排风温度高于工作区平均温度，因此排热效率 ε_t 一般大于 1，这表明下送上排的气流组织形式的能量利用率较高。

6. 不均匀系数

通风气流组织使得室内各点的温度和风速都有不同程度的差异。这种差异可以用不均匀系数来评价。在目标区域内选择 n 个点，分别测得各点的温度 t_i 和风速 u_i，求其算数平均值分别为：

$$\bar{t} = \frac{\sum t_i}{n} \tag{3-21}$$

$$\bar{u} = \frac{\sum u_i}{n} \tag{3-22}$$

其均方根偏差为：

$$\sigma_t = \sqrt{\frac{\sum(t_i - \bar{t})^2}{n}} \tag{3-23}$$

$$\sigma_u = \sqrt{\frac{\sum(u_i - \bar{u})^2}{n}} \tag{3-24}$$

则温度不均匀系数 k_t 和速度不均匀系数 k_u 分别为：

$$k_t = \frac{\sigma_t}{t} \tag{3-25}$$

$$k_u = \frac{\sigma_u}{u} \tag{3-26}$$

温度不均匀系数 k_t 和速度不均匀系数 k_u 都是无量纲数。k_t 和 k_u 的值越小，表示室内通风气流分布的均匀性越好。

3.9.3　局部通风评价指标

如前文所述，对于全面通风，现在已经有了较为完整、科学的评价指标，结合数值模拟技术，可以有效地在规划设计阶段对通风设计进行评估和优化。当前对于局部排风的评价指标多为捕集效率。但是捕集效率所评价的系统性能仅仅是系统对污染物的收集效果，往往忽视了捕集过程中污染物在室内的浓度分布。即使捕集效率很高，系统对室内空气品质的控制效果可能也不会像对污染物的控制效果一样好。当污染物从污染源散发后并在室内一定范围内扩散时，即使这些污染物最终全被捕集，室内环境质量却可能不合格，附近的操作人员也可能因大面积暴露而受到严重的健康威胁。所以，在评价工业厂房中的局部通风系统性能时，应将捕集效率与室内环境质量评价指标结合起来对其进行综合评价。

局部通风系统将局部污染源限制在一定的区域内，减少其对工业建筑内部整体环境的污染。在实际的生产过程中存在这样一种现象，对于同一种污染物，相同的散发强度，流场特性不同。例如：较大的送风量和排风量，可能导致如图 3-77 所示的两种不同的污染物浓度分布。对于这两种浓度分布不同的情况，局部通风系统的捕集效率相同，都能达到接近 100%捕集的理想状况，并且呼吸区和工作区平均浓度没有显著差异，从而以上各个区域的多种指标也非常相近。但由于污染物的浓度分布不同，系统对环境的控制效果存在差异，长期在图 3-77（*b*）所示环境中作业的操作人员对污染物的暴露面积大，比图 3-77

(a) 所示环境更容易受到疾病的侵袭，也更容易使得污染物在气流受到阻碍后逃逸。

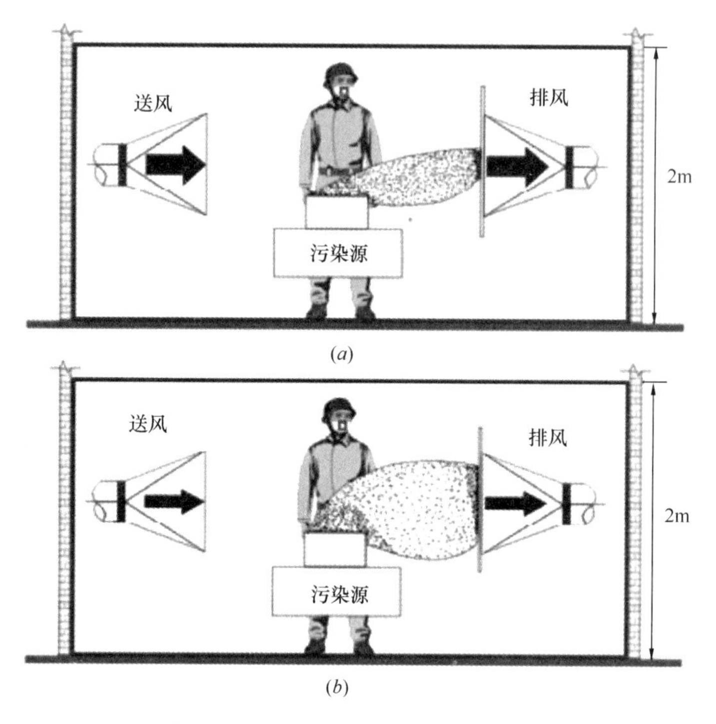

图 3-77 不同通风量下的污染物分布

目标区域浓度比（NC-TZ）反映了污染物在迁移过程中对室内存在影响的范围。目标区的大小是根据不同情况下空间浓度分布来确定的。绝大多数的污染物位于此目标区，而区域外的污染物浓度梯度基本为零。相同污染物排放量下，目标区域越小，则污染物扩散程度越小，操作人员越容易避开此区域，那么其对操作人员身体健康产生影响的几率就越小。

假定厂房内部有一局部污染源，用局部通风系统对其进行控制。那么目标区域浓度比定义式如下：

$$C_t = \frac{C_s - C_a}{C_s - \overline{C}} \tag{3-27}$$

其中，C_t 是目标区域浓度比，为无量纲数；C_s 为源项污染物浓度（kg/m^3）；C_a 为目标区域平均污染物浓度（kg/m^3），$\overline{C}$ 为全室平均污染物浓度（$kmol/m^3$）。这里，目标区域污染物平均浓度在源项污染物浓度和全室平均污染物浓度之间变化。因此，可以定义目标区域浓度比有如下特性：

$$0 \leqslant C_t \leqslant 1 \tag{3-28}$$

$$\lim_{C_a \to C_s} C_t = \frac{C_s - C_s}{C_s - \overline{C}} = 0 \tag{3-29}$$

$$\lim_{C_a \to \overline{C}} C_t = \frac{C_s - \overline{C}}{C_s - \overline{C}} = 1 \tag{3-30}$$

目标区域污染物平均浓度越接近源项污染物浓度，即 C_t 越趋近于 0 时，说明污染物发散程度越小，局部通风系统对室内空气品质的控制效果越理想。该浓度越接近全室平均浓度，即 C_t 越趋近于 1 时，则说明污染物分布的越分散，目标区越接近厂房全尺寸，系统对环境的控制效果越差。

除了高捕集效率以外，为了确保操作人员的健康，在污染物毒性大、操作时间长的情况下，目标区域浓度比应尽可能快地减小。相反，当污染物毒性小、操作时间短时，减小区域目标浓度比没有太大必要，因为小区域目标浓度比需要更多的能量消耗。

3.10　通风系统其他部分

本章前面小节中介绍了通风系统的一般形式和设计原则。除此之外，通风系统中还包含一些组成部分，对于系统的高效运行起着至关重要的作用，如空气末端装置、管道、风机、空气净化设备和空气循环设备等。本节将对这些组成部分进行简要的介绍。

3.10.1　空气末端装置

送、排风口是通风系统中的末端装置，是室内环境和通风系统之间的分界线。送、排风口的形式，会极大地影响通风气流在室内的运动情况，在设计中必须加以注意。

1. 散流器

散流器是一种可以提供不同种类和不同方向空气射流的空气末端设备，常用于屋顶、地板或局部送风设备上，并且可以同时作为送风和排风设备。送风散流器可以产生线性射流、径向射流或者多方向的射流。通过散流器，既可以提供长距离大流量送风，也可以实现送风气流短距离快速扩散。

1）屋顶散流器

屋顶散流器是应用最广泛的空气幕段末端装置之一。散流器一般呈圆形或方形，通过调整散流器挡板的角度可以有效改变送风流量和送风的角度，以产生沿水平方向或者垂直向下的送风气流。散流器的流型可以通过射流出口和屋顶所呈的角度 φ 来确定。当 $\varphi<30°$时，送出的气流受康达效应影响，会产生水平的贴附射流；当 φ 的值继续增大时，康达效应会逐渐减弱，在某些情况下会生成竖直向下的送风射流，如图 3-78 所示。

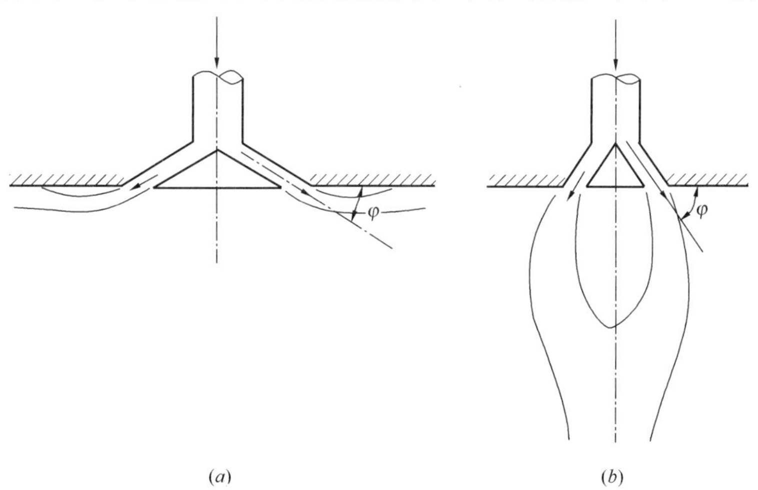

图 3-78　散流器角度对气流类型的影响

(a) $\varphi<30°$；(b) $\varphi>30°$

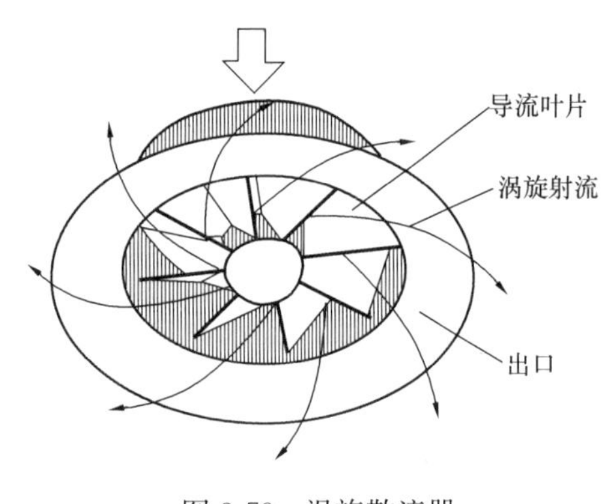

图 3-79　涡旋散流器

具有固定或者可调整叶片的圆断面涡旋散流器可产生具有涡旋运动的空气射流，如图 3-79 所示。送风射流在散流器出口处，受叶片引导而呈涡旋发散形射流，射流会快速向四周扩散，根据叶片角度而贴附于屋顶或向下运动。涡旋扩散射流可以大范围地诱导卷吸周围的空气，从而使射流在室内快速扩散。这种类型的屋顶散流器非常适合处理大流量的空气，并且在使用时不会使工作区内的人员产生吹风感。

2）方形散流器

方形和矩形散流器有多种气流出射类型，可用于送风或排风。方形散流器上的叶片大都可以进行调节，可以让设计者和使用者根据实际情况作出相应的选择。一些典型的方形散流器如图 3-80 所示。

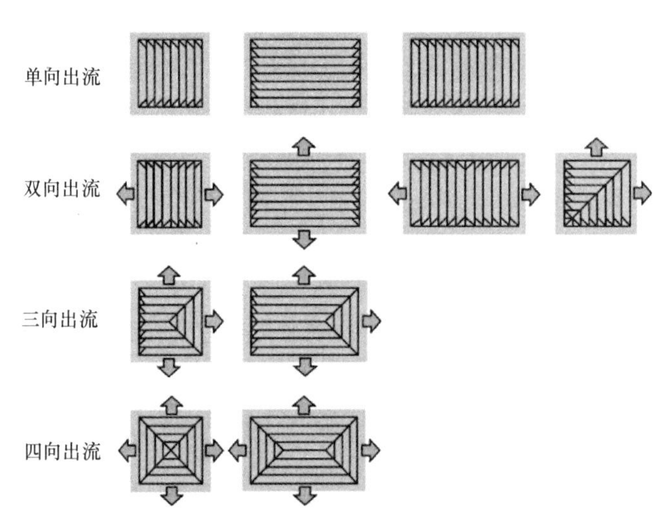

图 3-80　方形散流器的类型

2. 低速末端装置

在置换通风形式的气流组织中，低温空气以较低的速度直接送到工作区，通过温差导致的密度差沉积在房间下部，以保证工作区内空气的新鲜度。这就要求送风在置换工作中要尽可能减少与室内空气的掺混，需要较低的送风速度，通常在 0.25～0.5m/s。因此，就需要大面积的送风装置以保证送风量。这种低速末端装置通常是通过采用包含很多小孔的空气末端装置提供低速和较低湍流度的空气来实现的。低温的冷空气从小孔流出以后，很快沉积到地面附近，从而形成置换通风。在实际应用中存在多种类低速空气末端装置，如圆柱、半圆柱、四分之一圆柱和平表面等，如图 3-81 所示。

3. 布袋风管

布袋风管是一种由特殊纤维织成的末端送风装置，主要靠纤维渗透和喷孔射流实现均匀送风的送风末端装置。布袋风管可以实现大范围低速度的送风，特别适用于需要大量供送冷空气的工业建筑，可有效降低送冷风带来的吹风感。布袋风管重量较轻，可省去散流器等装置，布置较为方便。布袋风管有多种送风形式，如图 3-82 所示。

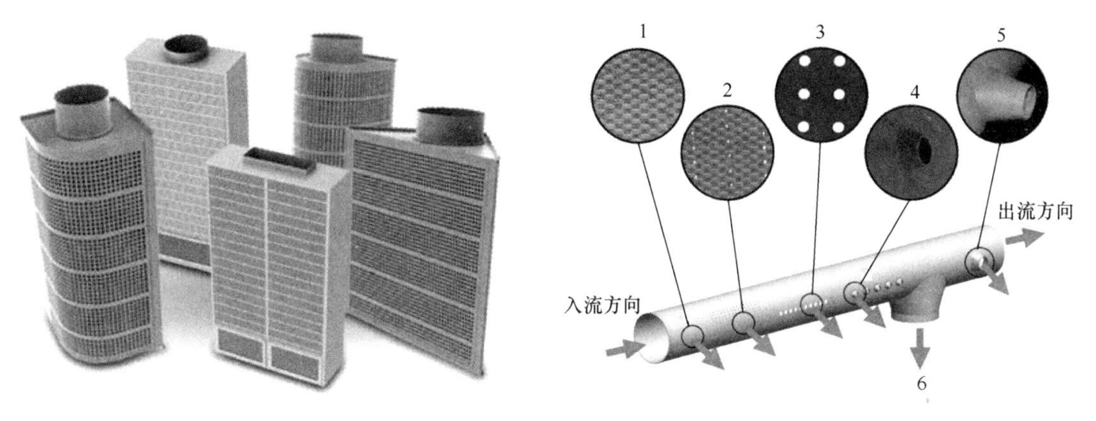

图 3-81　置换通风末端装置

图 3-82　布袋送风系统的送风形式

1—无孔透气织物；2—200～400μm 微孔；3—直径大于 4mm 小孔；4—小型喷嘴；5—大型喷嘴；6—连接散流器或风管

根据不同的送风形式，布袋风管的送风距离和范围也存在较大的差异，如图 3-83 所示。

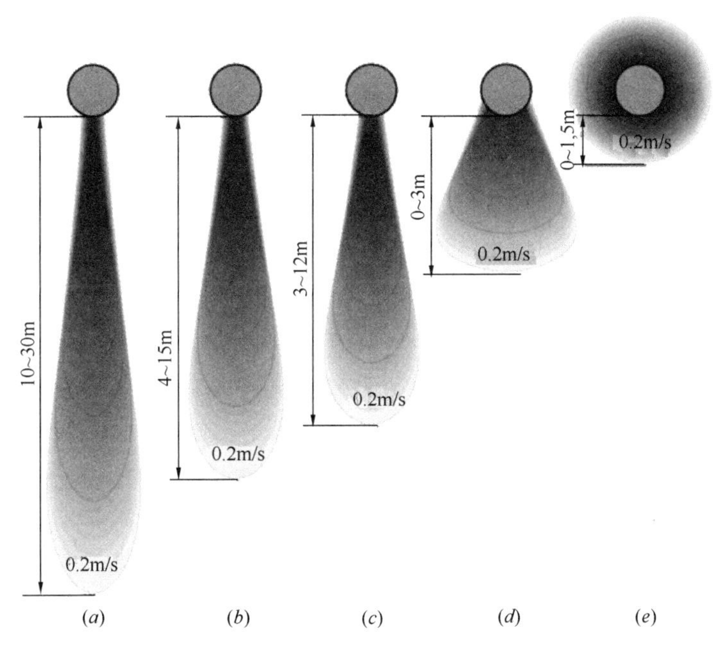

图 3-83　不同送风口形式下布袋风管送风气流分布

(a) 大型喷嘴；(b) 小型喷嘴；(c) 小孔；(d) 定向微孔；(e) 全方向微孔

4. 单向均流送风口

在送风系统中，射流的出口条件，例如出流均匀性、方向性和湍流度，对射流的发展有很大影响。保证送风射流等速、同向、湍流度低，可以有效地减缓射流的衰减，延长射流输送距离，从而增强通风射流的控制范围。在本章所介绍的单向流通风、平行流吹吸式

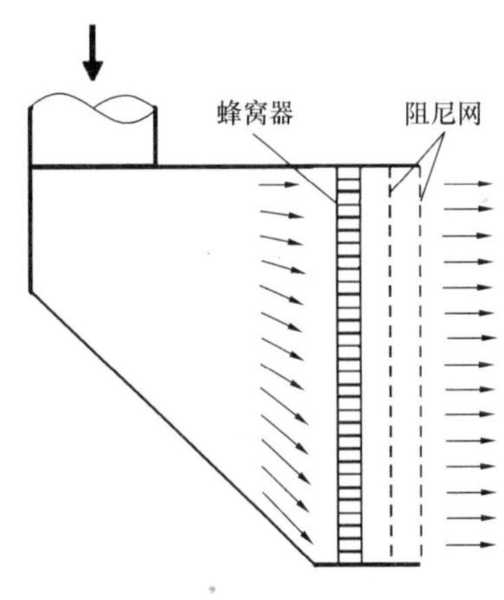

图 3-84　单向均流送风口示意图

通风系统中，都大量应用了单向均流送风口。

如图 3-84 所示，单向均流送风口主要包括蜂窝器和阻尼网，其主要作用都是为了均匀气流、消除涡流和稳定气流状态。

1）蜂窝器

蜂窝器由许多方形、圆形或六边形的等截面小管道并列组成。蜂窝器的作用在于限制了气流的横侧运动，从而使其平行于送风方向；蜂窝器还把气流中的大尺度涡旋分割成更容易衰减的小尺度涡旋，因而有利于降低送风气流的湍流度。同时，蜂窝器对气流的摩擦还有利于改善气流的速度分布。

如图 3-85 所示，蜂窝器有圆形、方形和六边形等形状。不同形状的蜂窝器格子，其阻力损失系数不同。方形格加工简便，最为常见，但是在直角处容易卷起涡旋；圆形格的流动条件较好，但是管与管之间的间隙会影响流动的均匀性，并且增大压力损失。综合来看，六边形格蜂窝器效果最为理想。

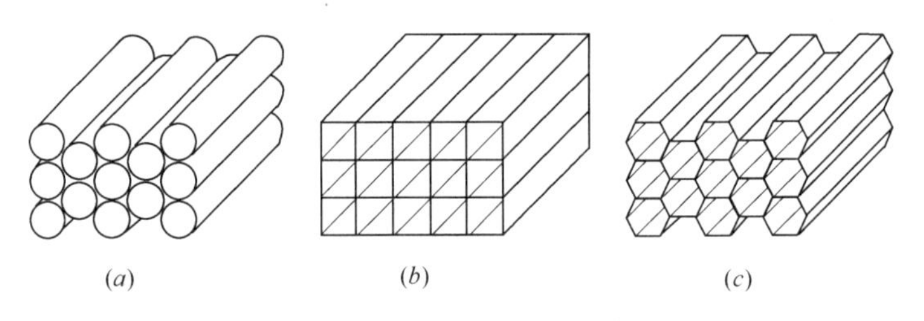

图 3-85　常见蜂窝器格子

影响蜂窝器性能的主要参数是蜂窝长度 l 和口径 M。长度 l 越大，整流效果越好，但阻力损失增加。M 值越小，蜂窝器对降低湍流度的效果越显著。一般的参数范围为 $l/M=5\sim10$，在实际设计选型时，应根据送风情况和要求选择相应的蜂窝器。

2）阻尼网

阻尼网一般采用直径较细的金属丝编织而成，在一定的情况下也可以用开孔比较密集的孔板来替代。阻尼网主要用以将气流旋涡转换成大量的能迅速衰减的小旋涡，因此虽然在离网很近的距离内，会增加紊流度，但离开网一定距离后，气流的紊流度会大大降低。但是阻尼网对气流没有导直作用。阻尼网一般都设置在蜂窝器之后，在某些情况下，也可以只设置阻尼网而不设置蜂窝器。

阻尼网的层数越多，整流效果越好，但气流经过阻尼网的损失也就越大。经过计算和试验验证证实，几层稀疏的阻尼网的整流效果比一层密网更好。因此，在实际设计选型时，应根据送风情况和要求选择相应层数和密集度的阻尼网。

阻尼网除了降低气流湍流度外，还可以使气流速度分布更均匀。这是由于气流可以看做由不同的流束组成，当遇到阻尼网时，流束受阻滞的情况不同。流速大的阻滞程度也大，其压力升高幅度大；流速低的阻滞程度也小，其压力升高幅度小。因此，产生了一个横向压差，气流沿阻尼网向流速低的一侧发生散流。因此，流速高的速度减小，而流速低的速度加快。又由于经过阻尼网的损失不同，因此网后的气流更趋于均匀。

3.10.2　风管

1. 风管的基本形式

风管负责将新鲜空气从室外送至送风口位置，或是将污染气体从排风罩口送至空气处理设备。它由以下几部分组成，见图 3-86 所示。

（1）管道；

（2）风阀，用来调节系统中不同分支的风量；

（3）连接部件；

（4）检查口和清洁口。

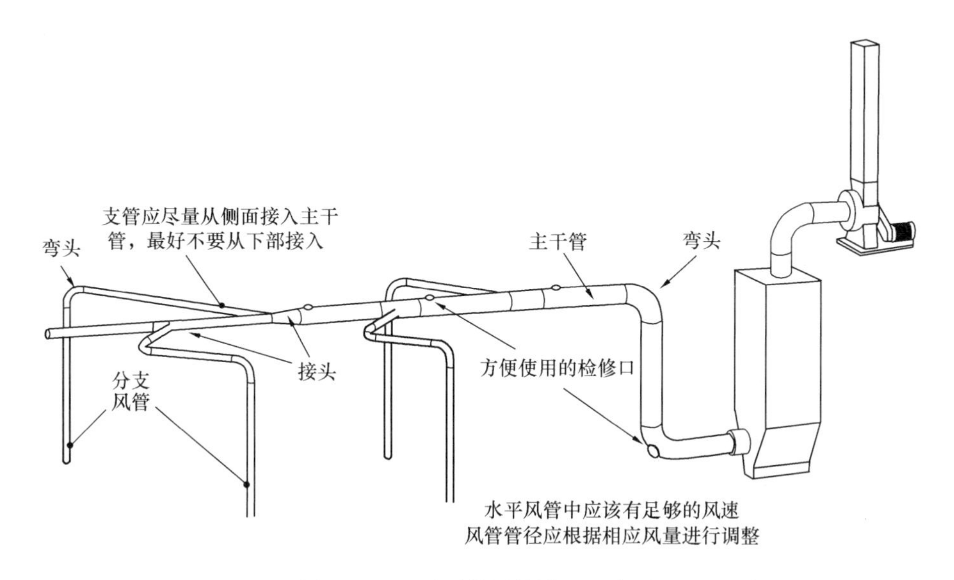

图 3-86　通风系统风管设置示意图

风管可以是圆形的，也可以是矩形的。在可能的情况下，使用圆形风管的效果会更好，因为：

（1）当横截面积一定时，其结构较轻；

（2）有更强的承压能力；

（3）产生的噪声较小，因为没有平板管壁作为二次振动源。

但是，当风管布置于有高度限制的位置时，矩形风管往往可以通过增大宽高比来获得需要的横截面积。

2. 风管的优化设计原则

风管的局部阻力在通风、空调系统中占有较大的比例，为了减小局部阻力，可以从以下几个方面采取措施。

1）弯头

布置管道时，应尽量取直线，减少弯头。圆形风管弯头的曲率半径一般应大于 1～2 倍管径，如图 3-87 所示；矩形风管弯头断面的长宽比（B/A）愈大，阻力愈小，如图 3-88所示。如果一定要采用矩形直角弯头设计，则应在其中设导流片，如图 3-89 所示。

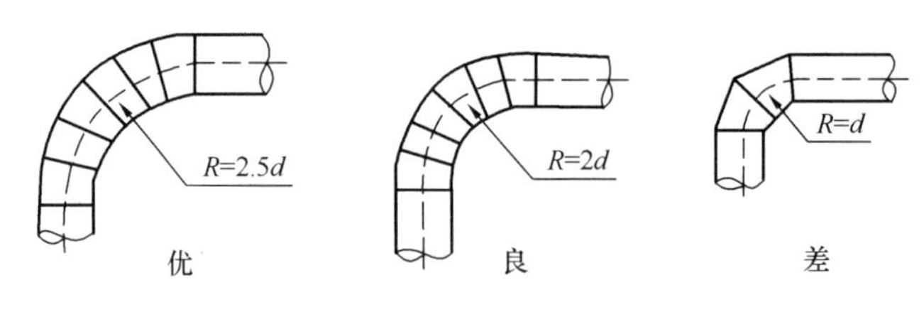

图 3-87 圆形风管弯头

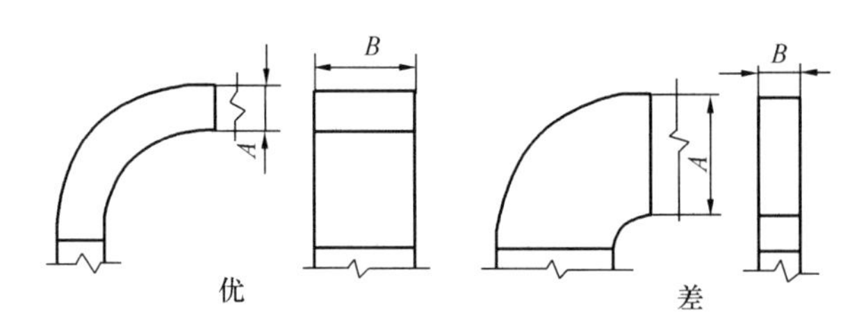

图 3-88 矩形风管弯头

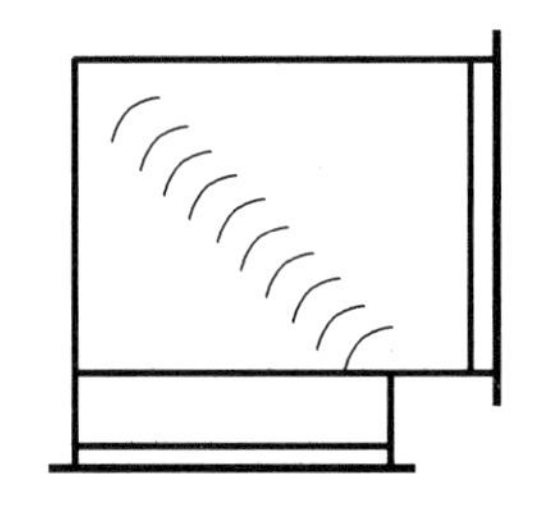

图 3-89 设有导流叶片的直角弯头

2）三通

三通内流速不同的两股气流汇合时的碰撞，以及气流速度改变时形成的涡流是造成局部阻力的原因。两股气流在汇合过程中的能量损失一般是不相同的，它们的局部阻力应分别计算。

合流三通内直管的气流速度大于支管的气流速度时，会发生直管气流引射支管气流的作用，即流速大的直管气流失去能量，流速小的支管气流得到能量，因而支管的局部阻力有时出现负值。同理，直管的局部阻力有时也会出现负值。但是，不可能同时为负值。必须指出，引射过程会有能量损失，为了减小三通的局部阻力，应避免出现引射现象。

为减小三通的局部阻力，还应注意支管和干管的连接，减小其夹角，如图 3-90 所示。同时，还应尽量使支管和干管内的流速保持相等。

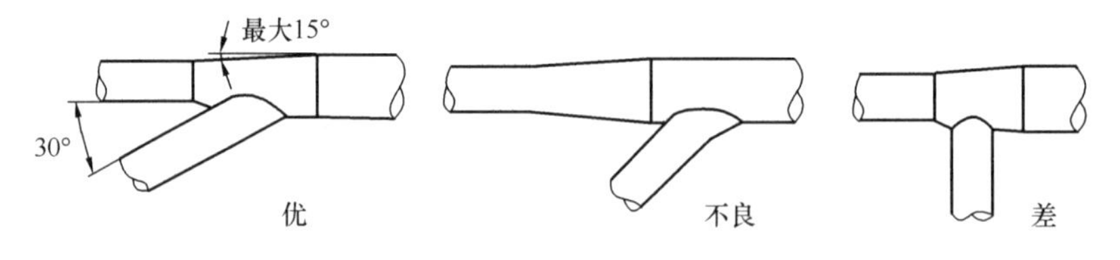

图 3-90 三通支管和干管的连接

3）排风立管出口

通风排气如不需要通过大气扩散进行稀释，应降低排风立管的出口流速，以减小出口动压损失。

4）管道和风机的连接

要尽量避免在接管处产生局部涡流，具体做法如图 3-91 所示。

5）均匀送风管道

在通风系统使用过程中，经常需要将空气沿风管侧壁的孔口或者短管均匀送出。这种

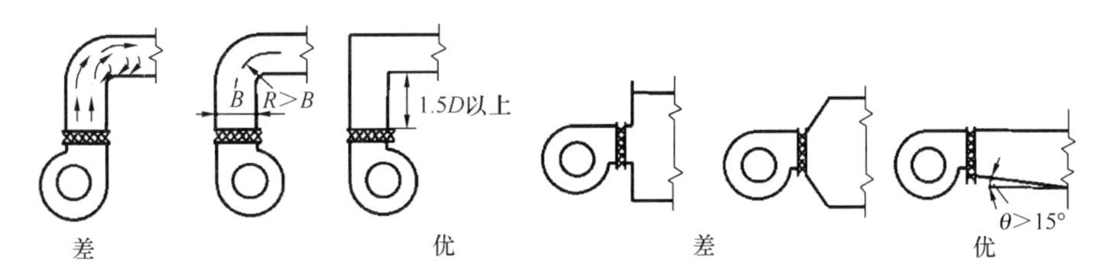

图 3-91　风机进出口的管道连接

注：D 为叶轮直径。

均匀送风方式可使送风房间得到均匀的空气分布，而且风管的制作简单、节约材料。因此，均匀送风管道在车间、冷库、除尘器和各种气幕装置中广泛应用。

对于断面不变的矩形送（排）风管，采用条缝形风口送（排）风时，风口上的速度分布如图 3-92 所示。在送风管上，从始端到末端内流量不断减小，动压相应下降，静压增大，使条风口的出口流速不断增大；在排风管上则是相反，因管内静压不断下降，管内外压差增大，条缝口入口流速不断增大。

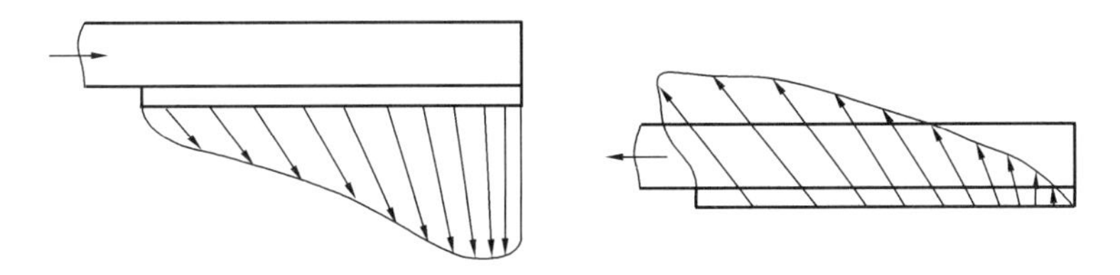

图 3-92　从条缝口吹出和吸入的速度分布

因此，要实现均匀送风，可采取以下措施：

（1）送风管断面积 F 和孔口面积 f_0 不变时，管内静压会不断增大，可根据静压变化，在孔口上设置不同的阻体（即改变流量系数），见图 3-93（a）、图 3-93（b）。

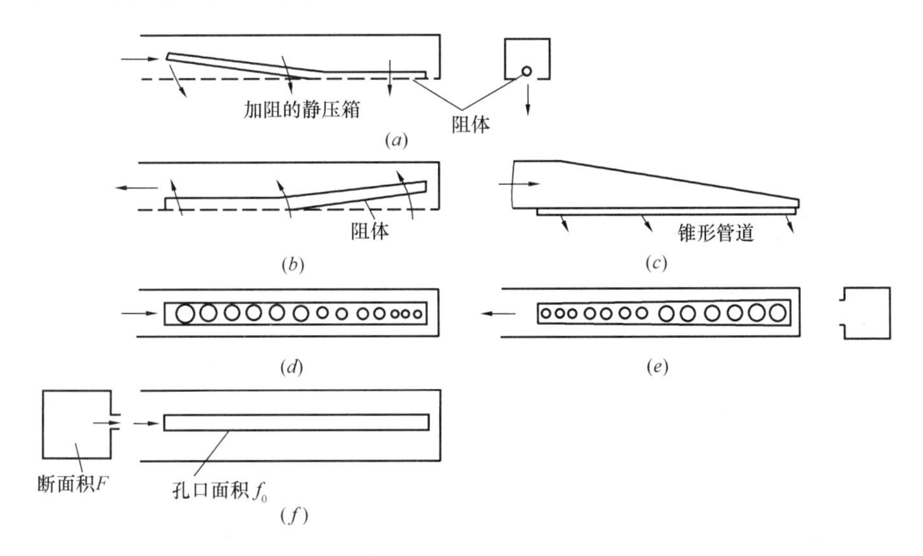

图 3-93　实现均匀送（排）风的方式

（2）孔口面积 f_0 和 μ 值不变时，可采用锥形风管改变送风管断面面积，使管内静压基本保持不变，见图 3-93（*c*）。

（3）送风管断面积 F 及孔口 μ 值不变时，可根据管内静压变化，改变孔口面积 f_0，见图 3-93（*d*）、图 3-93（*e*）。

（4）增大送风管断面积 F，减小孔口面积 f_0。对于图 3-93（*f*）所示的条缝形风口，试验表明，当 $f_0/F<0.4$ 时，始端和末端出口流速的相对误差在 10%以内，可近似认为是均匀分布的。

另外，在设计风管系统时，还应该注意以下几点：

（1）风管壁面尽量光滑，有利于降低阻力。

（2）排风气流速度足够高，使颗粒可以悬浮在空中。同时，通风系统风管不应超过风管限制流速，其限制流速应符合现行国家标准《工业建筑供暖通风与空气调节设计规范》GB 50019 的有关规定。

（3）尽量提高管道的密封性能。

（4）当输送有可能在风管内凝结的气体时，风管应有不小于 0.005 的坡度，以利于排除积液，并应在风管或风机的最低点设置水封泄液管。

（5）在合适的位置设置清洗和清除堵塞口。

（6）尽量减少颗粒物的水平运输风管长度。

（7）根据风管可能出现的温度范围，考虑管道的热胀冷缩，设置相应的补偿器。

（8）在风管设计中，应采取必要的噪声控制技术，使建筑物内不超过允许的噪声值。

（9）在风管系统设计中，应对其风管进行保温，目的有两个：一是避免风管系统在输送空气过程中不必要的冷、热量损失；二是避免空调风管输送冷空气时，其表面温度可能低于周围空气的露点温度，使表面结露，风管保温的具体做法可参阅有关的国家标准图。

（10）在布置风管系统时，一般是先决定送风口和回风口的位置与风量，空气处理设备和风机的位置和风量，布置风管系统的走向和管线，以最合理的管线把各个分区的设备和风口连接起来。

（11）同一个除尘系统中，各个排风点并不一定是连续工作的，对于非连续工作的排风点，宜设置与工艺设备连锁的启闭阀，根据需求控制系统风量的大小，工艺设备停止工作时，排风也应停止，从而达到节能的目的。

同时，应避免下列情况：

（1）不应设置过长的柔性管道。因为柔性管道会磨损、破裂，容易损坏。

（2）输运颗粒物的风管大角度转弯，因为这种设计会导致颗粒堆积并堵塞管道。

3.10.3　风机

风机是机械通风系统中最主要的动力来源。通过风机主轴旋转产生压差，驱动空气、气体或颗粒物在管道内运动或排放到开放空间。

1. 风机的类型

根据工作方式的不同，风机一般分为离心式、轴向式、混流式和轴流式。在工业通风领域，最常用的是离心式风机和轴流式风机，见图 3-94 所示。

（1）离心式风机的工作原理是利用叶轮旋转时产生的离心力使流体获得能量，流体通过叶轮后压能和动能都得到升高，从而能够将流体输送到高处或者远处。离心式风机在工程上广泛应用于小流量和较高压头的场合。

（2）轴流式风机的工作原理是利用旋转叶片的挤压推进力使流体获得能量。轴流式风机在工程上广泛应用于大流量和较低压头的场合。

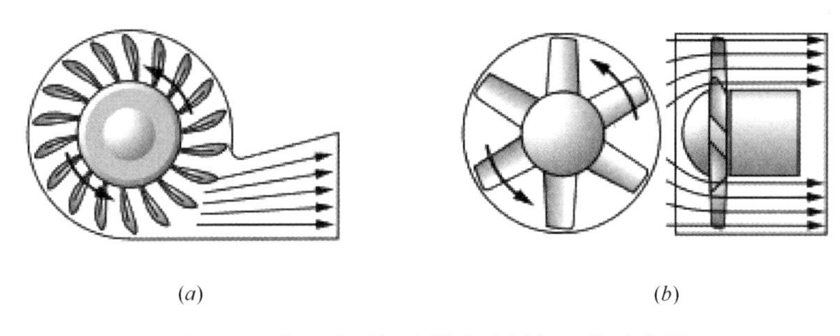

(a)　　　　(b)

图3-94　离心式风机和轴流式风机工作示意图
（a）离心式风机；（b）轴流式风机

2. 风机的选择

（1）根据输送气体的性质及系统的风量、阻力大小确定风机类型。

若输送清洁空气，可选用普通风机；输送有爆炸危险的气体或粉尘，应选用防爆风机；气体具有腐蚀性时，应选防腐风机。用于消防排烟时，由于空气温度较高，可以采用电机内置但是完全与气流隔绝的专用消防排烟轴流风机，而电机外置的离心风机仍是最好的选择。

（2）确定风机的风量和风压：

风管系统有漏风，其漏风量与管路的长短及气密性程度有关，约为系统风量的5%～10%。因此，所选用风机的风量应为系统设计风量的1.05～1.1倍。考虑到风管水力计算中存在一定的偏差或一些不可预见的因素，风机的风压应在系统计算的压力损失上附加10%～15%的富裕量（变频风机可不附加）。

（3）风机都存在最佳工作条件范围，只有在最佳工作条件范围内风机才能高效地工作。因此，选择风机时应选择合适的风机，不宜过大也不宜过小。当风机实际工作条件为非标准状态时，应进行性能参数的换算，以便根据样本参数（由风机组合特性曲线或性能参数表查得）选择风机，注意使工作点处在高效率区域且稳定工作。

（4）确定风机型号时，同时要确定其转速、配用电机的型号和功率、传动方式等；另一方面还要确定风机的旋转方向及出口位置，以便更好地与管路系统相配合。

（5）在输送相同功率的情况下，高压供电可以减少电能输配损失。因此，对于电机功率大于300kW的大型离心式通风机，宜采用高压供电方式，以减少电能输配损失。

3.10.4　除尘器

工业除尘器是指净化由工艺生产设备中排出的含尘气体的设备，它是工业建筑除尘系统的主要设备之一。它运行的好坏将直接影响到排往室外的粉尘浓度，也直接影响到周围环境卫生条件的好与坏。除尘器与过滤器的种类很多，根据主要的除尘机理的不同，可分为六类。

（1）重力除尘：如重力沉降室；

（2）惯性除尘：如惯性除尘器；

(3) 离心力除尘：如旋风除尘器；

(4) 过滤除尘：如袋式除尘器、颗粒层除尘器、纤维过滤器、纸过滤器；

(5) 洗涤除尘：如文丘里除尘器、自激式除尘器、旋风水膜除尘器；

(6) 静电除尘：如电除尘器。

在选择除尘器时必须全面考虑各种因素的影响，如处理风量、除尘效率、阻力、一次投资维护管理等。各种常用除尘器的综合性能在表 3-8 中列出，在选择时可供参考。

除尘器性能 **表 3-8**

除尘器名称	适用的粒径范围（μm）	效率（%）	阻力（Pa）	设备费	运行费
重力沉降室	>50	<50	50～130	少	少
惯性除尘器	20～50	50～70	300～800	少	少
旋风除尘器	5～15	60～90	800～1500	少	中
水浴除尘器	1～10	80～95	600～1200	少	中下
旋风水膜除尘器	≥5	95～98	800～1200	中	中
冲激式除尘器	≥5	95	1000～1600	中	中上
电除尘器	0.5～1	90～98	50～130	大	中上
袋式除尘器	0.5～1	95～99	1000～1500	中上	大
文丘里除尘器	0.5～1	90～98	4000～10000	少	大

选择除尘器时，应特别考虑以下因素：

(1) 选用的除尘器必须满足排放标准规定的排放浓度。对于运行工况不太稳定的系统，要注意风量变化对除尘器效率和阻力的影响。例如，旋风除尘器的效率和阻力是随风量的增加而增加的，电除尘器的效率却是随风量的增加而下降的。

(2) 颗粒物的性质和粒径分布：

颗粒物的性质对除尘器的性能具有较大的影响，例如黏性大的颗粒物容易粘结在除尘器表面，不宜采用干法除尘；比电阻过大或过小的颗粒物，不宜采用静电除尘，水硬性或疏水性颗粒物不宜采用湿法除尘。处理磨琢性颗粒物时，旋风除尘器内壁应衬垫耐磨材料，袋式除尘器应选用耐磨的滤料。

不同的除尘器对不同粒径的颗粒物除尘效率是完全不同的，选择除尘器时必须首先了解处理颗粒物的粒径分布和各种除尘器的分级效率。表 3-9 列出了用标准颗粒物对不同除尘器进行试验后得出的分级效率。标准颗粒物为二氧化硅尘，密度 $\rho_c=2700\text{kg/m}^3$，颗粒物的粒径分布如下：0～5μm20%；5～10μm10%；10～20μm15%；20～44μm20%；>44μm35%。

除尘器分级效率 **表 3-9**

除尘器名称	全效率（%）	不同粒径下的分级效率（%）				
		0～5	5～10	10～20	20～44	>44
带挡板的沉降室	58.6	7.5	22	43	80	90
简单的旋风	65.3	12	33	57	82	91

续表

除尘器名称	全效率（%）	不同粒径下的分级效率（%）				
		0～5	5～10	10～20	20～44	>44
长锥体旋风	84.2	40	79	92	99.5	100
电除尘器	97.0	90	94.5	97	99.5	100
喷淋塔	94.5	72	96	98	100	100
文丘里除尘器（ΔP=7.5kPa）	99.5	99	99.5	100	100	100
袋式除尘器	99.7	99.5	100	100	100	100

（3）气体的含尘浓度：

气体的含尘浓度较高时，在电除尘器或袋式除尘器前可以设置低阻力的预除尘设备，以去除粗大尘粒，有利于它们更好地发挥作用。例如，降低除尘器入口的含尘浓度，可以适当提高袋式除尘器的过滤风速，防止电除尘器产生电晕闭塞。对湿式除尘器则可以减少泥浆处理量。

（4）气体的温度和性质：

对于高温、高湿的气体不宜采用袋式除尘器，如果颗粒物的粒径小、比电阻大，又要求干法除尘时，可以考虑采用颗粒层除尘器。如果气体中同时含有污染气体，可以考虑采用湿式除尘，但是必须注意腐蚀问题。

（5）选择除尘器时，必须同时考虑除尘器除下颗粒物的处理问题。对于可以回收利用的粉粒状物料，如耐火黏土、面粉等，一般采用干法除尘，回收的颗粒物可以纳入工艺系统。

有的工厂工艺本身设有泥浆废水处理系统，如选矿厂等，在这种情况下可以考虑采用湿法除尘，把除尘系统的泥浆和废水纳入工艺系统。

不能纳入工艺系统的颗粒物和泥浆也必须有一定的处理措施，如果不作任何处理，在厂内任意倾倒或堆放，会造成颗粒物二次飞扬或泥浆废水到处泛滥，影响整个厂区的环境卫生。

除了上述因素外，选择除尘器时还必须考虑能量消耗、一次投资和维护管理等因素。在不同除尘器都满足工艺要求时，宜选用高效低阻的除尘器及净化设备。

自“十二五”以来，我国极大地加强了对于环境污染尤其是大气污染方面治理的力度，出台了一系列严格限制各种工业部门的排放的法规政策，对各工业行业的排放要求作出了更加严格的限制。在新排放标准的限制下，大批原有的除尘器已经无法满足排放要求，急需进行更换和改造。例如，对于火力发电、水泥、冶金等行业来说，过去曾广泛使用的电除尘器如今都面临着除尘效果无法满足要求的问题，需要大规模改造，例如将电除尘器更换为袋式除尘器或者电袋除尘器。

下面就几种当前最常见的除尘器进行介绍。

1. 袋式除尘器

袋式除尘器主要利用纤维加工的多孔滤料进行过滤除尘。由于它具有除尘效率高（对于1.0μm的粉尘，效率高达98%～99%）、适应性强、使用灵活、结构简单、工作稳定、便于回收粉尘、维护简单等优点，因此袋式除尘器在冶金、化学、陶瓷、水泥、食品等不

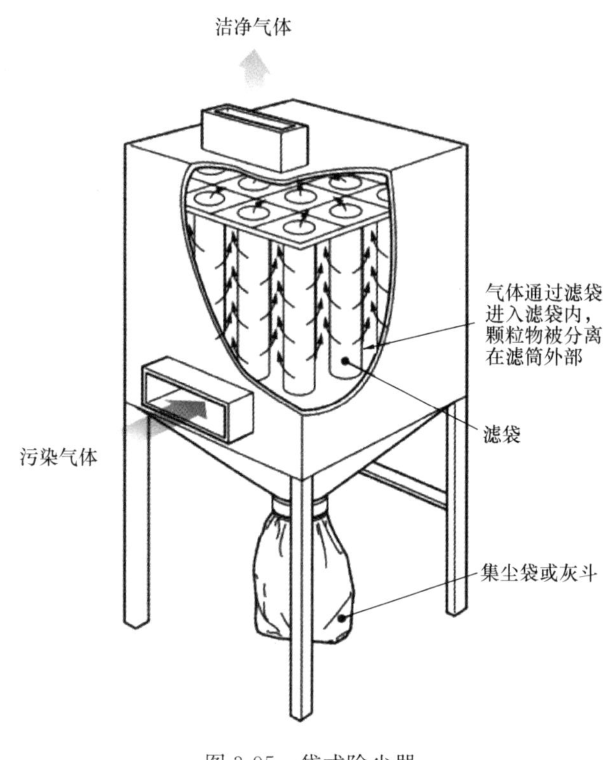

图 3-95　袋式除尘器

同的工业部门中得到广泛的应用，在各种高效除尘器中，是最有竞争力的一种除尘设备，见图 3-95 所示。

1）袋式除尘器的工作原理

袋式除尘器所使用的滤料本身的网孔较大，一般为 20～50μm，表面起绒的滤料约为 5～10μm。因此，新滤袋的除尘效率只有 40%左右。当含尘空气通过滤料时，由于纤维的筛滤、拦截、碰撞、扩散和静电等作用，将粉尘阻留在滤料上，形成初层。同滤料相比，多孔的初层具有更高的除尘效率。因此，袋式除尘器的过滤作用主要是依靠这个初层及以后逐渐堆积起来的粉尘层进行，如图 3-96 所示。随着集尘层的变厚，滤袋两侧压差变大，使除尘器的阻力损失增大，处理的气体量减小。同时，由于空气通过滤料孔隙的速度加快，使除尘效率下降。因此，除尘器运行一段时间后，应进行清灰，清除掉集尘层，但不破坏初层，以免效率下降。

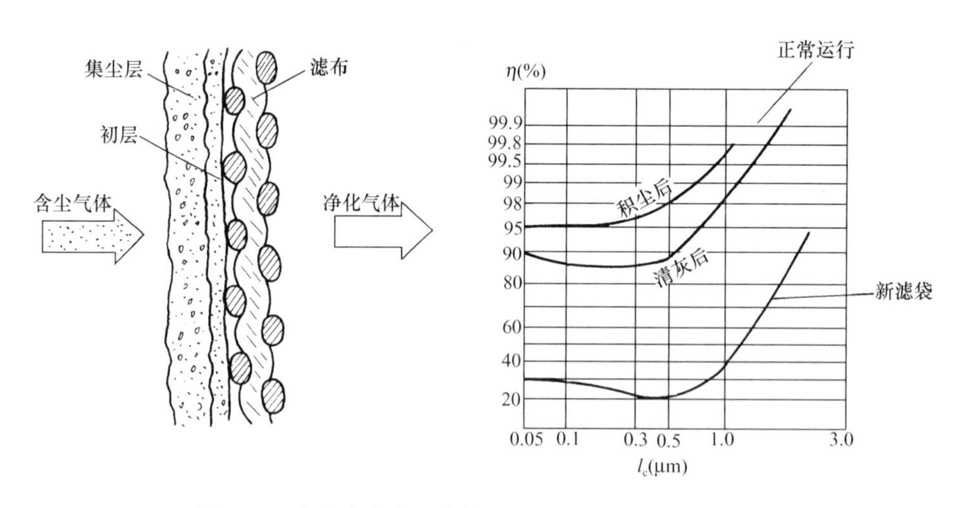

图 3-96　某袋式除尘器滤料的过滤过程及分级效率曲线

2）袋式除尘器的使用

袋式除尘器是一种除尘效率高的干式除尘器，使用时应注意以下问题：

（1）选用袋式除尘器时，应采用合理的流通结构、清灰方法和过滤风速，并选用低阻的滤料。袋式除尘器宜采用压差自动控制技术进行清灰，终阻力不应超过 1500Pa。

袋式除尘器的阻力，包含其结构阻力、滤料及颗粒物层阻力，一般为 1000～2000Pa。当滤袋使用时间过长，颗粒物渗入滤料深层，导致清灰无法降低阻力，会造成初阻力显著增大，对整个排风系统的工作风量造成影响，此时通常就需要更换滤袋。同时，袋式除尘器流通结构对除尘效率以及除尘器阻力均有较大的影响，因此应采用合理的流通结构。采用合理的清灰方式和过滤风速，并选用低阻力的滤料，可以达到降低除尘器阻力、降低通风系统能耗的目的。不同的清灰方法应选择不同的过滤风速，可参考表 3-10。

袋式除尘器推荐的过滤风速（m/min）　　**表 3-10**

等级	颗粒物种类	清灰方法		
		振打与逆气流联合	脉冲喷吹	反吸风
1	炭黑、氧化硅（白炭黑），铅锌的升华物以及其他气体中由于冷凝和化学反应形成的气溶胶；化妆粉；去污粉；奶粉；活性炭；由水泥窑排出的水泥	0.45～0.6	0.6～1.0	0.33～0.45
2	铁及铁合金的升华物；铸造尘；氧化铝；由水泥磨排出的水泥碳化炉升华物；石灰；刚玉；安福粉及其他肥料；塑料；淀粉	0.6～0.75	0.6～1.0	0.45～0.55
3	滑石粉；煤；喷砂清理尘，飞灰陶瓷产生的颗粒物；炭黑（二次加工）颜料；高岭土；石灰石；矿尘；铝土矿；水泥（来自冷却器）；搪瓷	0.7～0.8	0.8～1.2	0.6～0.9
4	石棉；纤维尘；石膏；珠光石；橡胶生产中的颗粒物；盐；面粉；研磨工艺中的颗粒物	0.8～1.5	0.8～1.2	—
5	烟草；皮革粉；混合饲料；木材加工的颗粒物；粗植物纤维（大麻、黄麻等）	0.9～2.0	0.8～1.2	—

（2）袋式除尘器的应用范围要受滤料的耐温耐腐蚀性等性能的限制。如目前常用的滤料适用于 80～140℃（棉毛织物使用温度为 80～90℃，尼龙织物最高温度为 80℃，腈纶的最高使用温度在 130℃左右，涤纶的长期使用温度为 140℃等），而玻璃纤维等滤料可耐 250℃左右的高温。如用袋式除尘器处理更高温度的烟气，必须预先冷却。

（3）不适宜于黏性强及吸湿性强的粉尘，特别是烟气温度不能低于露点温度，否则会产生结露，导致滤袋堵塞。

（4）处理高温、高湿气体（如球磨机排气）时，为防止水蒸气在滤袋凝结，应对含尘空气进行加热，并对除尘器进行保温。

（5）不能用于有爆炸危险和带有火花的烟气。

（6）处理含尘浓度高的气体时，为减轻袋式除尘器的负担，应采用二级除尘系统。用低阻力除尘器进行预处理，袋式除尘器作为二级处理设备。

2. 旋风除尘器

旋风除尘器是利用气流旋转过程中作用在尘粒上的惯性离心力，使尘粒从气流中分离出来的设备。旋风除尘器结构简单、造价低、维修方便；耐高温，可高达 400℃；对于 10～20μm 的粉尘，除尘效率为 90%左右。当前，旋风除尘器在工业通风除尘工程和工业锅炉的消烟除尘中多用作初级除尘器，配合其他除尘设备使用。图 3-97 所示为旋风除尘器的一般形式，它由圆筒体、圆锥体、进气管、顶盖、排气管、排灰口组成。

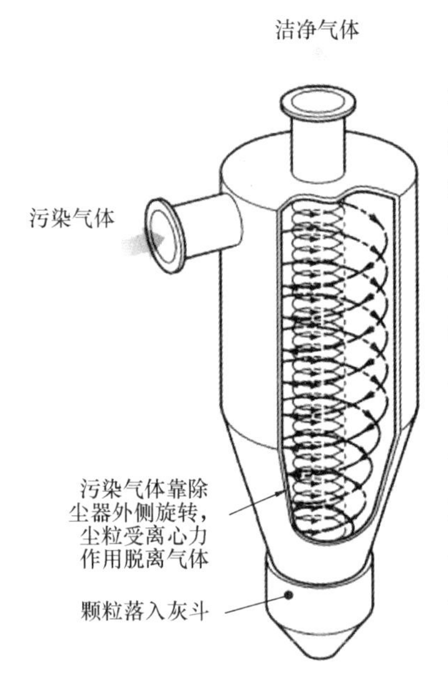

图 3-97　旋风除尘器

1）旋风除尘器的工作原理

含尘气流由切线进口管以较高的速度（15～20m/s）沿切线方向进入除尘器，在圆筒体与排气管之间的圆环内作旋转运动。这股气流受到随后进入气流的挤压，继续向下旋转，由圆筒体到圆锥体一直延伸到锥体底部，这股沿外壁由上向下作螺旋形旋转的气流称为外涡旋（图 3-97 中外圈粗线所示）。当其再不能向下旋转时就折线向上，随排气管下面的旋转气流上升，然后又由排气管排出，这股向上旋转的气流称为内涡旋（图 3-97 中内圈细线所示）。向下的外涡旋和向上的内涡旋的旋转方向是相同的。气流作旋转运动时，尘粒在惯性离心力的推动下，要向外壁移动，到达外壁的尘粒在气流和重力的共同作用下，沿壁面通过排灰口落入灰斗中。

2）旋风除尘器的使用

（1）进口速度

进口速度对除尘效率和除尘器阻力具有重大影响。除尘效率和除尘器阻力是随进口速度的增大而增高的。由于阻力是与进口速度的平方成比例，因此进口速度不宜过大，一般控制在 12～25m/s 之间。

（2）筒体直径 D_0 和排出管直径 d_p

筒体直径愈小，尘粒受到的惯性离心力愈大，除尘效率愈高。目前，常用的旋风除尘器直径一般不超过 800mm，风量较大时可用几台除尘器并联运行。

一般认为，内、外涡旋交界面的直径 $D \approx 0.6d_p$，内涡旋的范围是随 d_p 的减小而减小的，减小内涡旋有利于提高除尘效率。但是 d_p 不能过小，以免阻力过大。一般取 $d_p = (0.50 \sim 0.60)D$。

（3）旋风除尘器的筒体和锥体高度

由于在外涡旋内有气流的向心运动，外涡旋在下降时不一定能达到除尘器底部，因此如果筒体和锥体的总高度过大，对除尘效率影响不大，反而使阻力增加。实践证明，筒体和锥体的总高度以不大于筒体直径的 5 倍为宜。

（4）除尘器下部的严密性

旋风除尘器的压力由外壁向中心静压逐渐下降，即使旋风除尘器在正压下运行，锥体底部也会处于负压状态。如果除尘器下部不严密，渗入外部空气，会把正在落入灰斗的颗粒物重新带走，使除尘效率显著下降。

（5）旋风除尘器的减阻设置

旋风除尘器宜在排气管中设减阻杆以及设置出口导流叶片，可以较好地降低除尘器阻力。

3. 电除尘器

电除尘器是利用静电场产生的电力使尘粒从气流中分离的设备。电除尘器是一种干法高效除尘器，具有除尘效率高、阻力小、能处理高温烟气、处理烟气量的能力大和日常运行费用低等优点，因此，在火力发电、冶金、化学、造纸和水泥等工业部门的工业通风除尘工程和物料回收中获得广泛的应用。其结构如图 3-98 所示。

1）电除尘器的工作原理

如图 3-99 所示，电除尘器内设置高压电场，电晕极接高压直流电源的负极，集尘板接地为正极。通以高压直流电，维持一个静电场。在电场作用下，空气电离，气体电离后的负离子吸附在通过电场的粉尘上，使粉尘获得电荷。荷电粉尘在电场作用下，向电荷相反的电极运动而沉积在电极上，以达到粉尘和气体分离的目的。当电晕极上电压达到一定值时，在金属表面上就出现淡蓝色的光环，这种现象称为电晕放电。此时若从除尘器一侧通入含尘气体，绝大多数粉尘粒子便会吸附运动中的负离子而荷电，在电场的作用下向圆筒运动而沉积在集尘板的壁上。当沉积在集尘板上的粉尘达到一定厚度时，借助于振打机构使粉尘落入下部灰斗，净化后的气体便从除尘器另一侧排出。

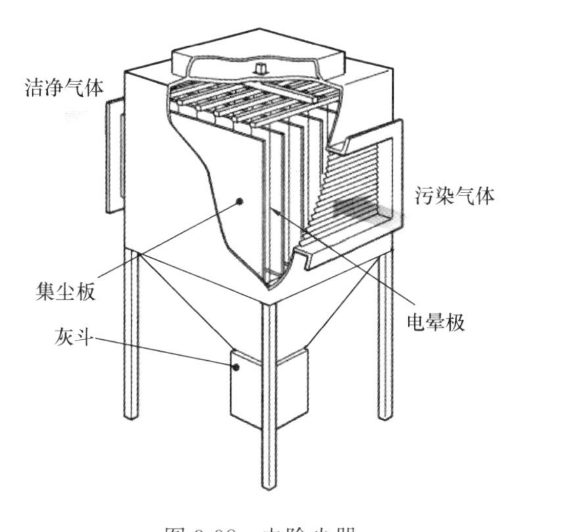

图 3-98　电除尘器

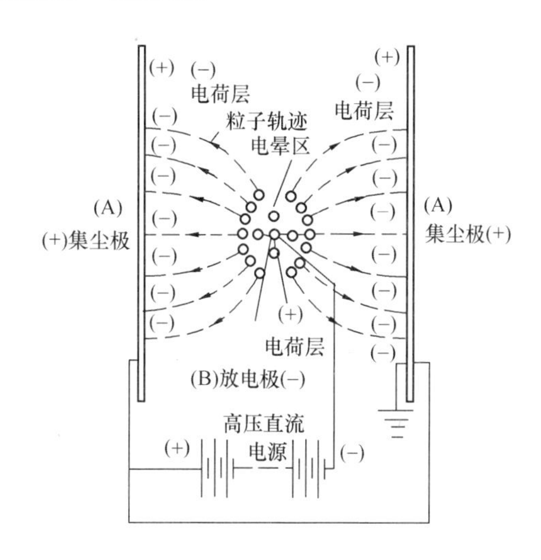

图 3-99　电除尘器的工作原理

用电除尘的方法分离气体中的悬浮尘粒的过程，是十分复杂的物理过程，基本可以归纳为下述四个过程：

（1）气体的电离；

（2）悬浮尘粒的荷电；

（3）荷电尘粒向电极运动；

（4）荷电尘粒沉积在收尘电极上。

2）电除尘器的使用

影响电除尘性能的因素很多，可以大致归纳为如下四大类：

（1）粉尘特性：主要包括粉尘的粒径分布、真密度和堆积密度、粘附性和比电阻等。

（2）烟气性质：主要包括烟气温度、压力、成分、流速和含尘浓度等。

（3）结构因素：主要包括电晕线的几何形状、直径、数量和线间距，收尘极的形式、极板断面形状、极间距、极板面积以及电场数、电场长度、供电方式、振打方式（方向、强度、周期）、气流分布装置、外壳严密程度、灰斗形式和出灰口锁风装置等。

（4）操作因素：主要包括伏安特性、漏风率、气流短路、二次飞扬和电晕线肥大等。

电除尘装置与其他除尘装置一样，即使电除尘器有良好的收尘性能，但是由于外界条件的变化，也会使它达不到预期的效果。掌握各主要因素对电除尘器性能的影响、对管好、用好电除尘器是很有帮助的，具体内容可详见各种相关书籍。

4. 湿式除尘器

利用液体净化气体的装置称为湿式除尘器。这种方法简单、有效，因而在实际的工业除尘工程中获得了广泛的应用。它的优点是结构简单、投资低、占地面积小、除尘效率高，能同时进行污染气体的净化。它适宜处理有爆炸危险或同时含有多种污染物的气体。它的缺点是有用物料不能干法回收，泥浆处理比较困难，为了避免污染水系统，有时要设置专门的废水处理设备；高温烟气洗涤后，温度下降，会影响烟气在大气中的扩散。

根据气液接触方式的不同，可分为两大类：

（1）尘粒随气流一起冲入液体内部，尘粒加湿后被液体捕集，它的作用是液体洗涤含尘气体。属于这类的湿式除尘器有自激式除尘器（图 3-100）、旋风水膜除尘器、泡沫塔等。

（2）用各种方式含尘气流中喷入水雾，使尘粒与液滴、液膜发生碰撞。属于这类的湿式除尘器有文丘里除尘器（图 3-101）、喷淋塔等。

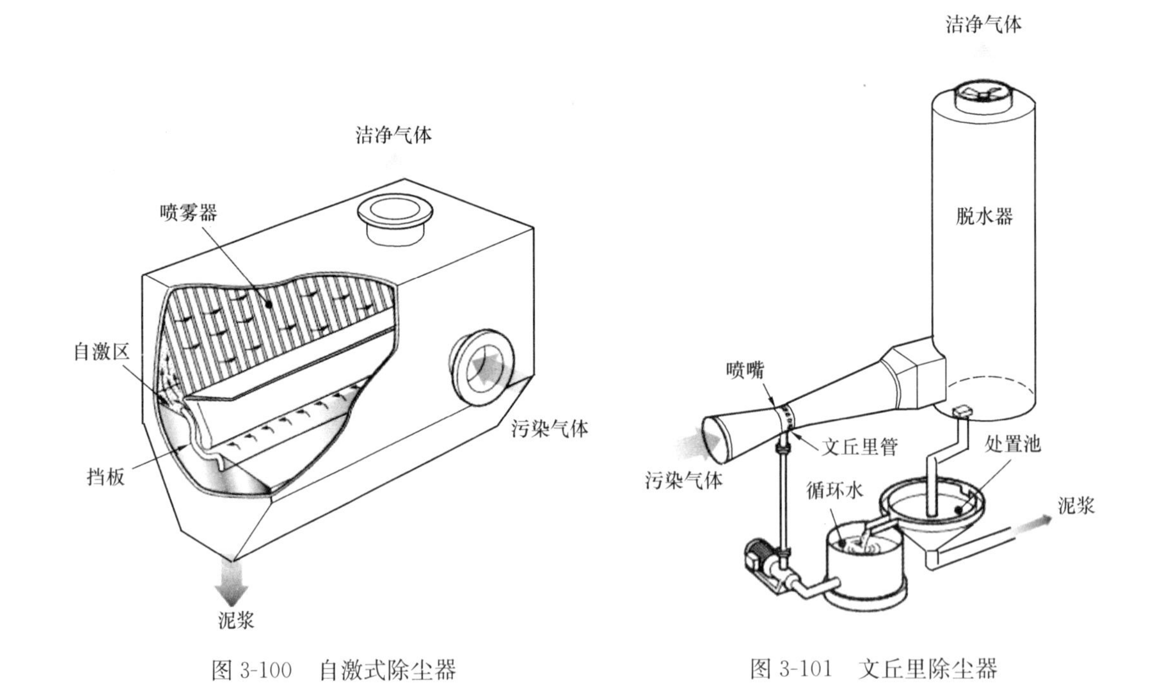

图 3-100　自激式除尘器　　　图 3-101　文丘里除尘器

1）湿式除尘器的工作原理

湿式除尘器的工作原理可归结为：

（1）粒径为 1～5μm 的粉尘主要利用惯性碰撞、接触阻留；尘粒与液滴、液膜接触，使尘粒加湿、增重、凝聚等，使粉尘从气流中分离。

（2）细小尘粒（粒径 1μm 以下）通过扩散与液滴、液膜接触。

（3）由于烟气增湿，尘粒的凝聚性增加。

（4）高温烟气中的水蒸气冷却凝结时，要以尘粒为凝结核，形成一层液膜包围在尘粒表面，增强了粉尘的凝聚性。对疏水性粉尘能改善其可湿性。

由此可见，湿式除尘器是通过含尘气流与液滴或液膜的接触，在液体与粗大尘粒的相互碰撞、滞留，细小尘粒的扩散、相互凝聚等净化机理的共同作用下，使尘粒从气流中分离出来。

2）湿式除尘器的使用

（1）湿式除尘器适用于捕集非纤维尘和非水硬性的各种粉尘，尤其适宜净化高温、易燃和易爆的气体。

（2）很多有害气体也可采用湿法净化，因此，在这种情况下湿式除尘器可以同时除尘和净化有害气体。

（3）湿式除尘器的洗涤废水中，除固体微粒外，还可能有各种可溶性物质，若将洗涤废水直接排入江河或下水道，会造成水系污染。因此，对洗涤废水要进行处理，否则会造成“二次污染”。

（4）在寒冷地区使用湿式除尘器，要有必要的技术措施，防止冬季结冰。

第 4 章　工业建筑供暖与空调系统节能技术

在《工业建筑节能设计统一标准》GB 51245—2017 中，将以供暖、空调为主要环境控制方式的工业建筑称为一类工业建筑。在一类工业建筑中，供暖、空调是营造生产所需要环境的关键技术，并会导致非常大的能耗。通过提高供暖、空调系统能效，降低冬季供暖能耗和夏季空调能耗是一类工业建筑最重要的建筑节能设计原则之一。

与工业建筑环境控制需求相适应的供暖、空调系统形式，和民用建筑有所不同，例如，热水和蒸汽是集中供暖系统中最常用的两种热媒，其中蒸汽供暖系统在民用建筑中很少应用，但在工业建筑中，由于便于利用既有的高温蒸汽作为热媒进行供暖，加之高温蒸汽散热量大，所需供暖系统末端装置小，使得蒸汽供暖成为工业建筑适宜性的供暖方式之一；由于工业建筑空间高大，辐射供暖（冷）系统在工业建筑中具有更大的节能潜力；工业建筑内经常有较强的显热余热量，通过蒸发冷却空调系统比较容易提供较大的供冷量，从而营造良好的室内环境。因而本章对这些系统形式进行了具体介绍。继而，本章针对供暖与空调系统的冷热源相关的节能技术进行了阐述，主要包括：锅炉、热泵、冷热电联产和工业余热废热等方面的节能技术。

4.1　工业建筑供暖系统基本形式

供暖就是用人工方法通过消耗一定的能源向室内供给热量，使室内保持生活或工作所需温度的技术、装备、服务的总称。供暖系统是为使建筑物达到供暖目的，而由热源或供热装置、散热设备和管道等组成的网络，如图 4-1 所示。

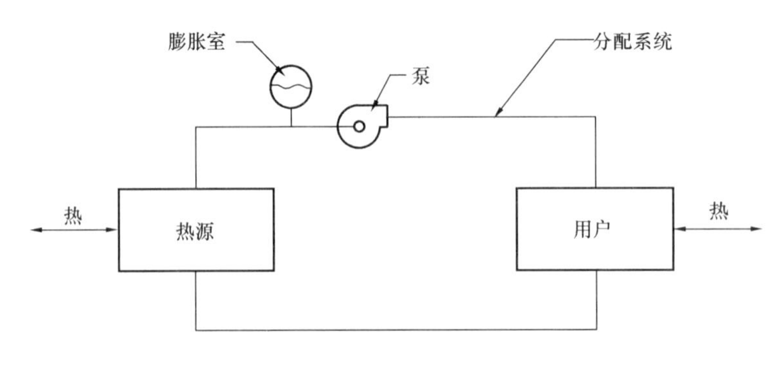

图 4-1　供暖系统的基本组成

本节主要按照供暖系统的分类与选择、供暖系统负荷影响因素及末端装置特性展开。

4.1.1　供暖系统的分类与选择

1. 供暖系统的分类

供暖系统按照承担热负荷的介质种类不同可以分为热水供暖系统、蒸汽供暖系统和热风供暖系统。

1）热水供暖系统

（1）热水供暖系统分类

以热水作为热媒的供暖方式称为热水供暖。热水供暖系统根据不同特征可进行四种分类。根据系统循环动力可分为重力循环系统和机械循环系统；根据供、回水方式的不同可分为单管系统和双管系统；根据系统管道敷设方式的不同可分为垂直式系统和水平式系统；根据热媒温度的不同可分为低温水供暖系统和高温水供暖系统。

（2）热水供暖系统工作原理

热水供暖系统的循环动力称为作用压头。图 4-2 所示为热水供暖系统原理图，分为重力循环系统和机械循环系统。

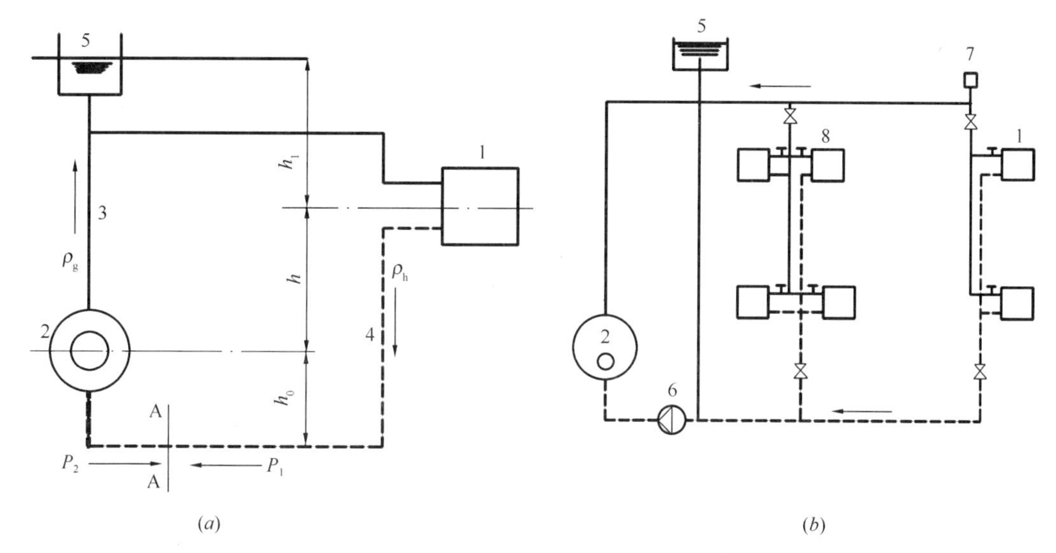

图 4-2 热水供暖系统原理图

(*a*) 重力循环系统原理图；(*b*) 机械循环系统原理图

1—散热器；2—热水锅炉；3—供水管路；4—回水管路；5—膨胀水箱；

6—循环水泵；7—集气罐；8—放气阀

重力循环系统依靠水的密度差进行循环（图 4-2*a*），该作用压头称为重力作用压头。水在锅炉中受热，温度升高到 t_z，体积膨胀，密度减少到 ρ_z，加上来自回水管冷水的驱动，使水沿供水管上升流到散热器中。在散热器中热水将热量散发给房间，水温降低，密度增大并沿回水管回到锅炉内重新加热，这样周而复始地循环，不断把热量从热源送到房间。

膨胀水箱的作用是容纳系统水温升高因热膨胀而多出的水量，并补充系统水温降低或泄漏时所缺少的水量、稳定系统压力及排除水在加热过程中所释放出来的空气。为了顺利排除系统中的空气，水平供水干管标高应沿水流方向逐渐降低，因为重力循环系统出水流速较小，可以采用汽水逆向流动，使空气从管道高点所连膨胀水箱排除。重力循环系统不需要外来动力，运行时无噪声、调节方便、管理简单。由于作用压头小，水管管径大，通常只用于没有集中供热热源的小型建筑物中。

和重力循环系统相比，机械循环系统（图 4-2b）的循环动力来自循环水泵，称为机械作用压头，水在系统中的工作流程和重力循环基本类似。膨胀水箱通常接到循环水泵的入口侧，在此系统中，膨胀水箱不能排气，所以在系统供水干管末端设排气装置集中排气。集气罐连接处为供水干管最高点。机械循环系统作用半径大，是集中供暖系统的主要形式。

机械循环热水供暖系统的作用压头由水泵提供的机械作用压头和重力作用压头组成。严格来说热水流过管路和散热器，都有温降，都会产生重力作用压头。由于水在管路中的温降较小，在设计和分析机械循环热水供暖系统时，通常忽略不计水在管路中冷却产生的重力作用压头，只考虑水在散热器内冷却产生的重力作用。

2）蒸汽供暖系统

以蒸汽为热媒来加热室内空气实现供暖的系统称为蒸汽供暖系统。蒸汽作热媒主要用于工业建筑及其辅助建筑。图 4-3 所示是蒸汽供热的原理图。蒸汽从热源沿蒸汽管路进入散热设备，蒸汽凝结放出热量后，凝水通过疏水器再返回热源重新加热。

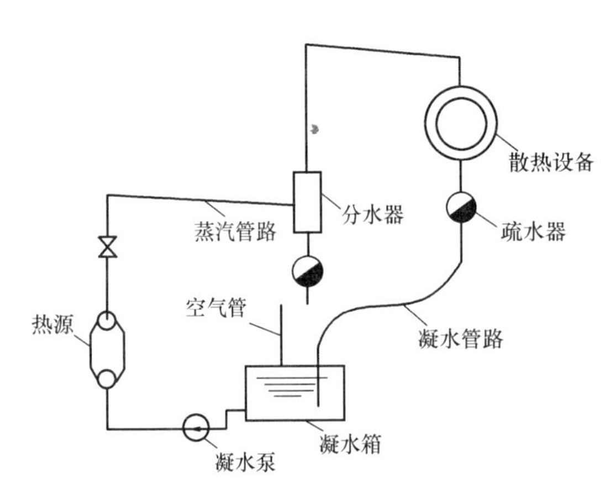

图 4-3 蒸汽供热原理图

蒸汽凝结水包括蒸汽供暖系统凝结水、汽—水热交换器凝结水、以蒸汽为热媒的空气加热器的凝结水、蒸汽型吸收式制冷设备的凝结水等。凝结水回收系统一般分为重力、背压和压力凝结水回收系统，可按工程的具体情况确定。从节能和提高回收率方面考虑，热力站应优先采用闭式系统。当凝结水量小于 10t/h 或距热源小于 500m 时，可用开式凝结水回收系统。

（1）蒸汽供暖系统分类

蒸汽供暖系统可按以下几种方式分类。根据供汽压力的大小，将蒸汽供暖系统分为三类，供汽表压力大于 0.07MPa 时，称为高压蒸汽供暖系统；供汽表压力不大于 0.07MPa 时，称为低压蒸汽供暖系统；当系统中的压力低于大气压力时，称为真空蒸汽供暖系统。根据蒸汽干管布置的不同，蒸汽供暖系统可有上供式、中供式、下供式三种；根据立管的数量可分为单管蒸汽供暖系统和双管蒸汽供暖系统。在单管蒸汽供暖系统中，通向各散热器的供汽和凝结水立管和支管共用一根管道；双管蒸汽供暖系统中通向各散热器的供汽和凝结水立、支管分别为两根管。由于单管蒸汽供暖系统中蒸汽和凝结水在同一条管道中流动，而且经常是反向流动，易产生水击和汽水冲击噪声，所以单管蒸汽供暖系统用得很少，多采用垂直双管蒸汽供暖系统。

根据凝结水回收动力可分为重力回水系统和机械回水系统；根据凝结水系统是否通大气可分为开式系统（通大气）和闭式系统（不通大气）；根据凝结水充满管道断面的程度可分为干式回水系统和湿式回水系统。凝结水干管内不被凝结水充满，系统工作时该管道断面上部充满空气，下部流动凝结水，系统停止工作时，该管内全部充满空气，这种凝结水管称为干式凝结水管，这种回水方式称为干式回水。凝结水干管的整个断面始终充满凝结水，这种凝结水管称为湿式凝结水管，这种回水方式称为湿式回水。

（2）蒸汽供暖系统的特点

热水在系统散热设备中，靠其温度释放出热量，而且热水的相态不发生变化。蒸汽在系统散热设备中，靠水蒸气凝结成水放出热量，相态发生了变化。

热水在封闭系统内循环流动，其状态参数变化小，蒸汽在系统管路内流动时，其状态参数变化比较大，还会伴随相态变化。

蒸汽供暖系统中的蒸汽比容，较热水比容大得多。由于热水供暖系统中会出现前后温度滞后的现象，所以蒸汽管道中的流速，通常可采用比热水流速高得多的速度，这样可大大避免前后加热滞后的现象。

蒸汽系统存在的“跑、冒、滴、漏”导致能耗变高，能源消耗要比热水系统多20%～40%。据调查，由于一些工业企业的供暖或空调用汽设备的凝结水未采取回收措施或设计不合理和管理不善，大约有50%的锅炉凝结水不能回收，造成大量的热量损失及锅炉补水量的增加。

蒸汽的饱和温度随压力增高而增高。常用的工业蒸汽锅炉的表压力一般可达1.275MPa，相应的饱和蒸汽温度约为195℃。它不仅可以满足大多数工厂生产工艺用热的参数要求，甚至可以作为动力使用（如用在蒸汽锻锤上）。蒸汽作为供热系统的热媒，适应范围广，在工业中得到了广泛应用。

（3）低压蒸汽供暖系统

低压蒸汽供暖系统中蒸汽压力低，“跑、冒、滴、漏”的情况比较缓和，为了简化系统，一般都采用开式系统。根据凝结水回收的动力将其分为重力回水系统和机械回水系统两大类。按供汽干管位置可为上供式、下供式和中供式。低压蒸汽供暖系统用于有蒸汽汽源的工业建筑、工业辅助建筑和值班室等场合。

重力回水低压蒸汽供暖系统的主要特点是供汽压力小于0.07MPa以及凝结水在有坡管道中依靠其自身的重力回流到热源。图4-4所示为上供式重力回水低压蒸汽供暖系统原理图，蒸汽干管位于供给蒸汽的所有各层散热器上部。同理，下供式重力回水低压蒸汽供暖系统蒸汽干管位于供给蒸汽的所有各层散热器下部。锅炉内的蒸汽在自身压力作用下，

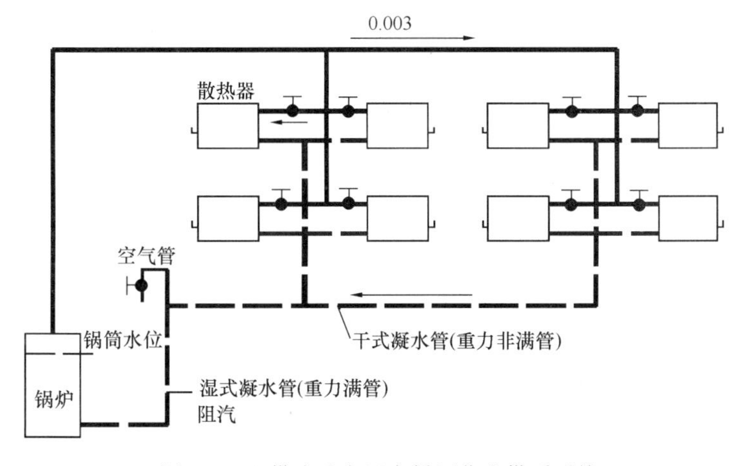

图4-4　上供式重力回水低压蒸汽供暖系统

沿蒸汽管输送进入散热器，同时将积聚在供汽管道和散热器内的空气驱赶入凝结水管，经连接在凝结水管末端的空气管排出。蒸汽在散热器内冷凝放热，凝结水靠重力作用返回锅炉，重新加热变成蒸汽。在蒸汽压力作用下，总凝结水管内的水位比锅筒内水位高出 h（h 为锅筒蒸汽压力折算的水柱高度），水平凝结水干管的最低点比总凝结水管内的水位还要高出 200～250mm，以保证水平凝结水干管内不被水充满。系统工作时，该管道断面上部充满空气，下部流动凝结水；系统停止工作时，该管内充满空气。水平凝结水管称为干式凝结水管。总凝结水管的整个断面始终充满凝结水，称为湿式凝结水管。

重力回水低压蒸汽供暖系统简单，不需要设置占地的凝结水箱和消耗电能的凝结水泵；供汽压力低，只要初调节时调好散热器入口阀门，原则上可以不装疏水器，以降低系统造价。一般重力回水低压蒸汽供暖系统的锅炉位于一层地面以下。当供暖系统作用半径较大，需要采用较高的蒸汽压力才能将蒸汽送入最远的散热器时，锅炉的标高将进一步降低。如锅炉的标高不能再降低，则水平凝结水干管内甚至底层散热器内将充满凝结水，空气不能顺利排出，蒸汽不能正常进入系统，从而影响供热质量，系统不能正常运行。因此，重力回水低压蒸汽供暖系统只适用于小型蒸汽供暖系统。

机械回水低压蒸汽供暖系统的主要特点是供汽表压力 $P \leqslant 0.07$MPa 以及凝结水依靠水泵的动力送回热源重新加热。

图 4-5 所示为中供式机械回水低压蒸汽供暖系统原理图。由蒸汽锅炉输送来的蒸汽沿蒸汽管输送进入散热器，散热后凝结水汇集到凝结水箱中，再用凝结水泵沿凝结水管送回热源重新加热。凝结水箱应低于底层水平干式凝结水干管，干管末端插入凝结水箱水面以下。从散热器流出的凝结水靠重力流入凝结水箱。空气管在系统工作时排除系统内的空气，在系统停止工作时进入空气。通气管用于排除凝结水箱水面上方的空气。水平凝结水干管仍为干式凝结水管。图中的高度 h 用来防止凝结水泵汽蚀。疏水器用于排除蒸汽管中的沿途凝结水以减轻系统的水击。机械回水低压蒸汽供暖系统消耗电能，但热源不必设在一层地面以下，系统作用半径较大，适用于较大型的蒸汽供暖系统。

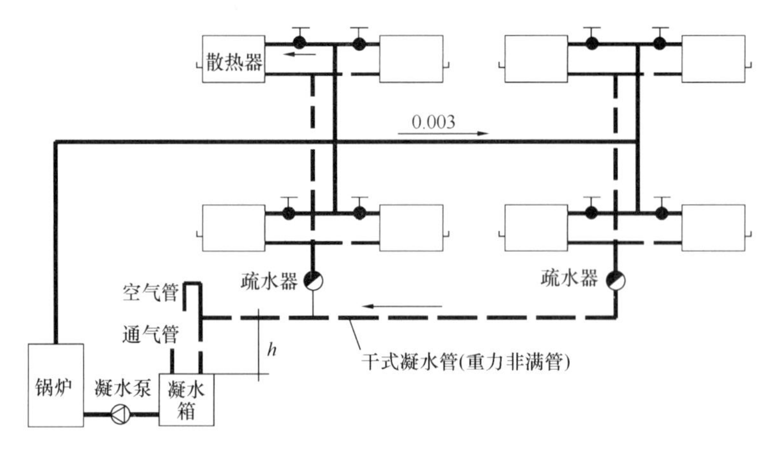

图 4-5　中供式机械回水低压蒸汽供暖系统

在中供式系统中蒸汽干管位于供给蒸汽的各层散热器的层间。原则上无论是上供式、中供式还是下供式系统都可用于重力回水或机械回水低压蒸汽供暖系统中。由于在上供式系统的立管中蒸汽与凝结水同向流出，有利于防止水击和减少运行时的噪声，从而较其他形式应用较多。

（4）高压蒸汽供暖系统

在工业生产中，生产工艺用热往往需要使用较高压力的蒸汽。因此，利用高压蒸汽作为热媒，向车间及其辅助建筑物供热，是一种常用的供热方式。

高压蒸汽供暖系统多用于对供暖卫生条件和室内温度均匀性要求不高、不要求调节每一组散热器散热量的工业建筑。系统的供汽表压力 $P>0.07$MPa，但一般不超过 0.39MPa。

一般高压蒸汽供暖系统与工业生产用汽共用汽源，而且蒸汽压力往往大于供暖系统允许最高压力，必须减压后才能和供暖系统连接。

图 4-6 所示为某工业建筑的用户入口和室内上供式高压蒸汽供暖系统的示意图。高压蒸汽通过室外蒸汽管路进入用户入口的高压分汽缸，将高压蒸汽分配给工艺生产用汽。高压分汽缸上可分出多个分支，向有不同压力要求的工艺用汽设备供汽。蒸汽经减压装置减压后进入低压分汽缸。减压阀设有旁通管，供修理减压阀时旁通蒸汽用。安全阀限制进入供暖系统的最高压力不超过额定值。从低压分汽缸上还可以分出许多供汽管，分别供通风空调系统的蒸汽加湿、汽水换热器以及蒸汽加热器和用蒸汽的暖风机等用汽设备。系统中设有疏水器，将沿途以及系统产生的凝结水排到凝结水箱中，凝结水箱上有通气管通大气，排除箱内的空气和二次蒸汽，因此该系统称为开式系统。凝结水箱中的水由凝结水泵送回凝结水泵站或热源。

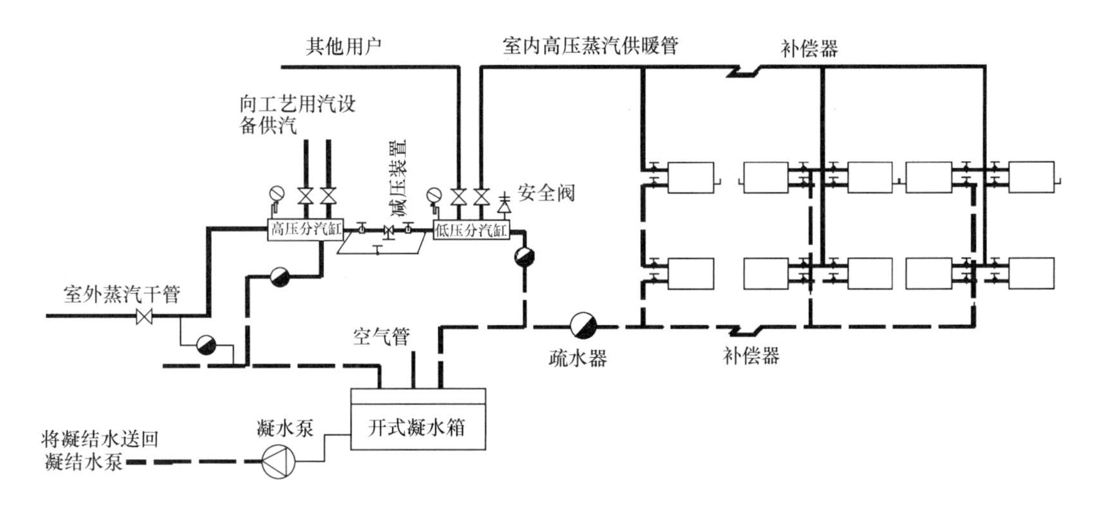

图 4-6　开式上供式高压蒸汽供暖系统的示意图

高压蒸汽供暖系统每一组散热器的供汽支管和凝结水支管上都要安装阀门，用于调节供汽量或关闭散热器，防止修理、更换散热器时高压蒸汽或凝结水汽化产生的蒸汽进入室内。高压蒸汽供暖系统温度高，对管道的热胀冷缩问题应更加重视。图 4-6 中水平供汽干管和凝结水干管上设置了方形补偿器，用来吸收管道热胀冷缩时产生的应力，防止管道被破坏。凝结水在流动过程中压力降低，饱和温度也降低。凝结水管管壁的散热量比较小，凝结水压力降低的速率快于焓值降低的速率，凝结水中多余的焓值会使部分凝结水重新汽化变成“二次蒸汽”。在开式系统中二次蒸汽从通气管排出，浪费了能源。在闭式高压蒸汽供暖系统中采用闭式凝结水箱。由补汽管向箱内补给蒸汽，使其内部压力维持在 5kPa 左右。水箱上设置安全水封，防止箱内压力升高、二次蒸汽逸散和隔绝空气，从而减轻系统腐蚀、节省热能。

图 4-7 所示是设置二次蒸发箱的高压蒸汽供暖系统。当工业厂房中用汽设备较多，用汽量大时，凝结水系统产生的二次蒸汽量大，可以利用二次蒸发箱将二次汽汇集起来加以利用。高压用汽设备的凝结水通过疏水器进入二次蒸发箱，二次蒸发箱设置在车间内 3m 左右高度处，蒸汽在二次蒸发箱内扩容后产生的二次汽可加以利用。当二次汽量较小时，由高压蒸汽供汽管补充，靠压力调节阀控制补汽量，以保持箱内压力 20～40kPa（表压力），并满足二次蒸汽热用户的用汽量要求。当二次蒸发箱内二次汽量超过二次蒸汽热用户的用汽量时，二次蒸发箱内压力增高，箱上安装的安全阀开启，排汽降压。

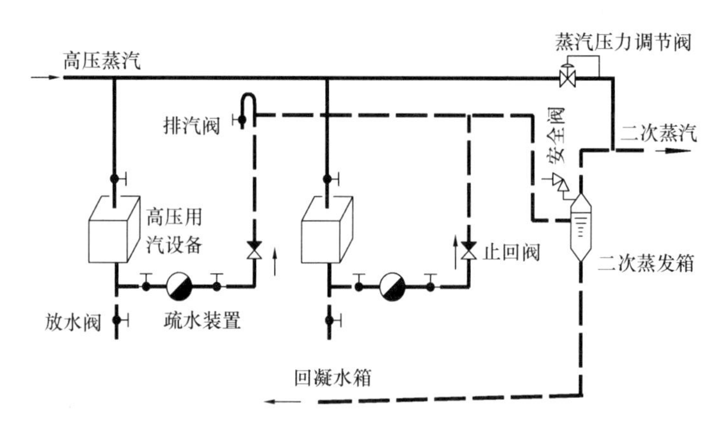

图 4-7　设置二次蒸发箱的室内高压蒸汽供暖示意图

（5）凝结水回收利用与节能

蒸汽在用热设备内放热凝结后，凝结水从用热设备出来后，经疏水器、凝结水管道返回热源的管路及其设备组成的整个系统，称为凝结水回收系统。

在蒸汽供暖系统中，回收利用用汽设备凝结水是一项重要的节能、节水的措施，这种方式可以节约锅炉燃料。由于凝结水所具有的热量占蒸汽热量的 15%～30%，若有效利用这部分热量，将会节约大量燃料。相对于不回收凝结水的系统，凝结水回收改造的节能潜力大于热力系统中的其他环节。

此措施还可节约工业用水。凝结水一般可以直接作为锅炉给水，这样将大幅度节约工业用水，即便凝结水被污染，也有相应的水处理方法，经过处理的水仍然可以有效地利用。由于凝结水可直接用于锅炉给水，因此凝结水回收系统可节约锅炉给水的软化处理费用。热量的回收可减少锅炉的燃料消耗量，燃料消耗量的减少也就降低了烟尘和SO_2的排放量，因此，这种措施还可减轻对大气的污染。若蒸汽疏水阀出口向大气排放，排放凝结水时会产生很大的噪声。回收凝结水时，疏水阀的出口连接在回收管上，排放声音不易扩散到外部，所以这种系统可减轻噪声污染。如果凝结水直接向大气排放，由于凝结水的再蒸发，会使工厂内热气弥漫，工作环境恶化，并给设备的维修和管理带来不良影响。实行凝结水回收后，消除了因排放凝结水而产生的热汽，生产环境可以得到显著改善。回收凝结水，可提高锅炉的给水温度，因此可提高表观锅炉效率。

3）热风供暖系统

热风供暖系统是以热空气为供暖介质的对流供暖方式（图4-8）。热水管路中的热水进入到暖风机后与冷空气换热，将冷空气加热，冷空气吸收热量变成热空气后由暖风机将其送出供暖房间，从而保证房间中人体的舒适度。一般指用暖风机、空气加热器将室内循环空气或从室外吸入的空气加热的供暖系统。适用于建筑耗热量较大以及通风耗热量较大的车间，也适用于有防火防爆要求的车间。其优点是可以分散或集中布置，热惰性小，升温快，散热量大，设备简单，投资效果好。但因为热风供暖系统蓄热量小，室内热环境稳定性差，严寒及寒冷地区的工业建筑不宜单独采用热风系统进行冬季供暖，宜采用散热器供暖、辐射供暖等系统形式。

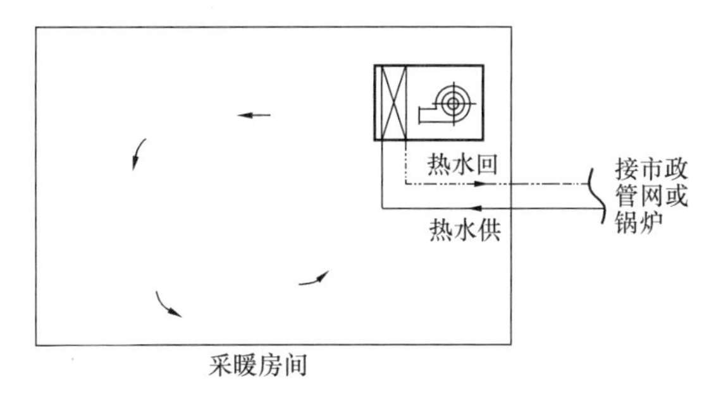

图4-8 热风供暖系统示意图

热风供暖的形式有：集中送风，管道送风，悬挂式和落地式暖风机等。其主要的形式是集中送风，集中热风供暖是指通过风道与空气分布装置将热空气送至供暖区域的供暖方式。适用于允许采用再循环空气供暖的车间，如机械加工、金工装配、工具辅助和焊接车间的备料工段等。对于内部隔断较多、全面散发灰尘以及大量排毒的车间，不宜采用集中送风供暖。与分散式管道送风供暖方式相比较，集中热风供暖不仅可以节省大量送风管道与供暖管道的投资，而且车间温度梯度小。

需要注意的是，位于寒冷地区或严寒地区的工业建筑采用热风供暖时，宜采用散热器供暖系统作为值班供暖系统。当不设值班供暖系统时，热风供暖应采取减小温度梯度的措施，并应符合两项规定：第一，热风供暖空气加热机组不宜少于两台。其中一台机组的最小供热量应保持非工作时间工艺所需的最低室内温度，且不得低于5℃。第二，高于10m的空间，应采取自上向下的强制对流措施。

采用集中送热风供暖时，还应符合下列规定：工作区的最小平均风速不宜小于0.15m/s；送风口的出口风速，应通过计算确定，一般情况下可采用5～15m/s；送风温度不宜低于35℃并不得高于70℃。

暖风机是由通风机、电动机及空气加热器组合而成的联合机组。适用于各种类型的车间，当空气中不含灰尘和易燃或易爆性的气体时，可作为循环空气供暖用。暖风机可独立作为供暖用，一般用以补充散热器散热的不足部分或者利用散热器作为值班供暖，其余热负荷由暖风机承担。选择暖风机或空气加热器时，其设备的散热量应留有20%～30%的余量。余量选取时考虑暖风机和空气加热器产品样本上给出的散热量都是在特定条件下通过对出厂产品进行抽样热工试验得出的数据，在实际使用过程中，受到一些因素的影响，其散热量会低于产品样本标定的数值。影响散热量的因素主要有：加热器表面积尘未能定期清扫、加热盘管内壁结垢和锈蚀、绕片和盘管间咬合不紧或因腐蚀而加大了热阻、热媒参数未能达到测试条件下的要求。另外，放大空气加热器供热能力还可保证在极端工况下送风系统不吹冷风。

采用暖风机热风供暖时，宜采用噪声低的设备，且应符合以下规定：应根据厂房的几何形状、工艺设备布局及气流作用范围等因素，设计暖风机台数及位置；室内空气的循环次数，宜大于或等于 1.5 次/h；热媒为蒸汽时，每台暖风机应单独设置阀门和疏水装置。暖风机出风口的百叶角度应可调节，且宜操控。

2. 供暖系统的选择

目前，在我国建筑节能的各个环节中，供暖（供热）系统的节能潜力很大。供暖系统的选择对建筑节能有重要的影响。完整的供热系统包括三部分：一是热源，如锅炉或热泵；二是室外管网；三是室内终端设备。在每一部分都存在较大的节能潜力。比如在设计阶段，供暖的节能途径有：充分利用各种可能条件促进辐射热进入室内；从表面辐射、开口部位辐射及部位内部辐射等方面来抑制辐射热的损失；从减小温度差、导热面积、热导率或增加材料厚度（材质相同时）等方面来抑制导热损失；从风势、开口部位和缝隙及冷风的性质等方面来抑制对流热损失；通过对建筑造型和材料的选择实现蓄热的目的。

为了保证工业建筑中供暖系统满足生产工艺需求，在选择供暖方式时，应考虑建筑物的功能及规模、所在地区气象条件、能源状况、能源政策、环保等要求，最终通过技术经济比较确定。工业建筑的功能及规模差别很大，供暖可以有很多方式。如何选定合理的供暖方式，达到技术经济最优化，应根据综合技术经济比较确定。

供暖系统按热媒不同分为热水供暖系统、蒸汽供暖系统和热风供暖系统。热水和蒸汽是集中供暖系统最常用的两种热媒。从实际使用情况看，热水作热媒不但供暖效果好，而且锅炉设备、燃料消耗和司炉维修人员等比使用蒸汽供暖减少了 30%左右。但在工业建筑中热水作热媒不一定是最佳选择，而应根据建筑类型、供热情况和当地气候特点等条件选择供暖工质，例如，由于蒸汽来得快、热得快，蒸汽供暖对严寒地区的高大厂房尤为适用。

除考虑上述因素外，在工业建筑选择供暖形式时应符合下列规定：当厂区只有供暖用热或以供暖用热为主时，应采用 95～70℃的热水作热媒；高大厂房宜采用 110～70℃的高温水作热媒；当厂区供热以工艺用蒸汽为主时，生产厂房、仓库、公用辅助建筑物可采用蒸汽作热媒，其蒸汽压力宜为 0.1～0.2MPa；生活、行政辅助建筑物应采用热水作热媒；有条件利用余热或可再生能源供暖时，其热媒参数及是否配备辅助热源装置作为调节手段，可根据工程需要与当地实际情况确定。

在选择供暖系统的具体形式时，还应考虑系统的节能效果。供暖系统的节能在供热管网的水力平衡、管道保温及散热设备等方面也采取相应措施。

供热管网是将供热系统的热量通向室内终端设备（即热用户）的管路系统。为了保证用户的供热需要，除了要使热媒（蒸汽或热水）达到合格的输出温度外，还要在传输过程中尽量减少热量损失。采用传统供热管网保温材料，热媒从锅炉出口经热网输送到热用户时，平均温度会降低 6℃以上。由于供暖管道保温不良，输送损失过多，造成能源浪费，因此必须对管网采用新型保温材料进行保温，以达到节能目的。目前，许多工程已用岩棉毡取代水泥瓦保温，也有采用预制保温管的，即内管为钢管。外套聚乙烯或玻璃钢管，中间用聚氨酯泡沫保温，不设管沟，直埋地下，管道热损失小，施工维护方便。天津大学研究出的氰聚塑保温管不仅能保温，还能起到防水、防火、防腐的作用，具有很好的节能效果。

当前，供暖时室温不均的情况比较普遍，即离热源近的区域室温偏高，离热源远的区域室温偏低，其原因除了管网热损失外，主要是热网热量分配不均。流经各用户散热器处的水流量与设计要求不符，也就是水力工况失调。如果要使室温过低区域的温度升高，必然会使其余区域的温度偏高，这就浪费了能源。应通过对供暖系数进行全面的水力热力平衡计算。

供热管网的水力平衡用水力平衡度来表示。所谓水力平衡度，就是供热管网运行时各管段的实际流量与设计流量的比值。该值越接近 1，说明供热管网的水力平衡度越好。为保证供热管网的水力平衡度，首先在设计环节就应进行仔细的水力计算及平衡计算。然而，尽管设计者作了仔细的计算，但是供热管网在实际运行时，由于管材、设备和施工等方面出现的差别，各管段及末端装置的水流量并不可能完全按设计要求输配，因此需要在供暖系统中采取一定的措施，从而保证供热管网水力平衡度良好，为选择供暖系统形式提供可靠的依据。

供热管网在供暖系统中完成热的传递，热水经过热力管网将热量传送给热用户，但是由于热用户的性质不同、需要的热量不同、距离锅炉的远近不同等因素，会造成系统中各用户的实际流量与设计要求流量之间的不一致的现象，这就是水力失调。系统水力失调实质上是由于系统各环路为实现阻力平衡而导致的，水力失调必然要造成热用户的冷热不均和锅炉的燃气浪费。

为确保各环路实际运行的流量符合设计要求，在室外热网各环路及建筑物入口处的供暖供水管或回水管上应安装平衡阀或其他水力平衡元件，并进行水力平衡调试。目前，采用较多的是平衡阀及平衡阀调试时使用的专用智能仪表。实际上，平衡阀是一种定量化的可调节流通能力的孔板；专用智能仪表不仅用于显示流量，更重要的是配合调试方法，原则上只需对每一环路上的平衡阀作一次性的调整，即可使全系统达到水力平衡。这种技术尤其适用于逐年扩建热网的系统平衡，因为只要在每年管网运行前对全部或部分平衡阀重作一次调整，即可使管网系统重新实现水力平衡。

选择供暖系统时，还要考虑管道保温对供暖系统的节能效果的影响。供热管网在热量从热源输送到各热用户系统的过程中，由于管道内热媒的温度高于环境温度，热量将不断地散失到周围环境中，从而形成供热管网的散热损失。管道保温的主要目的是减少热媒在输送过程中的热损失，节约燃料，保证温度。热网运行经验表明，即使有良好的保温，热水管网的热损失仍占总输热量的 5%～8%，蒸汽管网占 8%～12%，而相应的保温结构费用占整个热网管道费用的 25%～40%。

供热管网的保温是减少供热管网散热损失，提高供热管网输送热效率的重要措施。然而，增加保温厚度会带来初投资的增加。因此，如何确定保温厚度以达到最佳的效果，是供热管网节能的重要内容，也是影响供暖系统选择的重要因素。

4.1.2　供暖系统负荷影响因素及末端装置特性

1. 供暖系统负荷影响因素

在冬季，为了维持室内空气一定的温度，需要由供暖设备向供暖房间供出一定的热量，称该供热量为供暖系统的热负荷。

为设计供暖系统，即为了确定热源的最大出力（额定容量），确定系统中管路的粗细和输送热媒所需安装的水泵的功率，以及为了确定室内散热设备的散热面积等，均须以本供暖系统所需具有的最大的供出热量值为基本依据，这个所需最大供出热量值叫做供暖系统的设计热负荷。由于影响供暖热负荷值的主要因素是室内外空气的温差，故我们把在室外设计温度下，为维持室内空气在卫生标准规定的温度，也就是说，维持室内空气为设计温度，所必须由供暖设备供出的热量叫做供暖系统的设计热负荷。

决定着供暖热负荷值的因素，对一已知房间而言，是房间的得热量与失热量。在稳态传热条件下，用房间在设计条件下的得失热量的平衡，或者说，在设计条件下，列出房间的热平衡式，便可确定房间的供暖设计热负荷。

在供暖设计热负荷计算中，通常涉及的房间得失热量有：通过建筑围护物的温差传热量；通过建筑围护物进入室内的太阳辐射热量；通过建筑围护物上的孔隙及缝隙渗漏的室外空气吸热量；从开启的门、窗、孔洞等处冲入室内的室外空气的吸热量。其他的得失热量不普遍存在。

2. 供暖系统末端装置特性

散热器、暖风机和翅片管单元等都是供暖系统的末端装置。其中，散热器是最常见的供暖系统末端散热装置，其功能是将供暖系统的热媒（蒸汽或热水）所携带的热量，通过散热器壁面传给房间，常用的为铸铁散热器和钢制散热器。其中，铸铁散热器中的翼型散热器则多用于工业建筑。钢制散热器与铸铁散热器相比具有金属耗量少、耐压强度高、外形美观整洁、体积小、占地少、易于布置等优点，但易受腐蚀、使用寿命相对较短。其中，厚壁型钢制柱散热器、钢制高频焊翅片管对流散热器由于安全耐用性高，多用于工业建筑。

选择散热器时，主要考虑以下几个方面：散热器的承压能力、耐腐蚀性、结垢性，在有灰尘散发的车间选择不易容尘的散热器。具体选取时应符合下列规定：散热器的工作压力应满足供暖系统的要求，并应符合国家现行相关产品标准的规定；散热器在供暖系统中的位置决定了其工作压力，各类型散热器产品标准均明确规定了各种热媒下的允许承压，工作压力应小于允许承压；放散粉尘或防尘要求较高的工业建筑，应采用表面光滑且易于清扫的散热器；具有腐蚀性气体的工业建筑或相对湿度较大的房间，应采用耐腐蚀的散热器；采用钢制散热器时，应满足产品对水质的要求，在非供暖季节供暖系统应充水保养；钢制散热器腐蚀问题比较突出，选用时应考虑水质和防腐问题。供暖系统运行水质应符合《采暖空调系统水质》GB/T 29044 的规定，非供暖季节应充水保养；蒸汽供暖系统不应采用板型和扁管型散热器，不应采用薄钢板加工的钢制柱型散热器。工程经验表明，板型和扁管型散热器用于蒸汽供暖系统时，易出现漏汽情况。

当确定了散热器的类型时，就需要合理布置散热器，布置散热器时，主要考虑散热器布置的均匀性，布线不要违背生产工艺要求。工业建筑中，散热器的安装只考虑散热器的功能性，一般均采用明装，且宜安装在外墙窗台下，这样从散热器上升的对流热气流能阻止从玻璃窗下降的冷气流，使流经工业建筑的空气比较暖和，给人以舒适的感觉。

供暖系统的散热末端装置的选取，要考虑实际工程情况，选择合理的散热末端。

4.2 工业建筑空调系统基本形式

空气调节（简称空调）是一种使服务空间内的空气温度、湿度、清洁度、气流速度等参数达到给定要求的技术。空气调节技术广泛运用在生产生活的方方面面：在商场、办公室、民用住宅等运用空气调节技术来提高室内环境的热舒适性。而工业生产中，主要以达到室内的某种工艺条件而运用空气调节技术。比如：以湿度为主要控制参数的印刷厂、纺织厂等工业厂房；以洁净度为主要控制参数的电子厂房、各种洁净室。

本节围绕工业建筑常用的空调系统形式，从空调系统分类、气流组织形式、空调负荷影响因素、热湿处理设备特性，这四个方面展开介绍。本节的重点内容为基本的空调系统构成与目前工业建筑空调成熟的节能手段。

4.2.1　空调系统的分类与气流组织形式

1. 空调系统的分类

空调系统一般由空气处理设备和空气输送管道及空气分配装置组成，如图 4-9 所示。

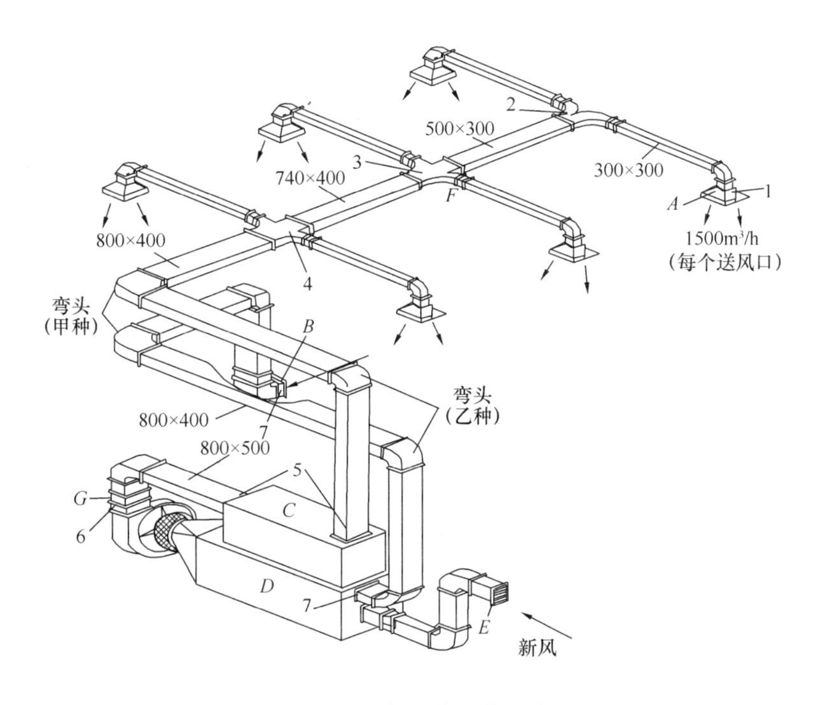

图 4-9　空气调节系统组成

空调系统根据不同特征可以进行以下分类：

1）按系统用途分类

可以分为舒适性空调系统和工艺性空调系统。工艺性空调多用于工业建筑，而舒适性空调多用于民用建筑。

2）按空气处理设备集中程度分类

按空气处理设备集中程度分为集中式空调系统、半集中式空调系统、分散式空调系统，具体分类的主要特点及使用情况如下所述：

（1）集中式空调系统：对工作介质进行集中处理、输送和分配的空调系统。集中式空调系统的特点是空气集中处理到送风状态点并通过风管输送到室内，空气承担室内热湿负荷，空气比热小，风管断面尺寸大；每个房间的送风状态参数不易调节；造价相比于半集中式低且管路系统相比于半集中式简单。因此，集中式空调系统形式广泛应用于大型民用、公共建筑和工业建筑，如图 4-10 所示。

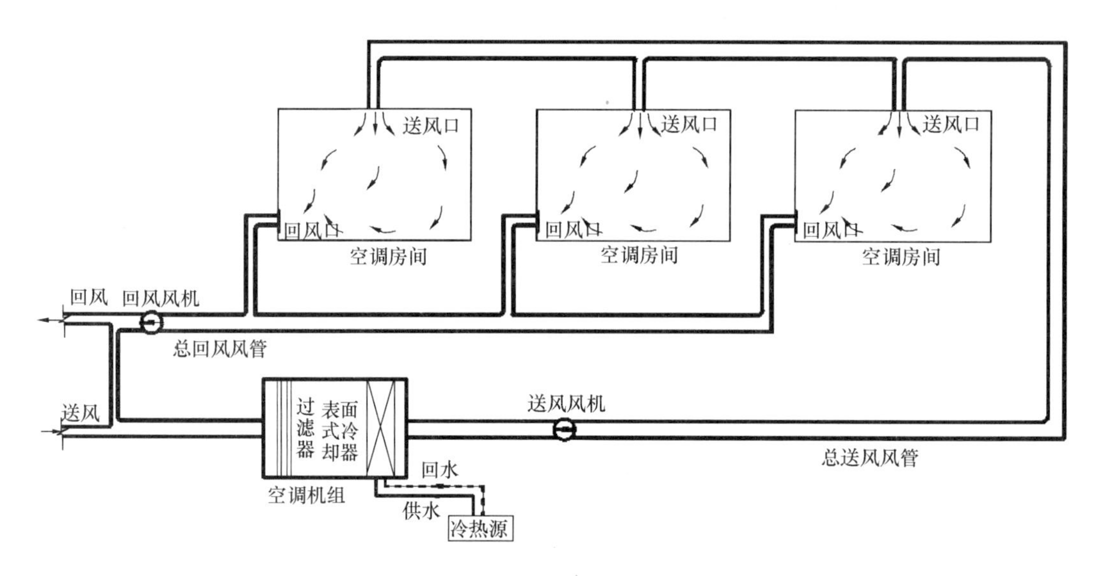

图 4-10　集中式空调系统示意图

(2) 半集中式空调系统：除了有集中的空气处理机组外，半集中空调系统还设有分散在各空调房间内的二次设备（又称末端装置）。如图 4-11 所示。半集中式空调系统的特点是同时使用空气和水（或者制冷剂）来承担室内热湿负荷。此时，集中输送的部分仅为热湿处理后的新鲜空气，因此风管风道较小；而室内则分散设置由水和制冷剂直接换热的装置，消除室内大部分热湿负荷。相较于集中式系统来说，方便调节室内温湿度，布置灵活。相较于分散式系统来说，新风量有保证。主要使用在厂房辅助生活用房，比如员工生活宿舍楼等。系统的主要形式有：风机盘管系统、诱导式系统以及各种冷热辐射式空调系统。

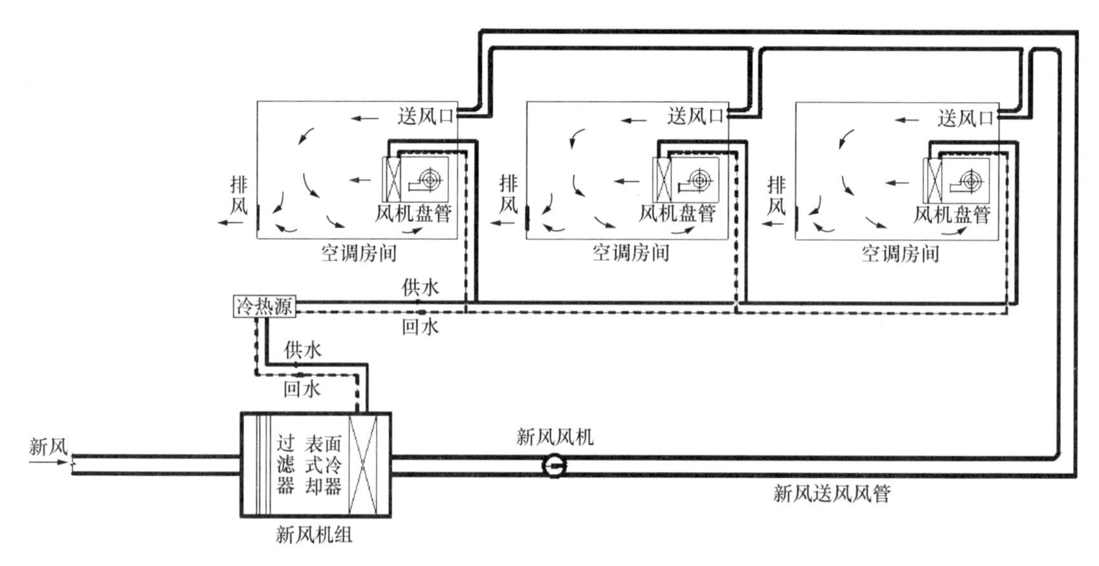

图 4-11　半集中式空调系统示意图

(3) 分散式空调系统：又称局部式空调系统。每个房间的空气处理分别由各自的整体式局部空调机组承担，根据需要分散于空调房间内，不设集中的空调机房。分散式系统的特点：不需要风管，可以购买现成的设备。只能处理室内热湿负荷，但是室外新风通过自然渗透进入室内，新风量难以保证。一般使用在工厂车间的小办公室、值班室，如图4-12所示。系统的主要形式有：单元式空调器、窗式空调器和分体式空调器系统等。

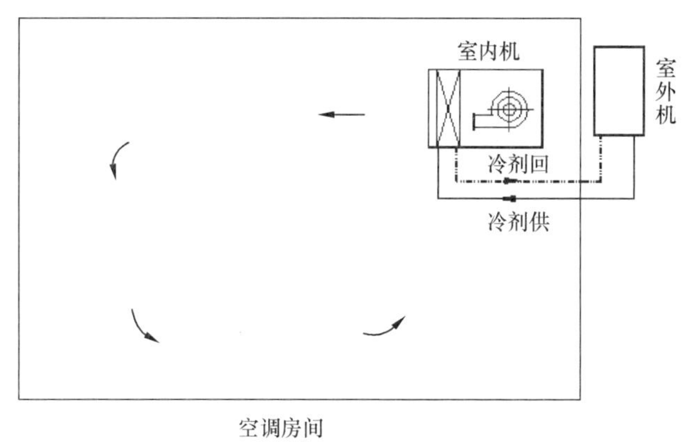

图4-12 局部式空调系统示意图

3）按承担室内负荷所用的介质种类分类

按承担室内负荷所用的介质分为全空气系统、全水系统、空气—水系统、制冷剂系统，具体分类的主要特点及使用情况如下所述：

（1）全空气系统：空调房间的热湿负荷，全部由集中设备处理过的空气负担的空调系统。全空气空调系统通过向室内输送冷、热空气向房间提供冷、热量，对空气的冷却去湿、加热加湿处理完全由集中于空调机房内的空气处理机组完成，因此也常称为集中式空调系统。由于空气比热小，系统风量大，所以需要较大的风管空间。此类系统的主要形式有：一次回风系统、二次回风系统等。

工业厂房的空调系统多采用全空气空调系统，因此对于全空气系统的节能手段重点关注。其中，自控系统在空调系统中的广泛运用节约了大量空调运行能耗，下面将具体介绍自控系统在全空气空调系统中的运用。

由于人员或物料等条件随时间的变化，采用风机变频实现变风量运行可以收到明显的节能效果。当负荷发生变化时，通过自控系统可以联动调节，可以使风机的转速下降，能耗降低。因此，全空气空调系统的空气处理机组的风机较适宜采用变频装置。当采用定风量系统时，宜采用新风与回风的焓值控制方法。焓值控制方法，是在空气调节过程中，夏季对空气的处理无论是控制送风水蒸气分压力还是控制露点温度都要根据空气的温度、相对湿度全面考虑，即要由被处理的空气的热焓值来决定。在一次回风和变风量送风系统中采用了焓差控制法，系统中装有焓差控制器，它可以根据新风和回风的焓差控制新风量、回风量以及排风量的大小。

为了测量空气的焓值，在新风入口处和回风管道中装有两组温度传感器和湿度传感器，分别测出新风的干球温度和相对湿度以及回风的干球温度和相对湿度，然后将这些参数信号送入焓差控制器中。焓差控制器把新风、回风的焓值进行比较后将信号送入控制器中，通过执行机构控制、调节新风阀门和回风阀门的开度，调整新风和回风的风量比，使空调机组最大限度地利用室外空气的热焓。当室外新风的焓值比室内回风的焓值高时，通过焓值控制关闭新风门，打开回风阀门；反之，当室外新风焓值比室内同风焓值低时，通过焓值控制使新、回风混合，亦即在新风的焓值比回风的焓值低时，通过控制系统打开新风门。这种在夏季对室外新风最低热焓值的选择，可使空调制冷系统的负荷降到最低程度而有利于节能，焓差控制的优越性即在于此。

（2）全水系统：空调房间的热湿负荷，全部由集中设备处理过的水与房间直接换热而负担的空调系统。由于水的比热大，所以管道空间较小。当然，仅靠水来消除余热、余湿并不能解决室内的通风换气问题，所以这种系统一般不单独使用。其系统的主要形式有：风机盘管机组系统、冷热辐射系统等。

（3）空气—水系统：空调房间的热湿负荷，由处理过的空气和水与房间直接换热而共同负担的空调系统。除向房间送入处理过的空气外，还在房间内设置以水作介质的末端设备对室内空气进行冷却和加热。此类系统的主要形式有：风机盘管机组加新风空调系统、新风加冷辐射空调系统等。由于新风经过风机盘管时，增加了风机盘管的负担，导致能耗增大或新风不足，所以采用风机盘管加新风系统时，将新风直接送入空调区，不宜经过风机盘管再送出。

（4）制冷剂系统：空调房间的热湿负荷，全部由制冷剂与房间直接换热而负担的空调系统。也称为机组式系统。由于制冷剂不能长距离输送，系统规模有所限制，制冷剂系统也可与空气系统结合为空气—制冷剂系统。此类系统的主要形式有：单元式空调器、窗式空调器、分体式空调器等。

4）按集中系统处理的空气来源分类

集中系统处理的空气来源分为封闭式系统、直流式系统和混合式系统，这三种系统形式的主要特点及使用情况如下所述：

（1）封闭式系统：所处理的空气全部来自空调房间本身，没有室外空气补充。系统形式为再循环空气系统。封闭式系统一般适用于仓库值班室，小型办公室，人员不密集的场所。

（2）直流式系统：处理的空气全部来自室外，室外空气经处理后送入室内，然后全部排出室外的系统形式为直流式系统。直流式系统一般适用于控制区有有毒有害气体散发的场合，或者对于空气品质要求比较高的场所。

（3）混合式系统：运行时混合一部分回风，这种系统既能满足卫生要求，又经济合理。系统形式为一次回风系统和二次回风系统。混合式系统比直流式系统节约大量能耗，一般适用于对空气品质要求不苛刻的场合。

2. 空调系统的选择

对某一特定建筑，一般都有几种空调系统形式可供选择。比较不同的空调系统时，通常需要考虑的指标有：经济性指标，即初投资和运行费用或其综合费用；功能性指标，即满足对室内温度、湿度或其他参数的控制要求的程度；能耗指标，能耗实际上已反映在运行费用中，但有时为其他费用所掩盖，而节能是我国的基本国策，应当优先选择节能型系统；系统与建筑的协调性，如系统与装修、系统与建筑空间和平面之间的协调；其他，如系统维护管理的方便性、噪声等。在选择系统之前，还必须了解建筑和空调房间的特点与要求，如冷负荷密度（即单位面积冷负荷）、冷负荷中的潜热部分比例（即热湿比）、负荷变化特点、房间的污染物状况、建筑特点、室内装修要求、工作时段、业主要求和其他特殊要求等。系统的选择实质上是寻求系统与建筑的最优搭配，因此在不同场合、不同地区选取不同的空调系统形式对系统的节能至关重要。下面结合不同空调的特点介绍需要注意的要点。

（1）对于工业建筑来说，其具有空间高大的特点，即空间内的开间和进深比较大。全空气系统集中处理空气，风管截面积大，方便整体开启、整体关闭机组。因此，宜选用全空气单风管定风量系统。当在设计新风管及排风系统时，应满足在过渡季时全新风或加大新风比的需求，因定风量全空气系统通常按照满足最小新风量要求进行设计，空调系统不仅要考虑设计工况，而且还应考虑全年各个季节时系统的运行模式。在过渡季节，空气系统采用全新风或增大新风比运行，充分利用室外较低温度的冷空气，可以消除余热，有效地改善工作环境，节省空气冷却所需要消耗的能量。因此，应增大新风进风口和新风管的断面尺寸，实现全新风运行。

全空气定风量系统易于消除噪声、过滤净化和控制空气调节区温湿度，且气流组织稳定，因此，推荐用于要求较高的工艺性空气调节系统。

(2) 一个系统有多个房间或区域，各房间的负荷参差不齐，运行时间不完全相同，且各自有不同要求时，宜选用空气—水风机盘管系统、空气—水诱导器系统等，一般适用于负荷密度不大、湿负荷也较小的场合，如工业厂区的客房、办公室等。如果这些系统中有多个房间的负荷密度大、湿负荷较大，应选用单风道变风量系统或双风道送风，推荐优先使用单风道变风量系统。双风道送风主要是为了满足工艺要求：由于双风管送风方式因为有冷、热风混合过程，会造成能量损失，且有初投资大、占用空间大等缺点，一般工艺无特殊要求时，不推荐使用。

3. 空调系统的基本气流组织形式

不仅送风方式对空调系统的节能影响非常大，气流组织在空调系统中也扮演着非常重要的角色，不合理的气流组织形式会造成室内工作区温度分布不均匀、局部风速过大、空调能耗过高、污染物在室内聚积等。空调房间的气流组织与送风口的形式、数量和位置，排风口的位置，送风参数，风口尺寸，空间的几何尺寸以及污染源的位置和性质等有关。

目前，主要采用的气流组织形式分为混合式与置换式两种。工业建筑大多为高大建筑，如果按照民用建筑采用全面空调，即使用混合稀释的气流组织方法对整个房间空气状态进行控制，则会非常耗能而且不经济、不实用。所以，在满足工艺要求的条件下，应减少空调区的面积，当采用局部空调能满足要求时，不应采用全面空调。全面空调即为全室性空调。既然全室性空调不能在工业建筑中应用得很好，那么置换式的气流组织方式为解决这类问题，提供了一个好的思路。

混合式的气流组织形式非常经典，是一种将空调处理后的空气与室内空气充分搅混，将室内的污染物、湿度、温度充分混合稀释后，由排风系统排出。这种系统在民用建筑中和一些洁净度要求不高的厂房中广泛应用。具体形式可以参考第 3 章 3.4.2 节的内容，本节不再重复介绍。

置换式的气流组织方式是指将经过热湿处理的新鲜空气以较小的风速及湍流度沿地板附近送入室内人员活动区，并在地板上形成了薄的空气湖。空气湖由温度较低、密度较大的新鲜空气扩散形成。新鲜空气随后流向热源（人或设备）产生浮升气流，浮升气流会不断卷吸室内的空气向上运动，到达一定的高度后，受热源和顶板的影响，形成湍流区。排风口设置在房间的顶部，将热浊的污染气体排出。具体形式可以参考第 3 章 3.4.3 节的内容，本节不再重复。置换式气流组织方式的运用场合：室内有高温热源；高大空间的单体建筑。而对于工业厂房往往两者都满足，因此在工业场合的运用非常广泛。下面重点介绍置换通风的节能优势。

置换通风不仅在提高空气品质方面有较为突出的优势，同时置换通风也具有较好的节能效益。可以从冷负荷、送风温度、新风量、风机能耗四个方面分析冷负荷的减少。室内冷负荷主要由三个部分组成：室内人员与设备的负荷；上部灯具的负荷；围护结构和太阳辐射的负荷。与传统空调的负荷相比，室内冷负荷理论值较小，这是因为室内存在温度梯度，室内温度升高将会使室内传入的热量减少，因此室内冷负荷降低；送风温度升高。为了达到较好的热舒适性，相较而言，置换通风的送风温度要比传统空调送风温度高。制冷机组的 *COP* 增大，运行效率上升，降低运行能耗；新风量降低。置换通风不会以全室为研究对象，而是以人体的活动区为对象。置换通风的排污能力要优于传统空调送风；新风量减少，全新风系统的风机能耗下降。置换通风的风速比混合式的风速要低，因此送风的风速下降，风管的压力损失下降，风机的能耗下降。

通过针对不同的工业建筑选择合适的空调系统和有效的气流组织，对于营造满足要求的室内热湿环境、有效消除室内余热余湿和降低空调系统的运行能耗有着非常重要的影响。

4.2.2 空调系统负荷的影响因素及热湿处理设备特性

1. 空调系统负荷的影响因素

相较于供暖系统来说，空调系统冬夏均可以使用。因此，空调系统的负荷计算就分为了冬夏两季。除此之外，空调系统还可以对室内湿度进行控制。空调系统负荷包括：冬季热负荷，夏季热负荷，湿负荷。

空调系统相比于采暖系统来说，不仅仅可以调节室内的温度而且可以调节室内的湿度。在工业场所，湿负荷主要考虑人员和没有独立排风装置的工艺水槽的散湿过程，此外，在工业中随着工艺流程可能有各种材料表面蒸发水汽或者管道漏汽。这些湿负荷的确定方法可以通过查找手册，也可以从现场调查得到数据。空调的热负荷的计算方法可以参考供暖章节的稳定传热的计算方法，在这里不再赘述，需要注意的有两点：第一是当空调房间维持微正压的时候，不考虑冷风渗透和冷风侵入量；第二是厂房内有高温热源时，需要从热负荷中扣除这部分热量。避免热负荷计算值过大，造成设计过程的不节能。下面重点探讨空调的夏季冷负荷。

在夏季，工业厂房中除了因为通过围护结构传热引起的热量，还有建筑中的人员、生产设备会向室内散出大量热量。若要维持室内温度和湿度不变，必须把这些室内多余的热量从室内移出，此称之为冷负荷。冷负荷主要来源分为外扰（包括围护结构传入室内的热量、室外渗透空气带入的热量，等等）和内扰（包括室内散湿过程产生的潜热量、设备散热量、人员的显热量，等等）。

空调区的夏季冷负荷，应根据各项得热量的种类、性质以及空调区的蓄热特性，分别进行逐时转化计算，确定出各项冷负荷。简单分析下传入室内的热量，可以确定以下几项：通过围护结构传入的热量；通过围护结构透明部分进入的太阳辐射热量；人体散热量；照明散热量；设备、器具、管道及其他内部热源的散热量；食品或物料的散热量；室外渗透空气带入的热量（看是否维持房间正压）；伴随各种散湿过程产生的潜热量；非空调区或其他空调区转移来的热量。值得注意的是，应该区分得热量和冷负荷的基本概念。冷负荷与得热量有时相等，有时则不等。围护结构的热工特性和得热量决定了得热与负荷的关系。在瞬时得热中的潜热得热及显热得热中的对流成分是直接放散到房屋空间中，成为瞬时冷负荷，而显热得热的辐射成分由于围护结构、家具等物体的蓄热能力，使得热量传递到空气中时存在时间延迟，所以辐射成分不能立即成为瞬时冷负荷。

2. 空调系统的热湿处理设备

为满足空调房间送风温、湿度的要求，在空调系统中必须有相应的热湿处理设备，以便能对空气进行各种热湿处理，达到所要求的送风状态。

在空调工程中，需要使用空气处理设备才能实现图 4-13 所示的冷热量转移过程，如空气的加热、冷却、加湿、减湿设备等。作为与空气进行热湿交换的介质有水、水蒸气、冰、各种盐类及其水溶液、制冷剂及其他物质。根据各种热湿交换设备的特点不同可将它们分成两大类：直接接触式热湿交换设备（图 4-13*a*）和表面式热湿交换设备（图 4-13*b*）。前者包括喷水室、蒸汽加湿器、高压喷雾加湿器、湿膜加湿器、超声波加湿器以及使用液体吸湿剂的装置等；后者包括光管式和肋管式空气加热器及空气冷却器等。有的空气处理设备，如喷水式表面冷却器，则兼有这两类设备的特点。

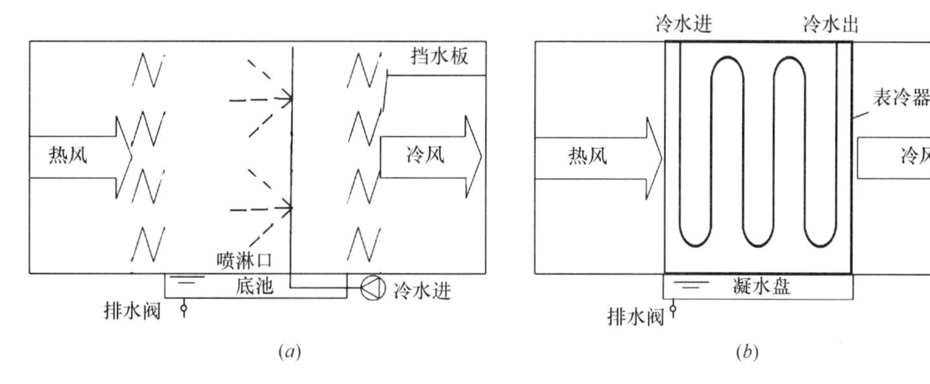

图 4-13 热湿交换设备

（*a*）喷水室；（*b*）表冷器

直接接触式热湿交换设备的特点是，与空气进行热湿交换的介质直接与空气接触，通常是使被处理的空气流过热湿交换介质表面，通过含有热湿交换介质的填料层或将热湿交换介质喷洒到空气中去，形成具有各种分散度液滴的空间，使液滴与流过的空气直接接触，如图 4-13（*a*）所示。在这里主要介绍喷水室。

喷水室的主要构成部分：循环水管，溢水管，补水管，泄水管，喷嘴，挡水板等。为了观察和检修的方便还设置防水灯和检查门。工程上的喷水室大体上有立式和卧式、单级和双级、低速和高速之分。

喷水室的主要优点是实现多种空气处理过程，具有一定的净化空气的能力，耗金属量少和容易加工。但是也有对水质要求高、占地面积大、水泵能耗多的缺点。所以，一般以调节湿度为主要目的的纺织厂、卷烟厂等工程中大量使用。

表面式热湿交换设备的特点是，与空气进行热湿交换的介质不与空气接触，二者之间的热湿交换是通过分隔壁面进行的。根据热湿交换介质的温度不同，壁面的空气侧可能产生水膜（湿表面），也可能不产生水膜（干表面）。在空调工程中广泛使用表面式换热器。表面式换热器因结构简单、占地面积少、对于水质要求不高、水系统阻力小等优点，已成为常用的空气处理设备。表面式换热器包括空气加热器和表面式冷却器两类。前者用热水或蒸汽作热媒，后者用冷水或者制冷剂作为冷媒。因此，表面冷却器又分为水冷式和直接蒸发式。其构造主要分为光管式和肋管式两种。光管式效率过低，目前已经很少使用。主要使用肋管式。

表面式换热器的安装要注意以下几点：第一，以蒸汽为热媒的空气加热器最好不要水平安装，以免聚积凝结水而影响传热性能；第二，垂直安装的表冷器必须使肋片处于垂直位置，否则将会因肋片上部积水而增加空气阻力；第三，以蒸汽为热媒时，各台换热器的蒸汽管只能采用并联，需要空气温升大时采用串联。

热湿处理过程是空气调节非常经典的内容，空气达到相同状态点的途径有多种，但是总有一种较为节能而且处理过程简单的方法，需要工程人员在思考方案时，多方面考量，给出较优的空气处理过程方案。空气处理设备已经发展得比较成熟，可以根据现有手册与经典计算公式选用。

4.3 蒸发冷却空调系统

蒸发冷却空调系统是利用室外空气中的干湿球温度差所具有的“干空气能”，通过水与空气之间的热湿交换对送入室内的空气进行降温或除湿的空调系统，在不利的自然环境条件下，加以机械制冷、除湿等技术的辅助。

蒸发冷却空调系统是一种环保、高效且经济的空调系统，广泛应用于居住建筑和公共建筑中，并可在传统的工业建筑中提高工人的舒适性。在干燥地区，可利用“干空气能”达到明显的节能效果。目前，蒸发冷却空调技术已在我国新疆、甘肃、宁夏、陕西等西北地区得到广泛应用。

4.3.1 蒸发冷却空调系统分类与工作原理

1. 蒸发冷却空调系统分类

蒸发冷却空调系统可以按三种分类形式分类：按空气处理设备集中程度分类，按产出介质（产出介质是经过蒸发冷却后获得的冷水或冷风，其中在间接蒸发冷却空调器中获得的冷风介质叫做一次空气）形式分类和按技术形式分类。

蒸发冷却空调系统按照空气处理设备的集中程度可以分为集中式、半集中式和分散式通风空调系统。系统形式与传统空调系统形式相似，具体内容可以参考本章4.2.2节。

蒸发冷却空调系统按照产出介质分类可分为：风侧蒸发冷却空调系统、水侧蒸发冷却空调系统。根据蒸发冷却空调原理，采用包含直接或者间接蒸发冷却方法获取冷风的空调系统形式称为风侧蒸发冷却空调系统。根据蒸发冷却空调原理，采用包含直接或者间接蒸发冷却方法获取冷水的空调系统形式称为水侧蒸发冷却空调系统。

蒸发冷却空调系统按照技术形式分类可分为：直接蒸发冷却空调技术、间接蒸发冷却空调技术、间接—直接蒸发冷却复合空调技术、蒸发冷却—机械制冷联合空调技术。按技术形式分类最能体现蒸发冷却空调系统的特点，下面对这种技术形式分类展开介绍。

直接蒸发冷却空调技术：产出介质与工作介质（工作介质是指进行蒸发冷却的产生冷量的这一部分介质，其中在间接蒸发冷却空调器中所采用的冷风介质叫做二次空气）直接接触进行热湿交换，产出介质与工作介质之间既存在热交换又存在质交换，以获取冷风的技术。利用直接蒸发冷却技术的设备有蒸发式冷风机冷风扇、直接蒸发冷却空调机组。

间接蒸发冷却空调技术：产出介质与工作介质间接接触，仅进行显热交换而不进行质交换以获取冷风的技术。利用间接蒸发冷却的设备主要有板翅式间接蒸发冷却器、管式间接蒸发冷却器、露点间接蒸发冷却器等。间接蒸发冷却设备对空气进行等湿降温，降低空气的湿球温度，因此一般与直接蒸发冷却设备联用，提高机组的空气处理温降。

间接—直接蒸发冷却复合空调技术：将间接蒸发冷却与直接蒸发冷却加以复合，以获取冷风的技术。目前，主要设备有板翅式间接—直接蒸发冷却空气处理机组、管式间接—直接蒸发冷却空气处理机组、表冷间接—直接蒸发冷却空调机组等。

蒸发冷却—机械制冷联合空调技术：将蒸发冷却与机械制冷加以联合来获得所需的空气状态的空调技术。目前，蒸发冷却与机械制冷联合通风空调形式主要有切换式运行、一体化机组、联合运行等。

2. 蒸发冷却空调系统工作原理

按技术形式分为四类空调系统，但单从蒸发冷却原理上分为两种：直接蒸发冷却工作原理，间接蒸发冷却工作原理。

1）直接蒸发冷却空调工作原理

直接蒸发冷却空调的原理是利用自然条件中空气的干、湿球温度差来获取降温幅度。蒸发动力是水与空气直接接触界面处存在水蒸气分压力差，室外空气在风机的作用下流过被水淋湿的填料而被冷却，空气的干球温度降低而湿球温度保持不变，蒸发冷却器通过液态水汽化吸收潜热来降低空气温度。其物理过程如图 4-14 所示。直接蒸发冷却的制冷过程可分为绝热加湿冷却和非绝热加湿冷却。

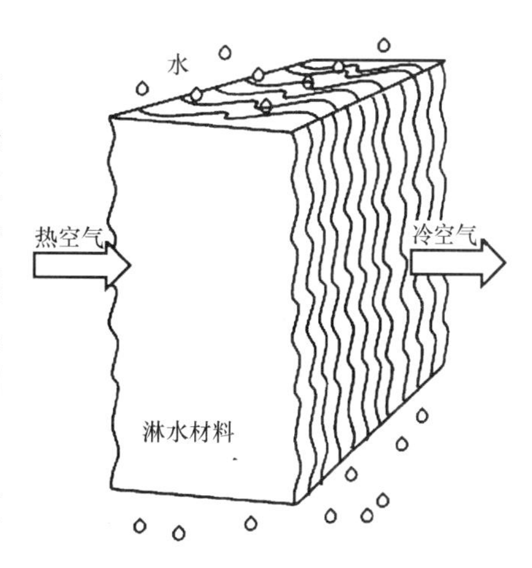

图 4-14　直接蒸发冷却

当冷却器使用循环水时，喷淋到填料上的水温等于冷却器进风湿球温度，在空气与水温差作用下，空气传给水的显热量在数值上恰好等于在二者水蒸气分压力差的作用下，水蒸发到空气中所需要的汽化潜热，总热交换为零。此过程中忽略水蒸发带给空气的水自身原有的液态热，称为等焓冷却加湿过程，简称绝热加湿过程。空气处理过程在焓湿图上的描述如图 4-15 所示，空气干球温度为 t_{gw}，从状态点 1 进入冷却器，冷却过程沿等焓线 h_w 向空气湿球温度 t_{sw} 状态点 2 移动，但因为蒸发冷却器效率不能达到 100%，所以空气只能被冷却到状态点 3，状态点 3 即空气离开冷却器的状态点，送风温度为 t_{g0}。

当冷却器使用非循环水、喷淋水温度和空气湿球温度不等时，空气与外界有热交换，所以冷却过程是非绝热冷却过程。当喷淋水温度高于湿球温度而低于干球温度时，空气传给水的显热量在数值上小于在二者水蒸气分压力差作用下水蒸发到空气中所需要的汽化潜热，即显热交换量小于潜热交换量，空气的焓值增加。空气处理过程在焓湿图上的描述如图 4-16 所示，空气干球温度为 t_{gw} 状态点 2 是空气湿球温度，1～2 是绝热加湿冷却过程。当空气从状态点 1 进入冷却器，冷却过程沿 1～3 线增焓增湿至状态点 4，状态点 4 是空气的最终状况，送风温度为 t_{g0}。

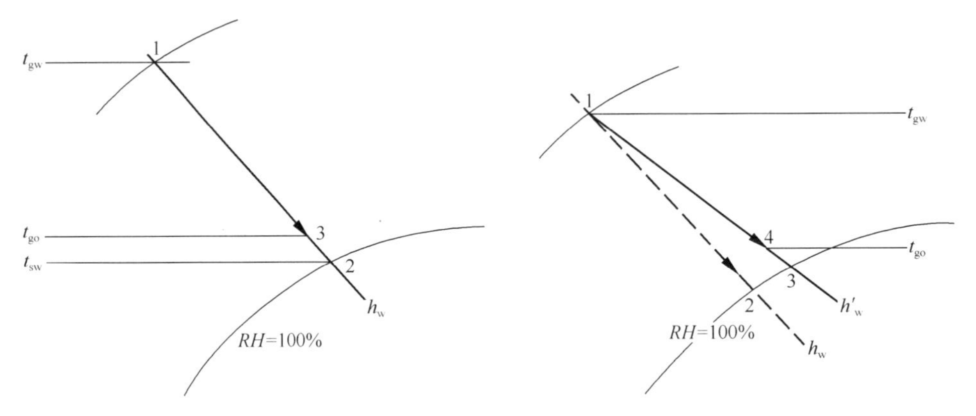

图 4-15　直接蒸发冷却绝热加湿冷却过程　　　图 4-16　直接蒸发冷却非绝热加湿冷却过程

2）间接蒸发冷却工作原理

间接蒸发冷却是将被冷却空气（一次空气）与喷淋侧空气（二次空气）利用通道隔开，在湿通道内喷淋循环水，二次空气发生直接蒸发冷却过程，干通道中的一次空气只被冷却不被加湿。喷淋装置采用循环水，则可近似认为水温在整个过程中保持不变，喷淋水充当了传热媒介，吸收一次空气释放的显热，再以潜热的形式传递给二次空气，最终随着二次空气的运动而带走。间接蒸发冷却空调的结构虽然比较复杂，但比直接式蒸发冷却空调有着较高的适用性。因为在理论上，空气通过直接蒸发冷却只能达到出口的湿球温度，而间接蒸发冷却可以达到入口空气的露点温度，此外间接蒸发冷却可以比直接蒸发冷却更好地控制湿度。虽然间接蒸发冷却技术有结构比较复杂和实际一次空气难达到露点要求的缺点，但间接蒸发冷却系统的适用性较直接式蒸发冷却系统更广。

目前，在实际工程中应用的传统间接蒸发冷却器有两种基本形式：板式和管式间接蒸发冷却器，其结构简图如图 4-17 和图 4-18 所示。可以看出，无论是板式还是管式间接蒸发冷却器，一、二次空气被换热间壁隔开，一次空气在干通道内水平流动，喷淋水在湿通道内从上向下流动，二次空气在湿通道内从下向上流动与喷淋水进行热质交换作用，带走一次空气中的显热使其得到冷却降温。

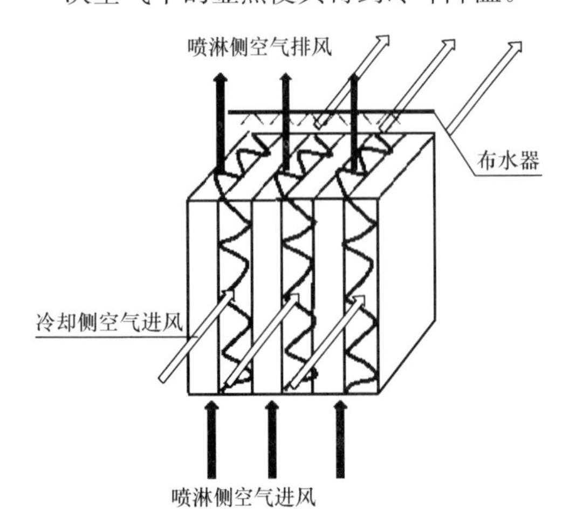

图 4-17　板式间接蒸发冷却器结构简图

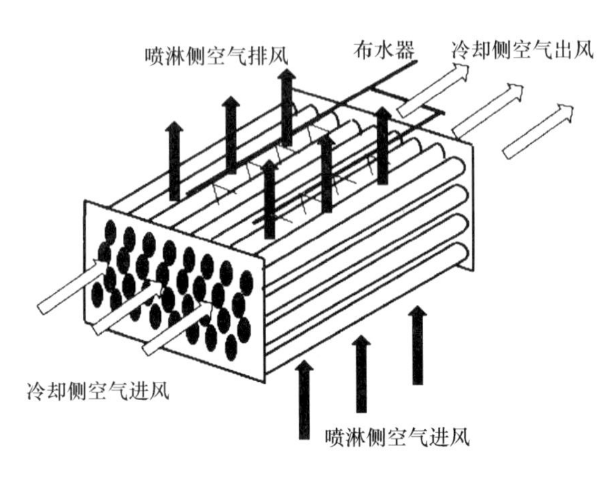

图 4-18　管式间接蒸发冷却器结构简图

由于板式间接蒸发冷却器内一、二次空气通道较为狭窄，整体结构较为紧凑，与管式间接蒸发冷却器相比，具有较高的换热效率，得到了人们较多的关注，因此在实际工程中也得到了更多的应用。

4.3.2 蒸发冷却空调热工计算与性能评价

蒸发冷却器的热工计算主要分为：直接蒸发冷却器和间接蒸发冷却器的热工计算。其中：

（1）直接蒸发冷却器的热工计算步骤为：①预定直接蒸发冷却器的出口温度，计算换热效率；②计算送风量 L，V_y按 2.7m/s 计算，计算填料的迎风断面积 F_y；③计算填料的厚度 δ，填料的比表面积 ε（一般为 400～500m^2/m^3）；④根据填料的迎风面积和厚度，设计填料的具体尺寸；⑤如果填料尺寸不满足要求，需重复上述计算过程。

（2）间接蒸发冷却器的热工计算步骤为：①给定要求的热交换效率 η（小于 75%），计算一次空气出风的干球温度；②根据室内冷负荷或对间接蒸发冷却器制冷量的要求和送风温差计算机组一次送风量 L'，根据 M'/M''（其中 M'、M''分别是一、二次空气的质量流速）的最佳值计算二次送风量 L''；③根据一次风迎面风速 V''为 2.7m/s，M''/M'在 0.6～0.8 之间，计算一、二次风道断面积 F'_y、F''_y；④根据具体尺寸，一、二次通道宽度 B'、B''（5mm 左右）和一、二次通道长度 l'（1m 左右）、l''，计算一、二次通道的当量直径 d'_ε、d''_ε 和空气流动的雷诺数 Re'、Re''；⑤根据间接蒸发冷却器所用材料计算间隔平板的导热热阻$\frac{\delta_m}{\lambda_m}$（其中$\delta_m$为板材厚度、$\lambda_m$ 为板材导热系数）；⑥计算以二次空气干、湿球温度差表示的相平面对流换热系数α_w；⑦根据实验确定的最佳淋水密度 Γ 为 4.4×10^{-3} kg/m^3，计算得到水膜厚度δ_w为 0.51 mm，计算$\frac{\delta_w}{\lambda_w}$（其中$\lambda_w$为水的导热系数）；⑧计算板式间接蒸发冷却器平均传热系数 K；⑨给出关于总换热面积 F 的传热单元数表达式；⑩根据当地大气压下的焓湿图，分别计算湿空气饱和状态曲线的斜率 k 和以空气湿球温度定义的湿空气定压比热 c_{pw}；⑪根据步骤一预定的 η，计算板式间接式换热器的总换热面积 F；⑫按照 F，确定间接蒸发冷却器的具体尺寸，如果尺寸和换热效率同时满足工程要求，则计算完成，否则需重复上述计算过程。其中具体的计算过程在《实用供暖通风空调设计手册》中可以查阅。

蒸发冷却器的性能评价目前主要从热工指标（换热效率）和经济性指标（能效比）出发来进行。下面分别从这两个指标来阐述直接蒸发冷却器和间接蒸发冷却器的性能评价方法。

（1）直接蒸发冷却器的热工评价可以分别用换热效率和能效比来评价。换热效率主要看重其热工性能，而能效比主要站在经济性上进行评价。下面分别介绍上述两种效率。

直接蒸发冷却空调的热工性能，可以用换热效率（饱和效率）为：

$$\eta=\frac{t_{g1}-t_{g2}}{t_{g1}-t_{s1}}$$

式中 t_{g1}——直接蒸发冷却器进口干球温度（℃）；

t_{g2}——直接蒸发冷却器出口干球温度（℃）；

t_{s1}——直接蒸发冷却器进口湿球温度（℃）。

直接蒸发冷却空调的经济性能，可以用能效比EER_{DEC}进行评价：

$$EER_{DEC}=EER\frac{\Delta t_{des}}{\Delta t_{avy}}$$

式中 EER——按常规制冷模式计算的直接蒸发冷却空调的能效比；

Δt_{avy}——供冷期平均干湿球温度差；

Δt_{des}——当地设计干湿球温度差。

（2）间接蒸发冷却器的性能评价指标也分为热工评价指标和经济性评价指标，经济性评价指标与直接式蒸发冷却一致，在这里不再赘述。其热工评价指标的换热效率为：

$$\eta_{IEC}=\frac{t'_{g1}-t'_{g2}}{t'_{g1}-t''_{s1}}$$

式中 t'_{g1}——一次空气进口的干球温度；

t'_{g2}——一次空气出口的干球温度；

t''_{s1}——二次空气的湿球温度。

对于蒸发冷却空调系统来说，仅用上述指标进行评价还不够。由于蒸发冷却空调系统的送风温差较常规空调大，所以送风量也大，送风过程的冷量损失相应增大。因此，全面而准确地评价直接蒸发冷却空调的经济性能时，还必须考虑这部分冷损失。

不管制冷效果如何，常规制冷与蒸发冷却制冷传送过程中都要承担一定的热量和风量损失。这部分损失由三个部分组成：在管道中由于渗漏、吸热和摩擦引起的损失；在房间内，由于冷风会被过滤后的或用来通风的室外空气稀释而引起的损失；由回风的吸热和渗漏引起的损失。如果考虑总的管道冷损失和渗漏损失（按5%计算），与因通风引起的损失算在一起，常规制冷损失为0～25%，蒸发冷却系统损失为0～90%，蒸发冷却的冷风损失较常规系统要大一些。由此产生的损失与室外干湿球温度差、送风量成正比关系，而与送风温差成反比。在选择直接蒸发冷却设备时，我们必须借助试验得来有效冷量的百分比（即冷空气到达空调区的冷量占空调机组产生总冷量的百分比）同室外干湿球温度差的变化关系。通常情况下，所有的管道损失和渗漏损失都包括在这个百分数中。送风温度差越大，冷损失越小，因为较小的冷负荷就能满足室内负荷。送风温度差越小，所需的风量越大，这又导致了额外的通风损失。在效果上，如果室内温度场均匀，那么室内温度略微比送风温度高。室内大的干湿球温度差将使送风量减小，送风温差增大。在效果上，送风口附近温度明显低。而在排风口处，温度又明显高。

4.3.3 蒸发冷却空调设计注意事项

《工业建筑供暖通风及空气调节设计规范》GB 50019—2015 条文 8.3.9 给出以下三种情况适合使用蒸发冷却空调系统：室外空气计算温度小于23℃的干燥地区；显热负荷大，但散湿量较小或无散湿量，且全年需要降温为主的高温车间；湿度要求较高的或湿度无严格限制的车间。

在室外气象条件满足要求的前提下，推荐在夏季空调室外设计湿球温度较低的干燥地区（通常在低于23℃的地区），采用蒸发冷却空调系统，降温幅度大约能达到10～20℃左右的明显效果。

工业建筑是应用蒸发冷却空调的最大领域，例如高温车间、空调区相对湿度较高的车间。对于工业建筑中的高温车间，如铸造车间、熔炼车间、动力发电厂汽机房、变频机房、通信机房（基站）、数据中心等，由于生产和使用过程散热量较大，但散湿量较小或无散湿量，且空调区全年需要以降温为主，这时，采用蒸发冷却空调系统，或蒸发冷却与机械制冷联合的空调系统，与传统压缩式空调机相比，耗电量只有其1/10～1/8。全年中过渡季节可使用蒸发冷却空调系统，夏季部分高温高湿季节蒸发冷却与机械制冷联合使用，以有利于空调系统的节能。对于纺织厂、印染厂、服装厂等工业建筑，由于生产工艺要求空调区相对湿度较高，宜采用蒸发冷却空调系统。另外，在较潮湿地区（如南方地区），使用蒸发冷却空调系统一般能达到 5～10℃左右的降温效果。江苏、浙江、福建和广东沿海地区的一些工业厂房，对空调区湿度无严格限制，且在设置有良好排风系统的情况下，也广泛应用蒸发式冷气机进行空调降温。

室外设计湿球温度低于 16℃的地区，其空气处理可采用直接蒸发冷却方式，设计冷水供水温度宜高于室外计算湿球温度 3～3.5℃，露点温度较低的地区宜采用间接蒸发冷却，设计冷水供水温度高于室外计算湿球温度 5℃；夏季室外计算湿球温度较高的地区，为强化冷却效果，进一步降低系统的送风温度、减小送风量和风管面积时，可采用组合式蒸发冷却方式，例如在一个间接蒸发冷却器后，再串联一个直接蒸发冷却器，或者在两个间接蒸发冷却器串联后，再串联一个直接蒸发冷却器。在直接蒸发冷却空调系统中，由于水与空气直接接触，其水质直接影响到室内空气质量，其水质必须符合规范《采暖空调系统水质》GB/T 29044 的要求。

4.4　辐射供暖和辐射供冷

辐射供暖（冷）是指主要依靠供热（冷）部件与围护结构内表面之间的辐射换热向房间供热（冷）的供暖（供冷）方式。本节首先对辐射供暖和辐射供冷两种系统形式的末端装置（即辐射板）进行介绍，在此基础上对辐射供暖和辐射供冷系统分别介绍。对于辐射供暖方面，介绍了辐射供暖系统根据不同特征的分类及辐射供暖系统的特点，最后以热水辐射供暖、燃气红外线辐射供暖为例对辐射供暖系统的特点作了详细的阐述。对于辐射供冷方面，对辐射供冷系统的分类、特点作了详细的介绍，并给出了供冷负荷的计算原则、计算步骤、辐射供冷系统设计的计算步骤及辐射供冷系统设计的注意事项。

4.4.1　辐射板系统概述

辐射板系统在空调应用中必须和新风系统同时运行，属于空气—水系统，也属半集中式空调系统。辐射板系统的末端装置是以辐射换热为主的传热构件。

辐射板换热装置只可以负担显热负荷，而夏季室内湿负荷主要由送入的新风负担，因此采用辐射板供冷时，为防止板表面结霜，冷水温度一般在 16～18℃。冬季供暖时，为了便于选择冷热源，辐射板的供水温度一般在 30～35℃。图 4-19 为辐射板系统的示意图。

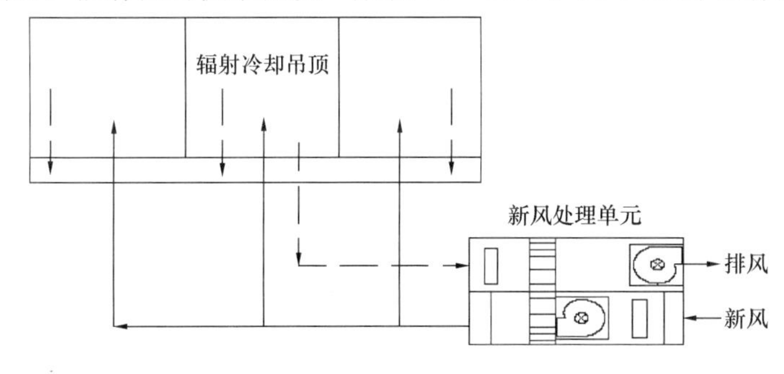

图 4-19　辐射板系统示意图

1. 辐射板的构造与分类

根据基本构造可分为两类：一类是与传统的辐射采暖方式相同，将高分子材料的管材或金属管道直接埋入混凝土地板中，形成与房间面积相同的辐射换热面，从而与在室内的人体进行以辐射为主体的换热。这种方式的特点是必须在现场施工，另外，由于该方式具有很大的蓄热性，故其运行工况非常稳定。除了在混凝土内埋管外，当仅需采暖时也有采用埋设发热电缆的方式。图 4-20 为全室型现场埋管的混凝土辐射板结构示意图。

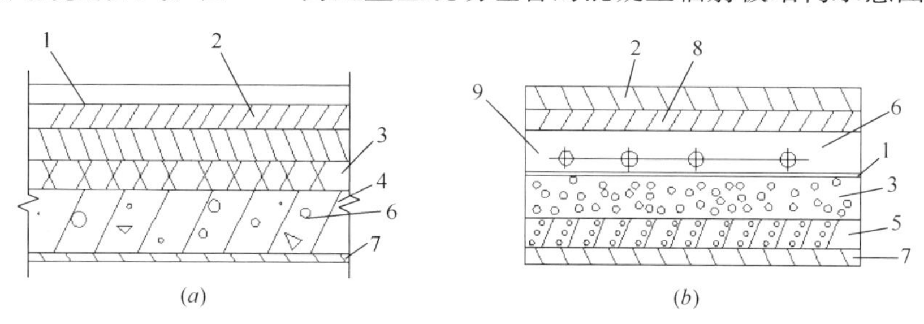

图 4-20　混凝土辐射板

(a) 顶面式；(b) 地面式

1—防水层；2—水泥找平层；3—绝热层；4—埋管楼板（或顶板）；5—钢筋混凝土板；6—流通热（冷）媒的管道；7—抹灰层；8—面层；9—填充层

另一类是现场装配的模块化辐射板，现在欧洲有较大市场，该市场分两种主要形式：第一种是将盘管固定在模数化的金属板上，并悬挂在吊顶下面，构成辐射吊顶，与土建施工关系少，易于检修。第二种是采用小直径的高分子材料 PPR 管道，管间距很小，可直接敷设在吊平顶表面，并与吊顶粉刷层相结合，由于这种传热管直径细小，故称毛细管型辐射板。这一类的主要特点是它属于设备末端装置的形式，由工厂生产，性能稳定，而且与第一种相比，无热惰性，适合于非长时间启用的场合，故这类装置又称为“即时型”辐射板，图 4-21 所示即为该类辐射板的形式。

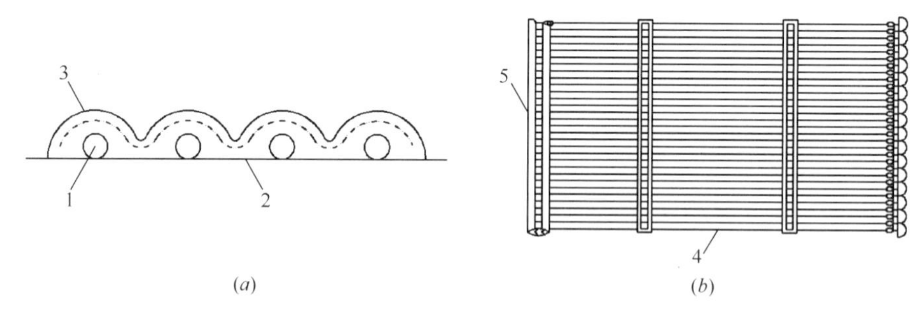

图 4-21　模块式辐射板

(a) 模数化辐射板；(b) 毛细管型

1—管道；2—金属孔板；3—保温材；4—管束；5—集水管

当辐射方式仅用于供暖时，也可采用电缆线辐射方式和电热膜辐射方式。

2. 辐射板的换热性能

辐射板表面的实际出力，即与室内环境的换热量可用下式表达：

$$q = a\ (t_{ps} - t_N)^b \quad (W/m^2)$$

式中　t_{ps}——辐射板表面平均温度（℃）；

t_N——室内空气温度（℃）；

a、b——根据各种产品试验确定的系数。

地板供暖顶板供冷时 a 值为 9，顶板供暖时为 6；b 值则为 1～1.08。

当顶板辐射供冷装置附近受气流影响时，换热量可增加 15%以内。图 4-22 给出了辐射地板供热或顶板供冷时的换热量。由图可知，由于一般情况下二者温差不大于 10℃，故换热量一般也不超过 100W/m²。

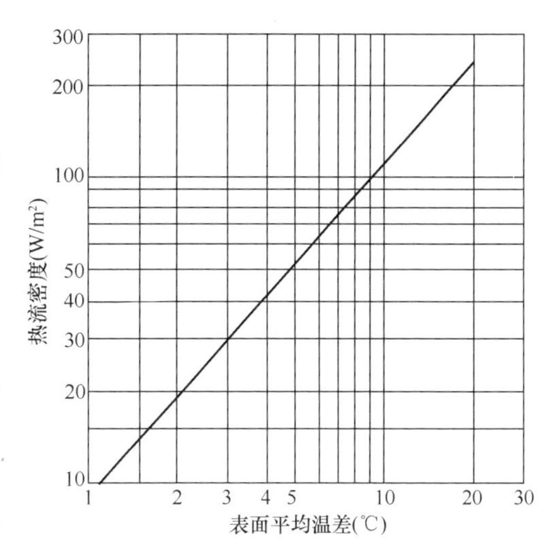

图 4-22　辐射地板供热与辐射顶板供冷时表面散热量计算图表

3. 辐射板构造材料

由于铝材料轻且导热性能好，辐射吊顶通常采用铝为金属辐射面板，常见的有两种形式：一种是将镀锌盘管固定在铝面板上进行辐射（图 4-23*a*），另一种是采用固定在铝面板上的铜线圈组成一个模块化的辐射面板进行辐射（图 4-23*b*）。铝制平顶辐射板的背面，必须覆盖一定厚度的绝热材料，这既是减少向上传热的有效措施，也是出于吸声的需要。

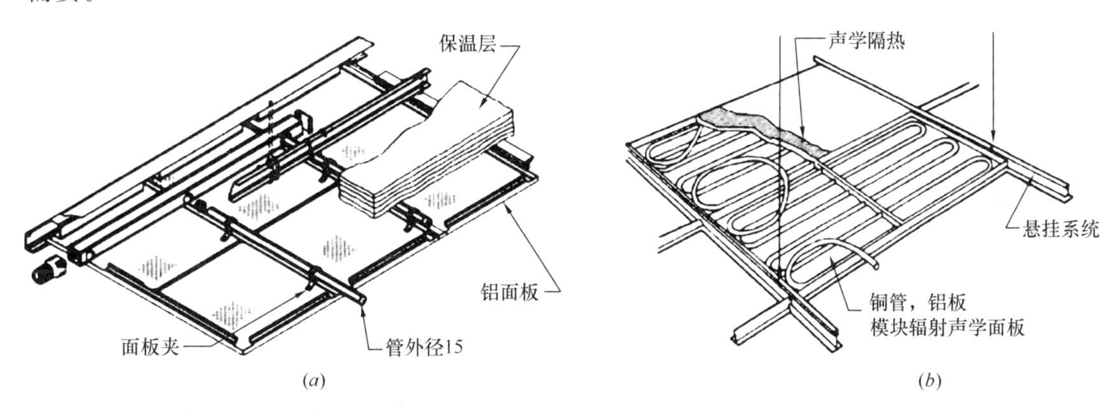

图 4-23　吊顶辐射

（*a*）附着型吊顶面板；（*b*）模块化吊顶面板

4.4.2　辐射供暖系统

1. 辐射供暖系统分类

辐射供暖系统利用建筑物内部的顶面、墙面、地面或其他表面散发出的辐射热进行供暖，一般可用于生产厂房作全面供暖、局部区域供暖或局部工作地点供暖。辐射供暖系统在板面构造、板面温度、辐射板位置、热媒种类等方面都有不同的分类，下面对每种类型作简单介绍。

根据基本构造可分为现场埋管的混凝土辐射板和现场装配的模块化辐射板。混凝土辐射板可分为顶面式和地面式辐射板，模块化辐射板可分为模数化辐射板和毛细管型辐射板。

辐射供暖系统根据板面温度可分为低温辐射、中温辐射及高温辐射。低温辐射的板面温度一般小于80℃，中温辐射的板面温度在40～130℃之间，高温辐射的板面温度一般大于200℃。在工业建筑中应用较多的是中温辐射。

根据辐射板位置可分为顶面式、墙面式、地面式、楼面式。顶面式以顶棚作为辐射供暖面，辐射热占70%左右；墙面式以墙壁作为辐射供暖面，辐射热占65%左右；地面式以地面作为辐射供暖面，辐射热占55%左右；楼面式以楼板作为辐射供暖面，辐射热占55%左右。

根据热媒种类可分为热水式、燃气式、蒸汽式、热风式及电热式，其中高温热水式供暖系统在工业建筑中广泛应用。用热水作热媒时，与建筑结构结合的辐射板用热水加热时温升慢，混凝土板和面层材料不易出现裂缝。热水可以采用集中质调节，比蒸汽作热媒时节能和舒适。根据热水温度不同可分为低温热水式和高温热水式。低温热水式的热媒水温一般小于100℃；高温热水式的热媒水温一般大于等于100℃。燃气红外线辐射供暖是利用可燃的气体（天然气、煤气、液化石油气等），通过发生器进行燃烧产生各种波长的红外线进行辐射供暖，具有高效节能、舒适卫生、运行费低、环保等特点。蒸汽式一般以高压或低压蒸汽为热媒，用蒸汽作热媒时，与建筑结构结合的辐射板温升快，混凝土板和面层材料易出现裂缝，不能采用集中质调节。混凝土板等围护结构热惰性大，与蒸汽迅速加热房间的特点不相适应，多用于工厂车间顶棚式和悬挂式辐射板；热风式以加热后的空气为热媒，用热风作热媒时，由于空气的密度和比热小，同样供热量时的热媒体积流量大，风管尺寸较大，占用较多的建筑空间和面积。因此，目前的辐射供暖系统，用蒸汽和空气作热媒的比较少，大多数以水作为热媒；电热式通过电热元件加热特定表面或直接发热。辐射供暖的能源直接用电时，要从能源综合利用和环保的角度，通过对电供暖进行技术经济论证，合理后再采用。一般只用在环保有特殊要求的区域、远离集中热源的独立建筑、有丰富的水电资源可供利用的区域、采用其他能源有困难的场合以及作为其他可再生能源或清洁能源供热时的辅助和补充能源。

2. 辐射供暖系统特点

在工业建筑中，如高大空间的厂房、场馆和对洁净度有特殊要求的精密装配车间等，辐射供暖有着良好的应用，但辐射供暖不适宜于要求迅速提高室内温度的间歇供暖系统和有大面积玻璃幕墙建筑的供暖系统。

辐射供暖时房间各围护结构内表面（包括供热部件表面）的平均温度t_s高于室内空气温度t_n，因而创造了一个对人体有利的热环境，减少了人体向围护结构内表面的辐射换热量，热舒适度增加，辐射供暖正是迎合了人体的这一生理特征。对流供暖时，平均温度t_s＜室内空气温度t_n，这是对流供暖区别于辐射供暖的主要特点。

室内房间沿高度方向温度比较均匀，温差梯度相对小，无效热损失减少。图4-24给出了不同供暖方式下沿高度H方向室内温度T_n的变化。以房间高1.5m处，空气温度为18℃为基础来进行比较。图中的热风供暖指的是直接输送并向室内供给被加热的空气的供暖方式。可看出，热风供暖时沿高度方向温度变化最大，房间上部区域温度偏高，工作区温度偏低。采用辐射供暖，特别是地面辐射供暖时，工作区温度较高。地面附近温度升高，有利于增加人的舒适度，在建立同样舒适条件的前提下，设计辐射供暖时相对于对流供暖时规定的房间平均温度可低1～3℃，这一特点不仅使人体对流放热量增加，增加人

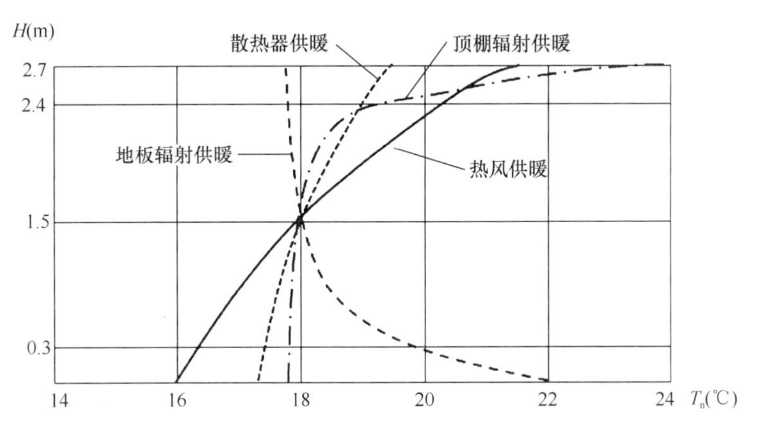

图4-24　不同供暖方式沿房间高度室内温度的变化

的舒适感，而且与对流供暖相比，房间室内设计温度的降低，使辐射供暖设计热负荷减少；房间上部温度增幅的降低，使上部围护结构传热温差减小，导致实际热负荷减少；供暖室内温度的降低，使冷风渗透和外门冷风侵入等室内外通风换气的耗热量减少。总之，上述多种因素的综合作用使辐射供暖可降低供暖热负荷。因此，在正确设计时，辐射供暖可降低供暖能耗。如果设计不当，例如：辐射板面积过大、加热管排列过密、热媒温度过高等，将造成室内温度偏高，辐射供暖不仅不能降低供暖能耗，而且对室内舒适度和人体健康不利。

辐射供暖的特点是利用加热管（通热媒的管道）作供热部件向辐射表面供热。地板辐射供暖管道埋设在混凝土中，比加热管明装时管道的传热量有较大幅度的增加。主要原因就是利用管外包裹的混凝土或其他材料增加了散热表面积。因而在相同的供暖设计热负荷下，辐射散热表面的温度可大幅度降低，从而可采用供水温度35～60℃的较低温度热媒，如地热水、供暖回水或废热等。

工业建筑经常会使用埋管式供暖辐射板、顶棚式辐射板供暖。这两种供暖方式在设计、施工安装方面对不同的工业建筑类型都有一定的影响。当采用埋管式供暖辐射板进行供暖时，其不足是要与建筑结构同时安装，这样容易影响施工进程，如果埋管预制化则可大大加快施工进度。与建筑结构合成或贴附一体的供暖辐射板，热惰性大，启动时间长。在间歇供暖时，热惰性大，使室内温度波动较小，这一缺点此时可变成优点。埋管式供暖辐射板如果用金属管，接头渗漏时维修困难。采用耐老化、耐腐蚀、承压高、结垢少、阻力小的铝塑复合管等管材，其制造长度可做到埋设部分无接头，易于施工，可实现一个地面供暖辐射板的盘管采用一整根无接头的管子。这些新型管材为埋管式辐射板的应用创造了有利条件。顶棚式辐射板供暖系统热惰性小，能隔声，供暖用时可适当提高热媒温度。可在顶棚式辐射板上方敷设照明电缆和通风管道等其他管道，检修时可不破坏建筑结构。其缺点是增加房高。顶棚式辐射板在高大空间的厂房得到应用。

3. 辐射供暖系统应用案例

1）热水辐射供暖

在工业建筑中，相对于高温和低温辐射供暖系统，应用较多的是中温辐射供暖系统，辐射板表面温度通常为40～130℃，尤其是在高大厂房中的工厂车间、仓库等场所，这种系统往往供暖效果较好。其辐射板通常为钢制辐射板，有块状和带状两种类型，图 4-25 所示为带状辐射板在高大厂房的应用。

图 4-25　带状辐射板

顶面式热水辐射板为金属辐射板的一种，可用于层高 3～30m 的建筑物的全面供暖和局部区域或局部工作地点供暖，其使用范围很广泛，包括大型船坞、船舶、飞机和汽车的维修大厅、建材市场等许多场合。顶面式热水辐射板是一种在建筑室内顶棚安装，通过红外线辐射传热的方式进行供暖的采暖设备，其本质是热辐射技术。顶面式辐射板就是以管板结合的金属辐射板为辐射源，以普通热水、高温热水为介质，辐射板串联式带状布置，以吊顶形式安装的供暖系统，该系统优于传统的散热器对流采暖和热风采暖设备，解决高大空间用对流方式采暖效果差、能耗高的问题，是新型的高大空间建筑采暖技术。

顶面式热水辐射板在热水循环工作过程中，通过其辐射表面将介质热量转化为各种波长的红外线并辐照到采暖环境中，由于空气对红外线的吸收作用小，大部分红外线被建筑物、人体、设备等物体吸收、蓄能，温度升高，同时对其周围的空气进行加热，使环境温度升高。所以，建筑物内的空气温度低于红外线辐照区域的物体温度（一般低 2～3℃），因此减小了空气分层和对流效应，采暖系统热能利用率高，舒适度好，国内外大量项目应用表明，该技术是高大空间较理想的供暖方式。

2）燃气红外线辐射供暖

长期以来，厂房、仓库等具有高大空间的建筑物的供暖设计一直是暖通工程师的一个难题，而燃气辐射供暖技术在我国的推广与应用，给广大暖通工作者带来了新的技术拓展领域。它既有利于环境保护，又符合我国西气东送的战略决策，有利于改善我国能源结构的不合理状况，促进节能环保事业的发展。燃气红外线辐射供暖按系统形式可分为连续式和单体式。以下分别对连续式和单体式进行介绍。

连续式燃气红外线辐射供暖系统属低强度类型，辐射表面温度为 300～5000℃，是将多个发生器用辐射管串联起来组成该系统。热气流使辐射管不断加热，保持一定的辐射强度。系统由发生器、辐射管、反射板、真空泵、尾管等主要部件组成。有关连续式燃气红外线供暖系统的详细设计技术资料，燃气系统设计及施工安装，请见国家标准图集《燃气红外线辐射供暖系统设计选用及施工安装》03K501-1。单体式燃气红外线辐射供暖系统的最大特点是不仅适用于建筑物内供暖，也可以应用于室外露天局部供暖，还广泛应用于各种生产工艺的加热和干燥过程。

安装连续式和单体式燃气红外线辐射器时，对辐射器及其表面都有很高的要求。燃气红外线辐射器主要由燃气喷嘴、引射器（包括调节风门）、外壳、混合气分配装置（分配板）、辐射器头部、反射罩及点火装置等组成。通常为了使燃气红外线辐射器工作的效果达到最佳，必须注意下列要求：辐射器引射器的空气吸入口，务必处于通风良好的地方。辐射器与被加热物体或人体之间，不允许有遮挡射线的障碍物。当辐射器在室外或半开敞的场合下工作时，在引射器与喷嘴之间，应加装挡风设备，使气流不致直接影响引射系统的正常工作，又可自由地吸取新鲜空气。辐射器的头部尽可能根据不同的安装角度加装反射罩，使热能能较集中地射向需要的地方。无论是采取何种安装形式，务必使燃气进气管由下向上或水平地接入辐射器。在强烈冲击和较大振动的场合，不宜采用多孔陶瓷板辐射器。辐射器的辐射面上，应防止有液体或固体粉末溅落上去，以免堵塞焰道，影响使用。

燃气红外线辐射供暖有其明确的适用场合，引射器及辐射器头部等部件的安装原则也应严格参考规范要求，所以当采用燃气红外线辐射供暖方式时，设计应注意以下几个方面：燃气红外线辐射供暖严禁用于甲、乙类生产厂房和仓库；经技术经济比较合理时，可用于无电气防爆要求的场所，易燃物质可出现的最高浓度不超过爆炸下限的 10%时，燃烧器宜布置在室外。当燃烧器安装在室内工作时，为保证燃烧所需的足够空气或当燃烧产物直接排至室内时，将二氧化碳和一氧化碳稀释到允许浓度以下或间接排至室外，避免水蒸气在围护结构内表面上凝结，必须具有一定的通风换气量。燃气红外线辐射器的安装高度应根据人体舒适度确定，但不应低于 3m。燃气红外线辐射供暖系统的燃料应符合城镇燃气质量要求，宜采用天然气，可采用液化石油气、人工煤气等。燃气入口压力应与燃烧器所需压力相适应。燃料应充分气化，在严寒、寒冷地区采用液化石油气时，应采取防止燃气因管道敷设环境温度低而再次液化的措施，如采取保温或伴热等措施。燃气质量、燃气输配系统应符合国家现行《城镇燃气设计规范》GB 50028 的规定。采用燃气红外线辐射供暖时，室内计算温度宜比对流供暖室内空气温度低 2～3℃。当由室内向燃烧器提供空气时，还应计算加热该空气量所需的热负荷。且由门、窗自然渗透补充时，应计算加热此部分冷空气渗透量所需的热负荷。

4.4.3　辐射供冷系统

1. 辐射供冷系统分类

不同辐射供冷系统的主要区别在于末端辐射板的选取上，辐射供冷系统在辐射板位置、辐射板安装方式和辐射板构造等方面都有不同的类型，下面对以上三种分类方式展开介绍。

根据辐射板位置可分为平顶式、墙面式、地面式。平顶式是以平顶表面作为辐射板进行供冷；墙面式是以墙壁表面作为辐射板进行供冷；地面式是以地板表面作为辐射板进行供冷。

根据辐射板安装方式可分为组合式（干式）和直埋式（湿式）。组合式（干式）是将盘管先镶嵌在绝热板上，并以铝箔覆面预制成片状辐射板，现场只进行组合、拼装、连接，没有砂浆粉刷和混凝土浇捣工作，整个安装过程为干式作业。直埋式（湿式）是盘管在现场敷设，并用混凝土现浇到填充层内，因为需要现浇混凝土，所以称为湿式。

根据辐射板构造可分为装配式、整体式、埋管式和毛细管式。装配式是在按一定模数组成的金属板上通过焊接、粘结、紧固等方式，与金属盘管相固定而成的预制辐射板。整体式是整块金属板通过模压等工艺形成一个带水通路且没有接触热阻的整体辐射板。埋管式是盘管循环流动与埋置在地面、墙面或平顶的填充层或粉刷层，由直径 10～20mm 的金属管或塑料管内面构成。毛细管式是模拟植物叶脉和人体血管输配能量的形式，把导热塑料管预加工成毛细管席，然后采用砂浆将毛细管席粘贴于墙面、地面或平顶表面组成辐射板。

以下详细阐述辐射板常用的构造形式：装配式辐射板、整体型辐射板及埋管型辐射板。

1）装配式辐射板

金属平顶辐射板是装配式辐射板的常见形式。金属平顶辐射板由穿孔板吸声平顶发展而来，它的总体构造是在穿孔平顶板的上表面，装配一定数量的管道，让冷水（供冷时）在管内循环流动，将热量经平顶表面转移出去或传递给室内。传统的金属平顶辐射板有以下三种典型形式：第一，固定在管侧的金属平顶辐射板：是一种在现场将 300mm×600mm 的铝穿孔板与直径 15mm 镀锌钢管的侧面相固定而组成的轻型的铝制辐射板，而盘管都与 38mm 的方形集管相连接。第二，粘结在铜管上的平顶辐射板：是一种将铜盘管与穿孔铝板表面紧密粘结而组成的具有标准尺寸的装配式辐射板；板的大小也可以根据需要加工成不同尺寸，实践中大都采用 600mm×1200mm。辐射板一般安装在以 T 形标准型材制成的吊顶格栅上。第三，带整体铜管的压制铝辐射板：铝板通过模压加工成辐射板，将铜管嵌入铝板背面的槽内而组成，它可以加工成任何不同的尺寸；在靠近外墙的区域，经常使用狭长的辐射板。

采用金属平顶辐射板时，应考虑以下因素：平顶上部应有供安装、维护用的足够空间；平顶辐射板适用于供暖和供冷，具有安静、舒坦、反应迅速、便于控制等优点。采用平顶供冷时，室内的潜热负荷，应全部由新风承担；辐射供冷时，应配置独立的新风系统。

2）整体型辐射板

目前的各种类型平顶辐射供冷板，都存在下列共同的问题：单位面积供冷量偏小，大多数为 90W/m^2 左右；进口辐射板的价格过于昂贵，一般工程很难接受；制造工艺复杂，不仅要应用大量铜管，并需经过多道工序加工，还需应用昂贵的导热胶，致使成本居高难下；存在凝露问题。

为了防止供冷时辐射板表面产生凝露，需通过控制供水温度来保持板表面温度高于露点温度。在欧洲，普遍采用平顶辐射供冷与置换通风或下送风相结合，并设置冷凝状态监控器来保证不发生凝露。共同的结果是供水温度提高；这也是辐射板供冷量小的重要原因之一。尽管随着水温的提高，冷水机组的 *COP* 值将增大，但很难弥补因辐射板面积增加而造成的初投资增大的费用。

3）埋管型辐射板

埋管型辐射板的特征是把冷却盘管埋置在建筑填充层或粉刷层内。根据位置的不同，一般有以下几种典型形式：冷却盘管埋在混凝土楼板中；冷却盘管位于板条上的抹灰平顶内；冷却盘管位于板条下的抹灰平顶内。将盘管埋在粉刷层内时，必须注意：盘管外径应不大于 16mm；盘管表面的外部必须保持有不小于 10mm 的粉刷层；限制供水温度不大于 20℃。

2. 辐射供冷系统特点

辐射供冷系统与完全依靠空气对流带走室内余热余湿的传统空调系统有着本质区别，主要以冷辐射带走室内余热，但是不能带走室内余湿，辐射供冷时房间各围护结构内表面（包括供冷部件表面）的平均温度 t_s 低于室内空气温度 t_n。因此，没有单独的辐射供冷系统，需要有空气处理机组带走室内的余湿。

相比对流供冷系统，辐射供冷系统具有以下优点：辐射供冷系统与新风系统结合，可以分别处理热、湿负荷，此时新风量一般不超过通风换气与除湿要求的风量；辐射供冷系统不需要如风机盘管、诱导器等末端设备，简化运行管理与维修、节省运行能耗和费用；避免了冷却盘管在湿工况下运行的弊端，没有潮湿表面，杜绝细菌滋生，改善了卫生条件；消除如风机盘管、诱导器等末端设备产生的噪声；由于辐射板、外墙、隔墙等构造具有较大的蓄热功能，使峰值负荷减小。

3. 供冷负荷的计算原则及步骤

计算辐射供冷系统的负荷时，必须注意，多数辐射板提供的冷量都不大，平顶辐射板供冷时，一般为 $q=90\sim115\text{W/m}^2$；地面辐射供冷时，一般为 $q=30\sim50\text{W/m}^2$。如果围护结构大量采用透明玻璃幕墙而室外空气温度又较高时，由于太阳辐射得热很大，会导致围护结构内表面温度的升高，这时辐射供冷量会增高；在比较潮湿的地区，由于受空气露点温度的限制，辐射板的供冷量会更少；辐射供冷系统只能除去室内的显热负荷，无法除去室内的潜热负荷；因此，应与送风系统相结合。比较可行的方案有两种，一种是围护结构负荷：由辐射供冷系统负责处理；如无法满足，则将多余的负荷划归送风系统。另一种是室内负荷：由送风系统和辐射供冷系统共同负责处理。

4. 辐射供冷系统设计计算步骤

首先，根据常规方法计算围护结构冷负荷和室内冷负荷。其次，确定辐射供冷系统的形式，计算辐射供冷板与外围护结构间的辐射换热量，要求外围护结构的冷负荷全部由辐射板提供，并计算出辐射供冷板能承担消除的室内负荷数量。接下来计算辐射供冷板的对流换热量，并与上述辐射供冷量相加，从而求出辐射板的总供冷量。然后，确定新风量和计算新风冷负荷。确定送风系统的形式、送风量和送风温度：应注意的是送风除承担新风负荷外，还能承担剩余的室内负荷。最后，确定辐射供冷板的面积、管间距和管径等。为了防止辐射板表面结露，ASHRAE Handbook 2000 建议，必须保持供水温度高于室内空气露点温度 0.5℃。

5. 辐射供冷系统设计注意事项

冷却吊顶辐射供冷方式施工安装和维护方便，不影响室内设施的布置，不易破坏辐射板和不易影响其供冷效果。由于冷却吊顶从房间上部供冷，可降低室内垂直温度梯度，避免“上热下冷”的现象。因此，这种供冷方式能提供较好的舒适感。为了防止冷却吊顶表面结露，其表面温度必须高于室内露点温度。因此，冷却吊顶无除湿功能，不宜单独应用，通常与新风（经冷却去湿处理后的室外空气）系统结合在一起应用。新风系统用来承担房间的湿负荷（潜热负荷），同时又满足了人们对室内新风的需求。

4.5 冷热源节能技术

为维持室内一定温湿度，在冬季，需要一种高温介质为室内提供热量，这类温度较高的介质称为热源。热源有天然热源和人工热源两类，天然热源有地热水，人工热源有热泵、锅炉等，其中人工热源是目前采用最多的热源。在夏季，需要一种低温介质为室内提供冷量，这类低温介质称为冷源。冷源有天然冷源与人工冷源两类，天然冷源有地下水、天然冰等，人工冷源有冷水机组等，其中人工冷源是目前应用最多的冷源。

综上所述，热源与冷源是供暖及空调系统的关键设备。由于冷热源设备具有体形大、耗电量大等特点，相应的其能耗也较大。对于一类工业建筑，冷热源能耗占供暖及空调总能耗的50%以上。因此，采用冷热源节能技术减少能耗十分重要。冷热源节能技术就是通过引进先进的技术，改变传统的冷热源利用模式，从而提高能源的利用效率。目前，在工业建筑中采取的冷热源节能技术主要包括锅炉节能技术、热泵技术、冷热电三联供以及工业余热废热利用等。

4.5.1 锅炉节能技术

1. 工业锅炉的分类

工业锅炉种类繁多，分类方式也多种多样。以下为几种常见的分类方式：

（1）按所用燃料和能源可分为燃煤锅炉、燃油锅炉、燃气锅炉、余热锅炉等。燃煤锅炉具有运行成本低、占地面积大、环境污染大的特点；燃油燃气锅炉具有自动化程度较高、运行成本较高、占地面积较小的特点；余热锅炉具有运行成本高、能源利用率高的特点。

（2）按锅炉结构可分为火管锅炉、水管锅炉和水、火管锅炉。火管锅炉中烟气在管内流动，具有结构简单、运行技术水平要求较低的特点；水管锅炉中汽、水在管内流动，具有承压能力高、锅炉容量基本不受限制的特点，应用广泛；水、火管锅炉中烟气在管子里面流动，水在管子外面流动，具有结构紧凑、便于安装的特点。

（3）按燃烧方式可分为层燃炉、室燃炉和流化床炉等。其中，层燃炉是燃料被铺在炉排上进行燃烧的锅炉，具有耗煤量大、排污量大的特点。层燃炉是工业锅炉的主要形式。室燃炉是燃料被喷入炉膛空间呈悬浮状燃烧的锅炉，具有启动迅速、容易着火、燃烧比较完全的特点。室燃炉是电站锅炉的主要形式。流化床炉是燃料在布风板上被由下而上送入的高速空气流托起，上下翻滚进行燃烧的锅炉，具有燃烧效率高、燃料适应性广和排放污染物少等特点。

工业锅炉除了上述常见的分类之外，也可按通风方式、炉膛烟气压力、锅筒布置形式等来分类，本书不作过多介绍。

2. 工业锅炉热负荷

为了使锅炉能够高效运行，根据供暖热负荷以及工艺水平等选择合适的锅炉就显得至关重要。锅炉长期在高负荷或低负荷运行会使锅炉运行效率大大降低甚至会影响锅炉的使用寿命。因此，为选出合适的锅炉使其高效运行，首先应计算出供暖热负荷，有关供暖热负荷的具体计算可查阅相关文献，此处不再介绍。然后将供暖热负荷与锅炉的热负荷进行匹配，并根据工艺水平、用户要求选择出合适的锅炉。锅炉热负荷是指单位时间内锅炉产生的热量的大小，相当于一台锅炉的功率，一般厂家会给出其具体参数。应当注意的是：选择锅炉时应保证锅炉台数不宜少于 2 台，且各台锅炉的容量宜相等；当设置单台锅炉时，应保证锅炉在最大热负荷及最小热负荷时都能高效运行；锅炉的热效率不应低于表 4-1 所示的锅炉的额定工况热效率限值。

锅炉额定工况下热效率限值　　表 4-1

<table>
<tr><td rowspan="3">锅炉类型</td><td rowspan="2">燃料种类</td><td colspan="6">锅炉额定工况热效率 η（%）</td></tr>
<tr><td colspan="6">锅炉额定蒸发量 D（t/h）
或额定热功率 Q（kW）</td></tr>
<tr><td>烟煤</td><td>$D<1$ 或 $Q<0.7$</td><td>$1\leqslant D\leqslant 2$ 或 $0.7\leqslant Q\leqslant 1.4$</td><td>$2\leqslant D\leqslant 6$ 或 $1.4\leqslant Q\leqslant 4.2$</td><td>$6\leqslant D\leqslant 8$ 或 $4.2\leqslant Q\leqslant 5.6$</td><td>$8\leqslant D\leqslant 20$ 或 $5.6\leqslant Q\leqslant 14$</td><td>$D>2$ 或 $Q>14$</td></tr>
<tr><td rowspan="2">层状燃烧锅炉</td><td>Ⅱ类</td><td>73</td><td>76</td><td colspan="2">78</td><td>79</td><td>80</td></tr>
<tr><td>Ⅲ类</td><td>75</td><td>78</td><td colspan="2">80</td><td>81</td><td>82</td></tr>
<tr><td rowspan="2">抛煤机链条炉排锅炉</td><td>Ⅱ类</td><td>—</td><td>—</td><td>—</td><td colspan="2">80</td><td>81</td></tr>
<tr><td>Ⅲ类</td><td>—</td><td>—</td><td>—</td><td colspan="2">82</td><td>83</td></tr>
<tr><td rowspan="2">流化床燃烧锅炉</td><td>Ⅱ类</td><td>—</td><td>—</td><td>—</td><td colspan="2">82</td><td>83</td></tr>
<tr><td>Ⅲ类</td><td>—</td><td>—</td><td>—</td><td colspan="2">84</td><td>84</td></tr>
<tr><td rowspan="3">燃油燃气锅炉</td><td>重油</td><td colspan="2">86</td><td colspan="4">88</td></tr>
<tr><td>轻油</td><td colspan="2">88</td><td colspan="4">90</td></tr>
<tr><td>燃气</td><td colspan="2">88</td><td colspan="4">90</td></tr>
</table>

3. 锅炉用能分析及节能技术

1）锅炉用能分析

在锅炉的燃烧体系中，燃料带入锅炉的热量等于产生蒸汽（或热水）所有效利用的热量和未能利用而损失掉的热量（即能量守恒）。对于 1kg 燃料（或 1m^3 气体燃料），其燃烧输入锅炉的热量是锅炉的有效利用热量、锅炉的排烟损失热量、气体不完全燃烧损失热量、固体不完全燃烧损失热量、散热损失热量、其他损失热量之和。

由上述锅炉的用能分析可知，锅炉的能量有效利用率即燃料产生的热量中有效热量所占的比例只为一小部分。因此，为了做好锅炉的节能工作，使锅炉的热损失达到最小，必须对锅炉中除能量有效利用以外的其他能量损失的原因进行分析，以便针对性地找到锅炉节能的方法。

排烟热损失是指锅炉排出的烟气将一部分热量带入大气中而造成的热量损失，它是锅炉各项热损失中最大的一项。影响排烟热损失的主要因素是排烟温度和排烟体积。排烟温度愈高，排烟热损失就愈大。为了降低排烟热损失，常常采用增加尾部受热面的办法，如增加省煤器和空气预热器等，但为防止锅炉金属耗量的增大以及尾部受热面发生低温腐蚀，不能过多地降低排烟温度。

气体不完全热损失是指烟气中含有一部分可燃气体没有在炉内完全燃烧就随烟气排放而造成的热损失。影响气体不完全燃烧热损失的主要因素有：燃料的挥发、炉膛温度、燃烧器的结构和布置等。一般情况下，若供应的空气量适当且混合良好，气体不完全燃烧损失不大。

固体不完全热损失是指在固体燃料的燃烧过程中有一部分燃料未燃烧或未燃尽而随灰渣或飞灰离开锅炉造成的热损失。影响固体不完全燃烧热损失的主要因素有：燃料的性质、燃烧方式、炉膛结构、运行状况等。对固体燃料的锅炉来说，它是锅炉的一项主要热损失。对燃油及燃气锅炉来说，正常燃烧时可将固体不完全热损失视为零。

散热损失是指在锅炉运行中，炉墙与锅炉本体的外壁温度总是高于周围空气的温度，热量以对流或辐射的方式散失于大气中而造成的热量损失。影响固体不完全燃烧热损失的主要因素有：锅炉外表面积、绝热程度、外界空气温度及空气流动速度的大小。

其他热损失主要是指灰渣物理热损失，是由于燃料在锅炉中燃烧后，炉渣排出锅炉时所带走的热量而造成的热损失。这部分的热量在整个锅炉的热量损失中所占比例很小，一般可忽略不计。

综上所述，要做好锅炉的节能工作，必须对锅炉进行节能改造以减少锅炉的热损失，提高锅炉的能量有效利用率。

2）锅炉节能技术

锅炉的节能改造可通过两方面来实现，一方面从锅炉本身层面进行改造；另一方面从整个能量系统的宏观层面对锅炉进行节能改造，如推行集中供热发展热电联产、加强运行管理和堵塞浪费滴漏、采用新设备新工艺技术等。

从锅炉本身考虑，影响锅炉热效率的主要因素是不完全燃烧热损失和排烟热损失，所以应从这两个方面对锅炉进行改造。首先应强化燃烧，以减少不完全燃烧热损失。其次是减少排烟热损失，如增设高温烟气余热回收设备等。

从整个能量系统的宏观层面考虑，可通过推行集中供热、运行加强管理和采取高新技术进行节能，具体方法如下：推行集中供热，发展热电联产，对于常年稳定供热的锅炉，采用热电联产既可保持正常供热，又可使热源得到充分利用。加强锅炉运行管理、做好燃料供应工作、清除积灰、防止锅炉超载、加强保温、防止漏风、泄水、冒汽，减少锅炉热损失。采用锅炉富氧燃烧技术、链条炉分层燃烧节能技术、链条炉宽煤种喷粉复合燃烧节能技术等新技术，设置蒸汽蓄热器、换热器或热管、冷凝水回收装置、真空除氧器等新设备有效节约能源，提高锅炉热效率。

3）锅炉节能技术应用例子——锅炉冷凝水的回收

锅炉产生的蒸汽在各用汽设备中放出汽化热后，变为近乎同温同压的饱和冷凝水，由于蒸汽的工作压力大于大气压力，所以凝结水所具有的热量可达蒸汽总热量的20%～30%左右。若能将高温冷凝水回收利用，不仅可以节约工业用水，还能节省大量的燃料。据调查，工业企业的一些供暖或空调用汽设备的凝结水未采取回收措施或由于设计不合理和管理不善，大约有50%的锅炉凝结水不能回收，造成大量的热量损失及锅炉补水量的增加。因此，为了减少能耗，应对锅炉冷凝水进行回收利用。

锅炉蒸汽凝结水包括蒸汽供暖系统凝结水、汽一水热交换器凝结水、以蒸汽为热媒的空气加热器的凝结水、蒸汽型吸收式制冷设备的凝结水等。凝结水回收方式可分为两种，一是凝结水直接回到锅炉房的凝结水箱；二是凝结水间接回到锅炉房的凝结水箱，即将凝结水作为某些系统（例如生活热水系统）的预热在换热机房就地换热后再回到锅炉房。后者不但可以降低凝结水的温度，且充分利用了热量。

凝结水回收系统通常按其是否与大气相通可分为开式回收系统和闭式回收系统两种。

开式回收系统是指冷凝水的集水箱敞开于大气的系统。系统中冷凝水所具有的能量只有一部分能回收到锅炉里。这种系统的优点是设备简单，操作方便，初投资小。系统的不足之处在于占地面积大，对环境污染较大，且冷凝水直接与大气接触，易腐蚀设备。这种系统适用于小型蒸汽供应系统，冷凝水量较小、二次蒸汽量较少的系统。使用该系统时，应尽量减少二次蒸汽的排放量。闭式回收系统是冷凝水集水箱以及所有管路都处于恒定的正压下，系统是封闭的。系统中冷凝水所具有的能量大部分通过一定的回收设备直接回收到锅炉里。这种系统的优点是冷凝水回收的经济效益好，设备的工作寿命长。系统的不足之处在于初投资相对较大，操作不方便。因此，从节能和提高回收率的角度进行考虑，热力站应优先采用闭式系统即凝结水与大气不直接相接触的系统。当凝结水量小于 10t/h 或距热源小于 500m 时，可用开式凝结水回收系统。

综上所述，在根据热负荷匹配好锅炉的同时，还应采取各种措施做好锅炉的节能改造工作，减少锅炉的各种热损失，提高锅炉的热效率，有效降低供暖系统的能耗。

4.5.2　热泵技术

热泵就是利用外部能源将热量从低位热源（如空气、水等）向高位热源转移的制热装置。由于它可以将不能直接利用的低品位热能转换为可利用的高位能，达到节约高位能的目的，因此，广泛应用于供热及空调系统。对于同时有供热和供冷要求的工业建筑，优先采用热泵可节约初投资、充分提高能源利用率。本节分别从热泵的分类、热泵机组的总负荷以及热泵技术的具体应用三个方面展开。

1. 热泵的分类

热泵通常可按热源种类、驱动方式、在建筑物中的用途等进行分类。按热源种类可分为：空气源热泵、水源热泵、土壤源热泵等。按驱动方式可分为：机械压缩式热泵和吸收式热泵。按在建筑物中的用途可分为：供暖和热水供应的热泵、全年空调的热泵、同时供冷与供热的热泵、热回收热泵。

2. 热泵机组的总负荷

在正常情况下，当热泵机组以它最大容量的 80%～90%左右的负荷运行时，热泵机组运行在它最大运行效率的区域内。但机组若选型过大，其多数时间将在低负荷的情况下运行，这会导致机组运行效率降低、季节能效比变小、全年的运行能耗增大。因此，为使热泵机组高效运行，在确定热泵应用方案时，应合理地选择机组的台数及容量。确定机组的台数及容量应首先计算热泵机组的总负荷，其次根据热源的特点对其进行选择。在确定机组的台数及容量时，应注意满足以下两条基本原则：一是应满足建筑冷/热峰值负荷的需求；二是其运行性能应符合建筑负荷的分布特性，尽量提高机组在运行期间的能效比。

3. 热泵节能技术的应用

目前应用广泛的主要有空气源热泵、水环热泵、土壤源热泵和水源热泵。

1）空气源热泵

空气源热泵是一种利用环境中的空气作为热泵的热源提供者。图 4-26 所示是空气源热泵的工作原理图，它采用少量的电能驱动压缩机运行，高压的液态工质经过节流后在蒸发器内蒸发为气态。利用从环境中吸收大量空气中的热能，气态的工质被压缩机压缩成高温、高压的气体。然后进入冷凝器冷凝成液态，将所吸收的热量放到水中。如此不断地循环加热。空气源热泵具有适用范围广、运行成本低、性能稳定等特点。

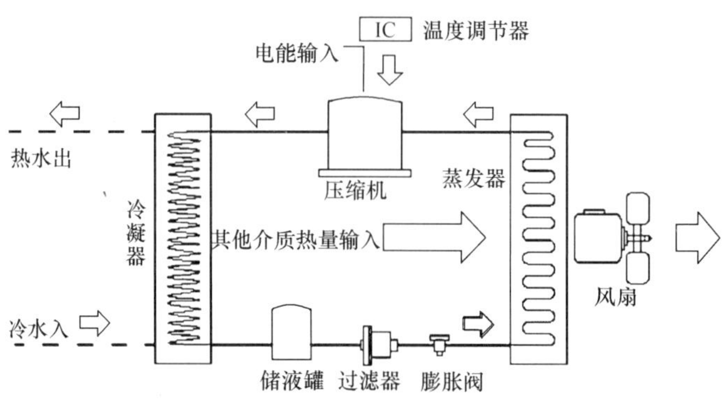

图 4-26　空气源热泵

空气源热泵与其他热泵形式相比在设计时应注意以下几点：适用于中小规模建筑，由于机组的供热能力受到四通换向阀大小的限制，所以很难生产大型机组；需必要措施提高机组低温适用性，空气源热泵机组在融霜时，机组的供热量就会受到影响，同时会影响到室内温度的稳定度，因此在稳定度要求高的场合，通常配置辅助电加热装置；需考虑地域气象特点，空气源热泵必须适应较宽的温度范围；机组运行噪声大等特点。

室外换热器结霜是空气源热泵在冬季工况不容忽视的运行问题。在冬季，室外空气侧换热盘管低于露点温度时，换热翅片上就会结霜，在结霜工况下运行，将造成室外侧换热器空气流动阻力增大，风量减少，换热器温差增大，压缩机排气温度增大，制冷剂质量流量降低，从而导致耗功量增大，供热能力显著下降，大大降低机组运行效率，严重时无法运行，为此必须除霜。目前，除霜方法主要有自然除霜法、逆循环除霜法、热气旁通除霜法、显热除霜法、高压静电除霜法等，其中逆循环除霜法和热气旁通除霜法被广泛应用在空气源热泵中。在采用合理的除霜方式的同时，还应判断最佳的除霜控制时间，除霜时间短，融霜修正系数高，一般情况下，除霜时间综合不应超过运行周期的 20%。应当注意，空气源热泵结霜后，需不定期除霜。

2）水环热泵

所谓水环热泵空调系统就是小型的水/空气热泵机组的一种应用方式。即用水环路将小型的水/空气热泵机组并联在一起，构成一个以回收建筑内余热为主要特点的热泵供暖、供冷空调系统。一个典型的水环热泵空调系统，一般由以下四个部分组成：室内各种不同形式的热泵空调器；闭式水环系统；辅助设备(冷却塔、辅助加热器、板式换热器等)；新风与排风以及全热交换系统。其系统图见图4-27。水环热泵空调系统主要具有建筑热回收效果好；调节方便，各房间可以同时供冷供热，灵活性大；无需专用冷冻机房和锅炉房；便于分户调节和计费；系统可按需要分期实施等优点。

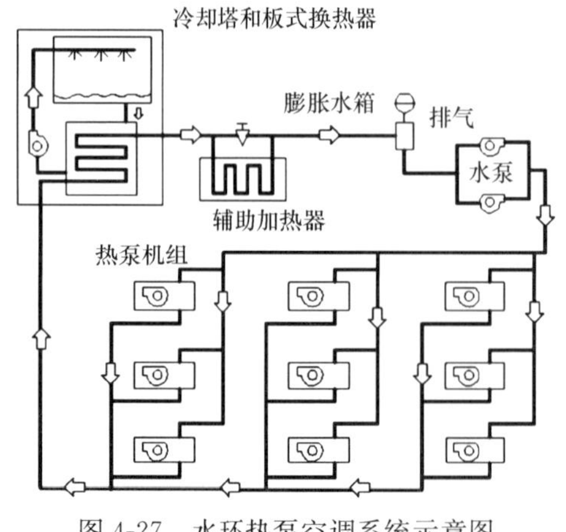

图 4-27　水环热泵空调系统示意图

水环热泵系统通过同时制冷或供热机组相

互间的热量利用，可实现建筑物内部的热回收。当同时供冷、供热的热回收过程中冷热量不能完全匹配时，启动冷却塔或辅助加热器给予补充。但其设备费用高且噪声大。因此，水环热泵适用于建筑规模大、区域负荷特性相差较大的场合。

3）土壤源热泵

土壤源热泵是利用地下常温土壤温度相对稳定的特性，通过深埋于建筑物周围的管路系统与建筑物内部完成热交换的装置。冬季从土壤中取热，向建筑物供暖；夏季向土壤排热，为建筑物制冷。它以土壤作为热源、冷源，通过高效热泵机组向建筑物供热或供冷，如图 4-28 所示。土壤源热泵具有：绿色环保，土壤源热泵系统没有地下水位下降和地面沉降问题，不存在腐蚀和开凿回灌井问题，也不存在对大气排热、排冷等污染，是真正的“绿色能源”；机房占地面积小，节省空间，可设在地下；运行费用低等特点。

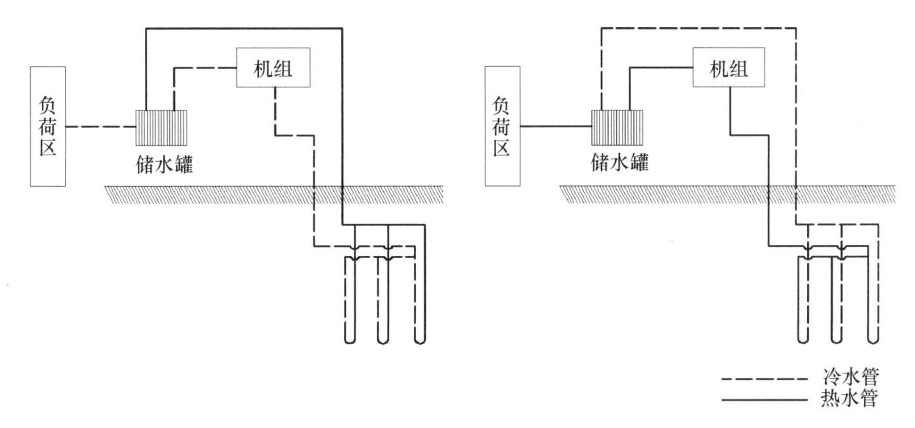

图 4-28　土壤源热泵系统

土壤源热泵系统的冷热量平衡对机组的运行至关重要。作为蓄热体的土壤与室外环境进行换热的面积很小，因此外界环境对系统性能的影响基本可以忽略。系统的适宜性完全在于冬夏热量与冷量的平衡。如果每年因冷热量的不平衡造成积累，将会导致土壤温度的逐年升高或降低。因此，在设计时须仔细计算被服务建筑的全年空调耗冷量和采暖耗热量。但在实际运行时，即使建筑的冬夏累计负荷基本相当，但由于每年实际运行工况不同，很难保证冬夏的冷热平衡。为此应设置补充手段，如增设冷却塔以排除多余的热量，或采用辅助锅炉补充热量。

4）水源热泵

水源热泵是利用地球表面浅层的水源，如地下水、河流和湖泊中吸收的太阳能和地热能而形成的低品位热能资源，采用热泵原理，通过少量的高位电能输入，实现低位热能向高位热能转移的一种技术。水源热泵主要由四部分组成：浅层热能采集系统、水源热泵机组、室内采暖空调系统、控制系统。

水源热泵一般分为地表水源热泵、地下水源热泵和污水源热泵。

（1）地表水源热泵

地表水源热泵是以江、河、湖、海等地球表面的水体作为热源的可以进行制冷/制热循环的一种热泵。该系统的主要特点是地表水的温度变化比地下水的水温变化大，主要体现在：地表水的水温随着全年各个季度的不同以及湖泊、池塘的水深度的不同而变化。因此，地表水源热泵的一些特点与空气源热泵相似。例如，冬季要求热负荷最大时，对应的蒸发温度最低；而夏季要求供冷负荷最大时，对应的冷凝温度最高。

地表水源热泵采用开式还是闭式系统对整个系统的运行影响巨大。地表水是一种很容易采用的低位能源。因此，对于同一栋建筑物，选用开式系统（图 4-29*a*）还是闭式系统（图 4-29*b*）应仔细分析整个系统的全年运行能效状况。采用闭式环路系统，循环介质与地表水之间存在传热温差，将会引起水源热泵机组的 *EER* 或 *COP* 下降，但闭式环路系统中的循环水泵只需克服系统的流动阻力，所需扬程可能要小于开式系统。

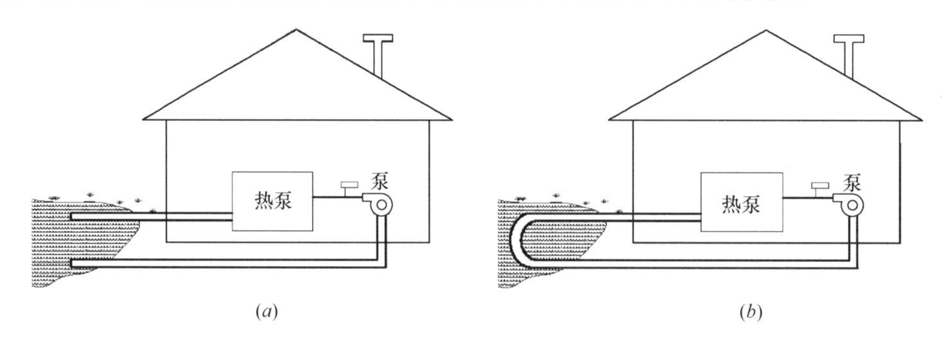

图 4-29　地表水源热泵

（*a*）开式系统；（*b*）闭式系统

（2）地下水源热泵

地下水源热泵是采用地下水作为冷热源的一种热泵形式。近年来，地下水源热泵系统（图 4-30）在我国北方一些地区，如山东、黑龙江等地，得到了广泛的应用。相对于传统的供暖（冷）方式及空气源热泵具有：高效率，采用温度基本恒定的地下水使得机组运行稳定且高效；经济性，温度较低的地下水，可直接用于空气处理设备中，对空气进行冷却除湿处理等特点。

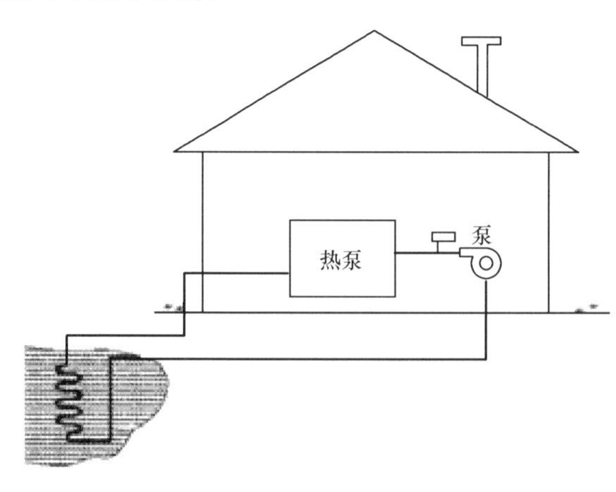

图 4-30　地下水源热泵

回灌问题是地下水源热泵设计过程中的关键所在，若不能将 100%的井水回灌到同一含水层内，将带来地下水位下降、含水层疏干、地面下沉、河道断流等一系列的生态环境问题。回灌技术分为同井回灌和异井回灌两种。

同井回灌技术是将取水和回灌在同一口井内进行，通过隔板把井分成两部分。因此，同井回灌热泵系统会存在热贯通的可能性。当取水层和回灌层之间渗透能力过大，水短路流过，温度不能恢复时，系统性能就会逐渐恶化。当打井处存在很好的地下水流动时，上游流过的地下水可补充取水层水量，这样就不存在水的短路和系统性能逐渐恶化的现象。但是，如果在下游不远处又设取水井，就会出现上游影响下游的问题。异井回灌是在与取水井有一定距离处单独设回灌井。把提取了热量/冷量的水加压回灌到同一层，以维持地下水状况。这种方式可行与否也取决于地下水文地质状况，当地下含水层的渗透能力不足，回灌困难时，可以采用“一井抽水、多井回灌”的方式，同时定期交换取水井和回灌井。同样，当地下含水层内存在良好的地下水流动时，从上游取水下游回灌会得到很好的性能，但此时在回灌的下游再设取水井有时就会由于短路而使性能恶化。

（3）污水源热泵

污水源热泵也是水源热泵的一种形式。在工业建筑中，污水源热泵系统则是以工业污水作为建筑的冷热源，解决建筑物冬季采暖、夏季空调和全年热水供应的重要技术。其工作原理为：污水源热泵系统利用污水，通过污水换热器与中介水进行换热，中介水进入热泵主机，主机消耗少量的电能，在冬天将水资源中的低品质能量“汲取”出来，经管网供给采暖系统及生活热水系统；在夏天将室内的热量带走，并释放到污水中，给室内制冷并制取生活热水。污水源热泵系统主要具有节省电能、污水水温稳定、污水量充足、高效节能等特点。

由于污水含污量大、腐蚀性强，容易造成管道堵塞、结垢及腐蚀。因此，污水源热泵技术要想成功应用，必须解决堵塞和结垢的问题。

4.5.3　冷热电三联供

冷热电三联供是指利用燃料产生的热量首先发电，产生的电力供应用户的电力需求，系统发电后排出的余热通过余热回收利用设备（余热锅炉或吸收式冷水机组等）向用户供热、供冷。典型的冷热电联供系统一般由动力系统和发电机（供电）、余热回收装置（供热）、制冷系统（供冷）组成。冷热电三联供是在热电联产的基础上发展起来的联产能源转换系统。采用以溴化锂吸收式制冷技术为基础的各种蒸汽、热水、烟气驱动的吸收式冷（热）水机组代替空调系统的冷热源，与热电联产相结合形成冷热电三联供系统。这种系统形式适用范围广，使用时可灵活配置，优化了建筑的能源利用率与利用方式，减少了污染物的生产和排放，是冷热源节能技术的重要应用。本节将从冷热电三联供系统的分类、冷热电三联供系统负荷及燃气冷热电三联供三方面展开。

1. 冷热电三联供系统的分类

按照供应范围，冷热电三联供系统可分为区域型（DCHP）和楼宇型（BCHP）两种。区域型系统主要是针对各种工业、商业或科技园区等较大的区域内的由多栋建筑区组成的建筑物群。区域型三联供系统规模较大，设备一般采用容量较大的机组，往往需要建设独立的能源供应中心，还需考虑冷热电供应的外网设备。楼宇型系统主要用于满足单独建筑物的能量需求（如写字楼、商厦、医院及某些综合性建筑）。楼宇型三联供系统规模较小，一般仅需容量较小的机组，机房往往布置在建筑物内部，不需考虑外网建设。

2. 冷热电三联供系统负荷

冷热电三联供系统负荷的确定是确定联供系统形式、选择联供设备（发电设备、余热利用设备、辅助设备）的重要依据，也是决定联供系统成功与否的关键。冷热电三联供系统的负荷计算应分析三联供用户的具体需求，在调查、估算、统计、分析所供建筑的冷、热、电负荷分布情况的基础上，绘制不同季节典型日逐时负荷曲线和年负荷曲线，然后根据逐时负荷曲线来计算确定联供系统的全年供冷量、供热量、供电量。然后，根据冷热电负荷及其比例大小，选择动力、制冷、制热装置，确定系统构成形式及运行模式。

3. 冷热电三联供节能技术例子——燃气冷热电三联供

冷热电三联供系统通常以天然气作为一次能源，天然气近似为一种清洁能源，其燃烧过程排放的污染物总量可比燃油减少约35%，比燃煤减少约70%，环境效益显著，我国一次能源消费结构改造优先推广使用天然气。因此，冷热电联供系统在工程上以燃气冷热电联供为主要的应用系统形式。

燃气冷热电联供系统属于新型分布式能源系统。分布式能源是相对于传统的集中供电方式而言的，是指将冷热电系统以小规模、小容量（几千瓦至50MW）、模块化、分散式的方式布置在用户附近，可独立地输出冷、热、电能的系统。分布式能源的先进技术包括太阳能利用、风能利用、燃料电池和燃气冷热电三联供等多种形式。其中，燃气冷热电三联供因其技术成熟、建设简单、投资相对较低和经济上有竞争力，得到了迅速推广。

燃气冷热电联供系统主要由两部分组成：发电系统和余热回收系统。发电系统以燃气轮机或燃气内燃机来驱动发电机发电；余热回收系统包括余热锅炉和余热直燃机等，该系统对发电做功后的余热进一步回收，回收到的余热直接用于供暖、提供生活热水和供给吸收式制冷机组用于制冷等。

1）燃气冷热电三联供系统使用条件

为使三联供系统的效率最大化，在应用燃气冷热电三联供系统时，应满足一定的条件。具体要求如下：对于用能需求稳定且达到一定规模的工业建筑，在天然气供应充足的地区，宜应用分布式冷热电联供和燃气空气调节技术供冷、供热，一次能源利用率宜在70%以上；使用燃气冷热电联供系统时，燃气轮发电机的总容量小于或等于15MW；用户全年有冷、热负荷需求，且电力负荷与冷、热负荷使用规律相似；联供系统年运行时间不宜小于3500h；燃气冷热电联供系统的年平均能源综合利用率应大于70%；燃气冷热电联供系统的年平均余热利用率宜大于60%。

2）燃气冷热电联供的系统形式

天然气冷热电三联供的系统形式很多，按燃气原动机的类型不同来分，常用的燃气冷热电联供系统有两类，即燃气轮机式联供系统和内燃机式联供系统。这两种联供系统的技术比较成熟，综合效率也较高，运行也较稳定，在供暖及空调系统中均有应用。

以燃气轮机为动力的系统通常由燃气轮机组、发电机及供电系统、烟气余热回收装置、余热吸收式制冷机及供冷系统、余热供热系统、辅助补燃设备、联供燃气系统的进排气装置等组成。燃气轮机热电厂除了供热、供电外，还可实现集中供冷，当夏季不需要采暖时，采暖所需的蒸汽或热水可送到蒸汽型或热水型制冷机用来供冷。

以内燃机为动力的系统一般由燃气内燃机组、发电机及供电系统、烟气余热回收装置、余热吸收式制冷机及供冷系统、余热供热系统、冷却水热回收系统、辅助补燃系统、联供燃气系统的进排气装置等组成。应当注意的是，系统的余热回收应当回收缸套水和烟气的热量，回收缸套水的热量不仅提高了能效，还有利于提高发动机的效率和延长发动机的寿命。

4.5.4 工业余热废热利用

余热是二次能源，是燃料燃烧过程中所发出的热量在完成某一工艺过程后所剩下的热量。根据调查，各行业的余热总资源约占其燃料消耗总量的17%～67%，可回收利用的余热资源约为余热总资源的60%。其中，供暖空调是能源消耗的大户，同时也是余热回收潜力最大的地方。若能将供暖空调中的余热进行回收使之转化为冷热源，可有效减少重复建设，节约一次能源。因此，为减少余热的浪费，应采用各种技术手段回收余热废热。本节将从余热废热的分类、工业余热废热量、工业余热废热利用技术三个方面展开。

1. 余热废热的分类

由于生产工艺、生产方法、设备和原料及燃料条件的不同，余热具有多种分类方式，常用分类如下：按照载热体形态余热可分为固态载体余热、液态载体余热和气态载体余热。固态载体余热包括固态产品和固态中间产品、排渣及可燃性固态废料的余热；液态载体余热包括液态产品和液态中间产品、冷凝水和冷却水、可燃性废液的余热；气态载体余热包括烟气、放散蒸汽及可燃性废气的余热。按照温度等级余热可分为高温余热、中温余热、低温余热。高温余热是指温度高于 600℃的余热，如工业炉窑、冶炼高炉的废气、炉渣的余热，这种余热品位高，多用于动力回收；中温余热是指温度介于 200～600℃之间的余热，如一般立式、卧式烟火管锅炉的烟气余热，这种余热多用于预热空气等；低温余热是指温度低于 200℃的余热，如燃烧锅炉的烟气、工业企业的废水、废汽的余热，这种余热虽然品位低，但余热数量很大。这些余热经过一定的技术手段加以利用，可进一步转换成其他机械能、电能、热能或冷能等。

2. 工业余热废热量

在工业生产过程中存在着巨大的余热资源，在确定这部分余热资源能否进行回收之前应首先计算余热量。然后根据余热量的大小及余热的形式选择余热回收方案。在确定余热回收方案时必须考虑两个问题：一是余热回收的经济性，即在一定的回收期内回收余热的价值应大于余热回收的全部投资。二是现有技术的可行性，例如，有些中低温烟气具有很强的腐蚀性，一般的余热回收设备无法解决腐蚀问题。

3. 工业余热废热利用技术

1）余热废热回收方式

工业余热废热的回收方式很多，基本上可分为三类：余热的直接利用、余热的间接利用、余热的综合利用。其中，余热的直接利用方式是在供暖及空调系统中使用最广泛的方式；余热的间接利用在供暖及空调系统中使用不多；余热的综合利用方式，因其能源利用效率最高，多通过冷热电联产的方式将热电厂、供暖及空调系统联系起来，近年来得到了迅速发展。具体情况如下：

余热的直接利用即把余热直接作为热源使用。这是最简便、最经济、最常见的回收利用方式。例如，通过余热锅炉回收烟气余热，产生的蒸汽或热水可作为供暖系统的热源；通过余热转化及回收装置将工业生产过程中的废热转化为可供吸收式制冷机组工作的驱动能源并实现制冷；对不能直接利用的更低温度的余热，可将其作为热泵系统的低温热源。

余热的动力回收即将中高温余热转化为电能加以利用。余热的动力回收方式更符合能级匹配的原则。例如，当工业动力机械的排烟温度达到 500℃以上时，可利用余热锅炉产生蒸汽，推动汽轮机发电，达到余热回收的目的。

余热的综合利用即根据工业余热温度的高低而采取不同的方法，以做到“热尽其用”。这是最有效的余热回收方式。例如，利用高温余热产生蒸汽的同时通过供热机组进行供暖，相当于热电联产，提高了余热利用效率。

就余热的回收利用效果来说，余热的综合利用效果最好，其次是直接利用，第三是余热的动力回收。在实际利用的过程中，要根据余热资源的数量和品位及用户需求，尽量做到能级的匹配，在符合技术经济原则的条件下，选择适宜的系统和设备，使余热发挥最大的效果。

2）余热回收设备

常用的工业余热回收设备有余热锅炉、换热器、热管、热泵等，其中余热锅炉及热泵多用于供暖及空调系统中，余热锅炉及热泵可将回收到的余热作为供暖系统的热源或用于制冷装置使其制冷。换热器及热管多用于工艺生产中，在供暖及空调系统中使用不多。具体情况如下，其中关于热泵的具体应用已在4.5.2节讲述，此处不再重复叙述。

余热锅炉回收余热是提高能源利用率的重要手段，冶金行业近80%的烟气余热是通过余热锅炉回收的，节能效果显著。余热锅炉利用高温烟气余热、化学反应余热、可燃气体余热以及高温产品余热等，生产出的高压、中压或低压蒸汽或热水可作为供暖系统的热源进行管网供热。实际应用中，利用350～1000℃高温烟气的余热锅炉居多，和燃煤锅炉的运行温度相比，属于低温炉，效率较低。

工业用的换热器按照换热原理基本分为混合式换热器、蓄热式换热器和间壁式换热器。混合式换热器是依靠冷热流体直接接触来实现热量的传递，如工业生产中的冷却塔、洗涤塔等，在余热回收中并不常见。蓄热式热交换设备是冷热流体交替流过蓄热元件进行热量交换。蓄热式换热器属于间歇操作的换热设备，适宜回收间歇排放的余热资源，多用于高温气体介质间的热交换。间壁式换热器是将冷热两种流体用导热的壁面隔开，热量由热流体通过壁面间接地传递给冷流体。

热管是一种新颖的高效导热元件，通过介质在热端蒸发后在冷端冷凝的相变过程，使热量快速传导，属于将储热和换热装置合二为一的相变储能换热装置。热管导热性好，传热系数比传统金属换热器高近一个量级，还具有良好的等温性、可控制温度、热量输送能力强、冷热两侧的传热面积可任意改变、可远距离传热、无外加辅助动力设备等一系列优点。实际应用中，用于工业余热回收的热管使用温度在50～400℃之间，多用于干燥炉、固化炉和烘炉等的热回收以及废蒸汽的回收。

第 5 章　工业建筑体形与围护结构的设计策略

近年来，民用建筑围护结构节能的研究和应用取得了一系列的成果，但这些成果并不完全适用于工业建筑。由于工业建筑往往存在较大的通风换气量和室内散热量，其围护结构节能的原理和方法与民用建筑存在不同。因此，工业建筑围护结构节能设计不能套用民用建筑节能的成果，但可以去借鉴和学习民用建筑节能的原理和思路。

围护结构节能设计包括建筑物墙体节能设计、屋面节能设计及外门窗节能设计等。对于一类工业建筑，围护结构节能设计是通过改善建筑物围护结构的热工性能，使其具有抵御冬季室外气温作用和气温波动的能力（即保温）和抵御夏季室外气温和太阳辐射综合热作用的能力（即防热），使建筑物室内环境尽可能不受室外不利气候条件的影响。通过缩短设备的运行时间、降低设备负荷，以减少通过供暖或空调等辅助设备来达到室内环境要求的能耗。对于二类工业建筑，围护结构节能设计是根据气候条件、余热强度和通风换气次数确定适宜性的围护结构热工参数。在《工业建筑节能设计统一标准》GB 51245—2017 中，一类工业建筑围护结构热工性能参数给出的是限值；二类工业建筑围护结构热工性能参数给出的是推荐值，即传热系数过大或过小都不利室内热环境和节能。

5.1　工业建筑体形系数的影响分析及要求

建筑体形系数（S）指建筑物与室外大气接触的外表面积（F_0）与其所包围的体积（V）的比值，如式（5-1）所示。外表面积中，不包括地面和不供暖楼梯间内墙及户门的面积。

$$S = \frac{F_0}{V} \tag{5-1}$$

工业建筑体形系数受到工业建筑层数及平、剖面设计等空间形式的影响。工业建筑分为单层和多层，其层数的确定主要受到生产工艺要求、城市规划的要求、技术经济的制约三个因素的影响；工业建筑平、剖面的设计主要受到生产工艺和生产特性的影响。

体形系数的大小对建筑供暖与空调能耗的影响非常显著，其原因在于，对于同样体积的建筑物，在各面外围护结构的传热情况均相同时，减少建筑与室外大气接触的外表面积，则通过围护结构的传热量越小。在建筑的节能规范和节能设计标准中，出于降低供暖空调能耗的目的，会对建筑的体形系数进行限制规定。

5.1.1　建筑形式对体形系数的影响

在建筑的初步设计中，建筑的造型、平面布局等一旦确定后，体形系数也就基本确定。本节将通过分析建筑平面布置方式、平面形状等因素对体形系数的影响作用关系，以使其方法和结论在优化设计时可以借鉴。

1. 布置方式的影响

同样大小的建筑平面面积，由于布置不同，外露面积可以相差悬殊。平面形状越规

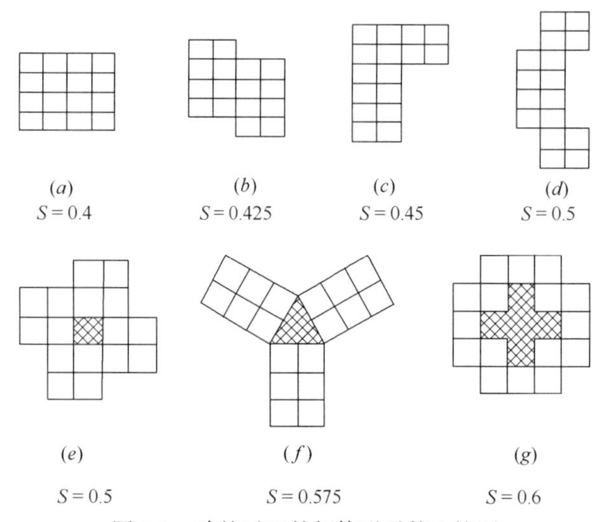

图 5-1　建筑平面外侧体形系数比较图

整，外表面就越小，体形系数也越小。如图 5-1 所示的各个平面，面积均为 16 个单元组成，假设每个单元的长宽高都为 5m，与（*a*）型相比，（*b*）型的体形系数增加了 6.25%，（*c*）型增加了 12.5%，（*d*）型增加了 25%。如采用塔式建筑，中设天井，如图 5-1 中（*e*）、（*f*）、（*g*）所示，则外侧体形系数更大，与（*a*）型相比，相应增加了 25%、43.75%、50%。

2. 平面形状的影响

下面再比较如图 5-2 所示的三种平面的体形系数。三者平面面积均为 $400m^2$，高 10m。体形系数以圆柱形最小，正方形次之，长方形最大。

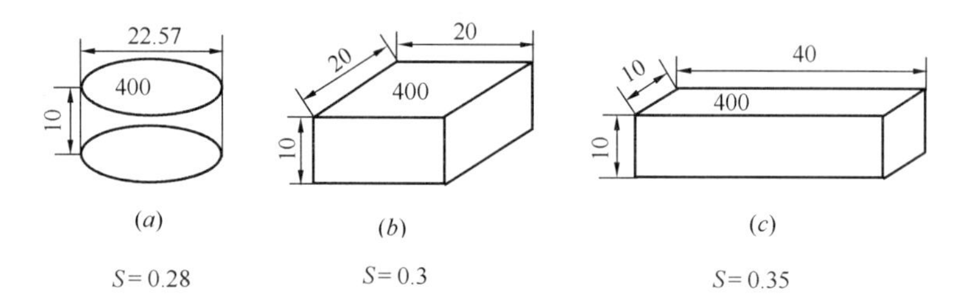

图 5-2　三种平面形式的体形系数比较

3. 长方形建筑的高矮和并连的影响

由于地坪不算外露面积，故一长方体建筑若以面积最大的一面贴地，其外露面积必最小，从而体形系数亦最小。如图 5-3 中，（*a*）图的 S 最小，（*b*）图次之，而（*c*）图最大。若与（*a*）图的 S 相比，（*b*）图增大 19%，（*c*）图增大 22%。

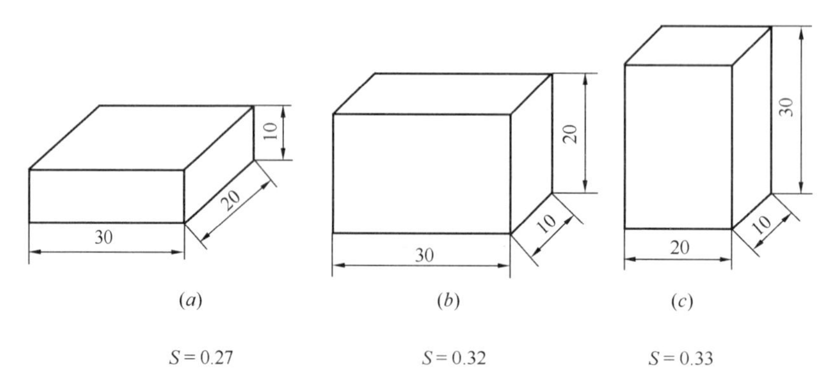

图 5-3　长方体建筑的布置对体形系数的影响

若将两幢板形建筑合并成一幢，其体形系数必然下降，且显然以两者的最大表面合并为最佳，如图 5-4 所示，合并之后体形系数下降了 15%。

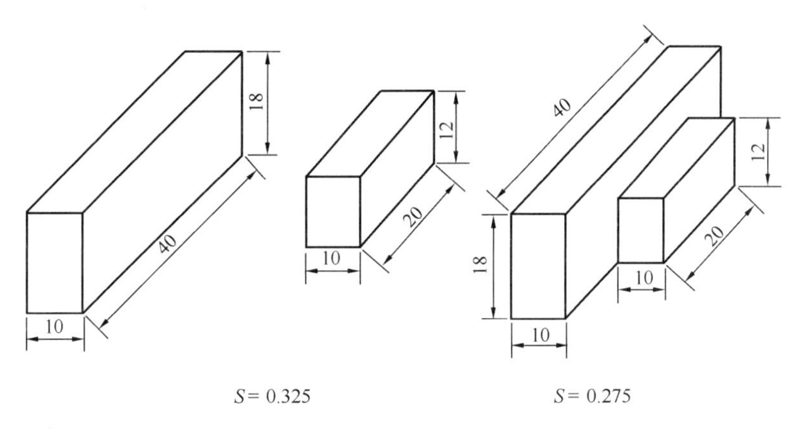

图 5-4　板形建筑合并对体形系数的影响

4. 单栋建筑面积的影响

单栋建筑面积对体形系数会产生较大的影响。在建筑高度为 5m，长宽比为 3∶1 时，单栋建筑面积对体形系数的影响如图 5-5 所示。可见，随着单栋建筑面积增大，体形系数越小。因此，在《工业建筑节能设计统一标准》GB 51245—2017 中，对体形系数的要求因单栋建筑面积的不同而不同。单栋建筑面积较大的情况，对体形系数的限值要求相对更小，反之，单栋建筑面积较小的情况，对体形系数的限值要求相对较大，当单栋建筑面积小于或等于 300 m^2时，对体形系数没有作出要求。

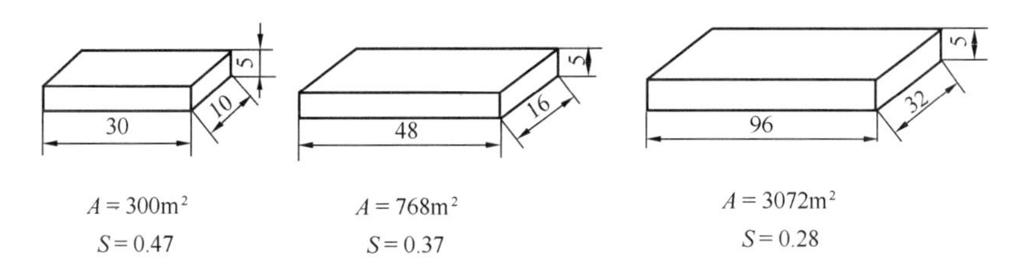

图 5-5　单栋建筑面积对体形系数的影响

5.1.2　工业建筑体形系数限值的要求

上文对建筑物的平面布置、形状、高矮、并连、单栋建筑面积等对体形系数的影响孤立地作了简单的叙述。实际上体形系数的确定还与工艺要求、建筑造型、平面布局、采光通风等条件相关。因此，如何合理地确定建筑形状，必须考虑本地区气候条件，冬、夏季太阳辐射强度、风环境、围护结构构造形式等各方面的因素。应权衡利弊，兼顾不同工艺要求及使用类型的建筑造型，尽可能地减少房间的外围护面积，使体形不要太复杂，凹凸面不要过多，以达到节能的目的。

对于一类工业建筑，环境控制方式为供暖和空调。严寒和寒冷地区室内外温差较大，建筑体形系数的变化将直接影响一类工业建筑供暖能耗的大小。在一类工业建筑的供暖耗热量中，围护结构的传热耗热量占有很大比例，建筑体形系数越大，单位单栋建筑面积对应的外表面面积越大，传热损失就越大。因此，从降低冬季供暖能耗的角度出发，应对严寒和寒冷地区一类工业建筑的体形系数进行控制，以更好地实现节能目的。

图 5-6 表示在建筑不同长宽比和高度下，体形系数随单栋建筑面积的变化规律。该图是针对单层厂房进行的分析，多层厂房具有体形系数小的优点，相对来说，多层厂房更容易满足体形系数的限值要求。从图中可以看出在不同的长宽比和高度下，体形系数都随单栋建筑面积的增加而减小。在同一单栋建筑面积下，在建筑高度一定的情况下，体形系数随长宽比的增加而增大；在长宽比一定的情况下，体形系数随建筑高度的增加而减小。从图 5-6 中还可以看出，当单栋建筑面积在 300～800m^2范围之间时，体形系数在 0.3～0.5 范围之间；当单栋建筑面积在 800～3000m^2范围之间时，体形系数约在 0.2～0.4 之间；当单栋建筑面积大于 3000m^2时，体形系数均小于 0.3。

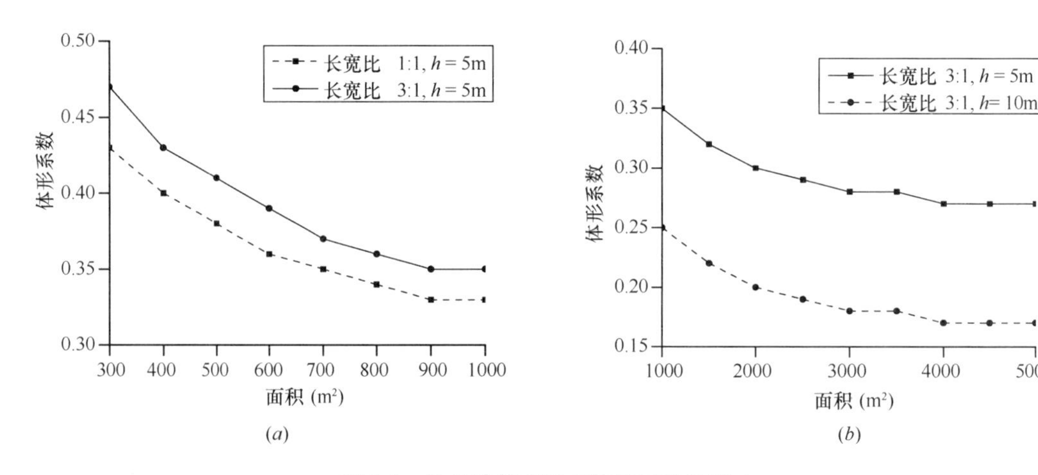

图 5-6　单栋建筑面积对体形系数的影响

相对于民用建筑，工业建筑具有平面布置及形状单一、层数较少、高大空间等特点。因此，工业建筑的体形系数的大小主要取决于单栋建筑面积。我国国家标准《工业建筑节能设计统一标准》GB 51245—2017，根据不同的单栋建筑面积对严寒和寒冷地区一类工业建筑给出了应满足的体形系数值，如表 5-1 所示。

严寒和寒冷地区一类工业建筑体形系数　　**表 5-1**

单栋建筑面积 A（m^2）	建筑体形系数	单栋建筑面积 A（m^2）	建筑体形系数	单栋建筑面积 A（m^2）	建筑体形系数
$A>3000$	≤0.3	$800<A\leq3000$	≤0.4	$300<A\leq800$	≤0.5

在夏热冬冷和夏热冬暖地区，建筑体形系数对空调和供暖能耗也有一定的影响。由于室内外的空气温差远不如严寒和寒冷地区大，且建筑物外围护结构存在白天得热、夜间散热问题，所以，体形系数的变化对建筑能耗的影响比严寒和寒冷地区要小。

对于二类工业建筑，环境控制方式为通风，其体形系数的要求与一类工业建筑截然不同。当室内产生大量余热时，为了增大进风面积，提高自然通风效果，并利用围护结构散热，在工艺条件允许的情况下，二类工业建筑应尽量增大体形系数，例如采用单跨结构，可增大建筑体形系数。

5.2 工业建筑围护结构保温的基本措施

我国严寒和寒冷地区冬季气温较低，持续时间较长。冬季室外空气温度持续低于室内气温，与之对应的是围护结构中热流始终从室内流向室外，其大小随室内外温差的变化也会产生一定的波动。除受室内气温的影响外，围护结构内表面的冷辐射对室内环境的影响也很大。建筑围护结构应当尽量减少由内向外的热传递，且当室外温度急剧波动时，保持热流的大小基本稳定，以减少室内和围护结构内表面温度的波动。因此，建筑围护结构应具有抵御冬季室外气温作用和气温波动的能力。

围护结构保温性能直接影响建筑供暖能耗。建筑围护结构具有良好的保温性能，可减少冬季室内传出室外的热量，从而减少或避免满足室内环境要求所需的供暖能耗。反之，若建筑物本身的热工性能较差，则不仅难以达到所需的室内热环境标准，还将使供暖耗热量大幅度增加，甚至在围护结构表面或内部产生结露、受潮等一系列问题。因此，工业建筑围护结构保温是建筑节能的一个重要组成部分，包括外墙与屋顶保温设计、门窗保温等技术措施。

5.2.1 外墙与屋顶保温措施

外墙与屋顶围护结构保温的目的：一方面是通过控制围护结构传热阻，保证围护结构内表面温度满足一定的要求，即保证围护结构内表面不结露和室内人员基本热舒适；另一方面，通过保温设计减少围护结构能量的损失，达到降低供暖能耗的目的。

《民用建筑热工设计规范》GB 50176—1993 中采用最小传热阻作为外墙与屋顶保温设计的指标，该指标仅保证围护结构内表面不结露，其要求偏低。而在《民用建筑热工设计规范》GB 50176—2016 中采用了内表面温度与室内空气温度的温差作为外墙与屋顶保温设计的指标，该指标给出了不结露和基本热舒适两档，设计时可根据建筑的具体情况选用。

对工业建筑外墙与屋顶进行保温设计时，从控制不结露的角度考虑，可以参照民用建筑。外围护结构容易发生内表面结露的情况主要有两种，北方冬季热桥的内表面和南方过渡季围护结构的内表面。外围护结构内表面一旦发生结露现象，不但使围护结构受潮、降低围护结构使用寿命，而且对生产产品质量产生影响。

具体的保温措施包括：

（1）提高墙体热阻值，可采取的措施包括：采用轻质高效保温材料与砖、混凝土、钢筋混凝土、砌块等主墙体材料组成复合保温墙体构造；采用低导热系数的新型墙体材料；采用带有封闭空气间层的复合墙体构造设计。

（2）外墙宜采用热惰性大的材料和构造，提高墙体热稳定性可采取的措施包括：采用内侧为重质材料的复合保温墙体，如外保温和夹芯保温墙体；采用蓄热性能好的墙体材料或相变材料复合在墙体内侧。

（3）屋顶保温材料应选择密度小、导热系数小的材料，防止屋顶自重过大；屋顶保温材料必须严格控制其吸水率，防止因保温层吸水造成保温效果下降。

（4）设置围护结构保温层，围护结构一般都需要满足承重和保温要求，其构造有的是用单一材料，它既承重又保温，如砖砌体（墙）、加气混凝土（墙、屋顶）等。这种做法构造简单，但由于承重与保温对围护结构厚度的要求往往不一致而不得不增加结构厚度。另一种是用两种类型或两种以上材料分别满足保温和承重的要求，称为复合围护结构。它可以充分发挥材料的特性，以强度大的材料满足承重要求，以轻质材料（如岩棉、膨胀珍珠岩制品或泡沫聚苯乙烯等）满足保温要求。

随着对围护结构保温要求的增加，复合构造的使用日益广泛。复合构造大体上可分为外保温（保温层在室外侧）、内保温（保温层在室内侧）和中间保温（保温层在中间夹芯）。三种配置方式各有优缺点。从建筑热工角度上看，外保温优点较多，但内保温往往施工比较方便，中间保温则有利于用松散填充材料作保温层。具体比较如下：

内表面温度的稳定性：外保温和中间保温做法，在室内一侧均为体积热容较大的承重结构，材料蓄热系数大，从而在室内供热波动时，内表面温度相对稳定，对室温调节避免骤冷骤热很有好处，适用于经常使用的房间。但对一天中只有短时间使用的房间，如体育馆、影剧院等，是在每次使用前临时供热，要求室温尽快达到所需标准，这时外保温做法使靠近室内的承重层要吸收大量热量，所需吸热时间也长，就不如用内保温可使室内温度上升快。

热桥问题：内保温做法常会在内外墙连接以及外墙与楼板连接等处产生热桥。根据计算，一栋建筑如外墙采用 370mm 砖墙，墙角处和热桥的热损失约为全部热损失的 10%；而改用 240mm 砖墙或 200mm 混凝土加内保温构造，墙角和热桥所占的热损失可达到全部热损失的 25%～30%，即相当于将其传热系数增加了 25%～30%。中间保温的外墙也由于内外两层结构需要拉接而增加热桥耗热。而外保温在减少热桥方面比较有利。

防止保温材料内部在冬季产生凝结水问题：外保温和中间保温做法，由于在室内一侧为密实的承重材料，室内水蒸气不易透过，可防止保温材料由于蒸汽的渗透积累而受潮。内保温做法则有可能出现保温材料冬季受潮的现象。

对承重结构的保护：外保温可避免主要承重结构受到室外温度的剧烈波动影响，从而提高其耐久性。

旧房改造：为节约能源而增加旧房的保温能力时，利用外保温，在施工中可不影响房间使用，同时也不占用室内面积，但施工技术要求高。

外饰面处理：外保温做法对外表面的保护层要求较高，外饰面比较难于处理。内保温和中间保温则由于外表面是由强度大的密实材料构成，饰面层的处理比较简单。

外墙与屋顶采用外保温时，宜减少出挑构件、附墙构件和屋顶突出物。当外墙有出挑构件和附墙构件时，应对外墙的出挑构件以及附墙构件采取阻断热桥或保温措施。

同时，围护结构保温设计应进行热桥部位内表面温度验算，其目的是防止冬季供暖期热桥部位内表面温度低于室内空气露点温度，造成围护结构热桥部位内表面产生结露，使围护结构内表面材料受潮、长霉，影响室内环境。结构内部的热桥形式包括：钢或钢筋混凝土骨架、梁、肋；保温墙中的金属件等。此外，门窗与墙体缝隙处，如果不作特殊处理，易形成热桥。变形缝是保温的薄弱环节，加强对变形缝部位的保温处理，避免变形缝两侧墙出现结露问题，也减小通过变形缝的热损失。因此，有保温要求的工业建筑，变形缝应采用弹性保温材料加以封闭。

围护结构热桥部位的内表面温度不应低于室内空气露点温度，在确定室内空气露点温度时，室内空气相对湿度均应按 60%采用。当其内表面温度低于室内空气露点温度时，应在热桥部位的外侧或内侧采取保温措施。严寒及寒冷地区地下室外墙及出入口应防止内表面结露，并应设防水排潮措施。

5.2.2　门窗保温措施

一般说来，建筑门窗的传热系数值远远大于外墙与屋顶，因此，在建筑的保温设计中可以通过严格限定门窗占总围护结构的比值来控制，同时积极提倡采用具有节能特性的门窗结构，对不同气候条件下的门窗的传热系数限值进行规定。

窗户的热损失在围护结构热损失中占有非常大的比例，如果不有效控制窗户的热损失，会增加建筑能耗，影响室内热环境。因此，应注意加强窗户的保温性、密闭性，并控制它的面积。

总结起来，造成窗户热损失的原因有三方面：

（1）玻璃本身的传热。这种热损失远远大于墙体。为了加强它的保温性能，可采用双层窗或双玻窗，利用玻璃之间的热阻较大的空气间层以降低它的传热系数。此外，窗户上安装窗帘对加强保温非常有益，其作用有时甚至比第二层玻璃还好，窗帘最好采用粗糙纤维的布并让它产生皱折，这样就保存了大量的空气，从而形成一个良好的保温层。

（2）窗扇缝隙中因对流引起的热损失。通常对于窗扇四周接缝的紧密性注意不够，又加上窗户日久易变形，从而造成较大的损失。

（3）窗框冷桥的传热。在采用金属窗时，此问题十分突出，应予以足够的考虑。例如，将窗户设计成两个断面，相互间用保温材料隔离开来。否则靠近窗樘的墙面会产生凝结水，且易积尘。

外门窗、玻璃幕墙及采光顶既有引进太阳辐射热的有利方面，又有因传热损失和冷风渗透损失都比较大的不利方面。就其总效果而言，仍是保温能力较低的构件。窗户保温性能低的原因，主要是缝隙空气渗透和玻璃、窗框及框樘等的热阻太小。

为了提高门窗的保温性能，各国都注意新材料（包括玻璃、型材、密封材料）、新构造的开发研究。针对我国目前的情况，应从以下几方面来做好门窗的保温设计。

1. 控制窗墙面积比

总窗墙面积比指建筑物各立面透光部分和非透光外门窗的洞口总面积之和，与各立面总面积之和的比值。透光部分面积是指实际透光面积，不含窗框面积。工业建筑气楼天窗应计入外窗面积。窗墙面积比的取值要考虑节能要求、气候条件及朝向、采光和通风等因素。

对于一类工业建筑，环境控制方式为供暖和空调，建筑窗墙面积过大会导致供暖和空调能耗增加，因此，从降低建筑能耗的角度出发，必须对窗墙面积比予以严格的限制。我国国家标准《工业建筑节能设计统一标准》GB 51245—2017 对一类工业建筑窗墙面积比进行了强制性规定：一类工业建筑总窗墙面积比不应大于0.50，当不能满足窗墙面积比规定时，必须进行权衡判断。居住建筑和公共建筑都是对单一立面窗墙面积比进行限制，但是，在工业建筑中，考虑到生产运输的需求，设置较大的外门洞口，造成在单一立面上窗墙面积比过大。因此，一类工业建筑对总窗墙面积比提出了限制。

一类工业建筑屋顶透光部分面积过大会导致冬季散热面积大，导致供暖能耗增加。夏季屋顶水平面太阳辐射强度最大，屋顶透光面积越大，相应建筑的空调能耗也越大。因此，从降低建筑能耗的角度出发，必须对一类工业建筑屋顶透光部分的面积予以严格的限制。我国国家标准《工业建筑节能设计统一标准》GB 51245—2017 对一类工业建筑屋顶透光部分的面积进行了强制性规定：一类工业建筑屋顶透光部分的面积与屋顶总面积之比不应大于 0.15，当不能满足屋顶透光部分面积规定时，必须进行权衡判断。屋顶透光部分面积应取屋顶平天窗和斜天窗面积、采光带等屋顶可透光部分面积总和，不考虑天窗中的垂直窗。

对于二类工业建筑，环境控制方式为通风。室内热源散发大量热量，适当增加窗墙面积比和屋顶透光部分面积可增加自然通风量和冬季散热面积，达到节约通风能耗的目的。

2. 提高门窗的保温性能

严寒、寒冷地区的门窗应以保温为主，门窗的保温性能主要受窗框、玻璃两部分热工性能的影响。

在传统建筑中绝大部分窗框是木制的，保温性能较好。在现代建筑中，金属窗框越来越多，由于金属窗框传热系数很大，使窗户的整体保温性能降低。随着建筑节能的要求越来越高，需要提高外窗保温性能，比如采用隔热复合型窗框材料可有效提高窗户保温性能。目前，窗框型材有木—金属复合型材、塑料型材、断桥隔热铝合金型材、断桥隔热钢型材、玻璃钢型材等保温窗框材料。以窗框材料来看，木窗、塑料窗的保温性能明显优于铝合金门窗，保温性能一般可以达到 2.0～2.5W/(m^2 • K)。铝木复合门窗、铝塑复合门窗、钢塑复合门窗是在木窗、金属窗的基础上发展起来的，保温性能一般是在 2.8W/(m^2 • K) 以下，基本能满足严寒、寒冷地区建筑节能的要求。普通的铝合金窗框保温性能较差，一般是 10W/(m^2 • K) 以上，作了隔热处理之后，框的传热系数基本可做到 4～5W/(m^2 • K)，使用中空玻璃之后，隔热铝合金门窗的传热系数一般在 2.5～3.5W/(m^2 • K) 之间，在寒冷地区比较适用，但是对于严寒地区就很难满足要求，因此建议严寒地区建筑采用隔热金属门窗时宜采用双层窗。对于夏热冬冷地区、温和 A 区，是以夏季隔热为主，冬季保温为辅，也有一定的保温要求，因此建议设计时综合考虑，宜采用保温性能较好的门窗，不宜直接采用单片玻璃窗。夏热冬暖地区、温和 B 区一般无特别的保温要求。

中空玻璃的保温性能远远优于单片玻璃。单片普通玻璃传热系数在 5.5～5.8W/(m^2 • K)，单片 Low-E 中空玻璃可达到 3.5W/(m^2 • K) 左右。以 12mm 气体层为例，普通中空玻璃可以达到 2.8W/(m^2 • K) 左右，Low-E 中空玻璃可以达到 1.8W/(m^2 • K) 左右，充氩气的中空玻璃可以达到 1.4W/(m^2 • K) 左右，三层双中空的 Low-E 中空玻璃可以达到 1.0～1.4W/(m^2 • K)，真空玻璃更是可以降低到 0.4～0.6W/(m^2 • K)。对于保温要求较高的建筑部位使用了保温型门窗、玻璃幕墙、采光顶，那么应当考虑气候区、建筑热工设计等综合要求，选择合适的中空玻璃，以提高整体的保温性能。对于保温性能优良的中空玻璃，如果搭配了“暖边”中空玻璃间隔条，可减少玻璃与框结合部位的结露问题，并且进一步降低门窗、幕墙的整体传热系数。

因此，严寒、寒冷地区建筑应采用木窗、塑料窗、铝木复合门窗、铝塑复合门窗、钢塑复合门窗和隔热铝合金门窗等保温型门窗，严寒地区建筑采用绝热金属门窗时宜采用双层窗。夏热冬冷地区、温和 A 区建筑宜采用保温型门窗。保温型门窗、玻璃幕墙、采光顶采用的玻璃系统应为中空玻璃、Low-E 中空玻璃、充惰性气体 Low-E 中空玻璃等保温性能良好的玻璃，保温要求高时还可采用三玻两腔、真空玻璃等。传热系数较低的中空玻璃宜采用“暖边”中空玻璃间隔条。

3. 提高气密性，减少冷风渗透

因为门窗、玻璃幕墙周边与墙体或其他围护结构连接处都可能存在缝隙，会产生室内外空气交换。从建筑节能角度讲，空气渗透量越大，导致能耗就越大。因此，提高门窗的气密性、减少冷风渗透量是提高门窗节能效果的重要措施之一。

我国国家标准《建筑外门窗气密、水密、抗风压性能分级及检测方法》GB/T 7106—2008 中规定采用在标准状态下，压力差为 10Pa 时的单位开启缝长空气渗透量 q_1 和单位面积空气渗透量 q_2 作为分级指标。将门窗的气密性分为 8 级，具体规定见表 5-2，其中 8 级最佳。

建筑外门窗气密性能分级表　　表 5-2

分级	1	2	3	4	5	6	7	8
单位缝长分级指标值 q_1 [m^3/(m·h)]	$4.0 \geq q_1 > 3.5$	$3.5 \geq q_1 > 3.0$	$3.0 \geq q_1 > 2.5$	$2.5 \geq q_1 > 2.0$	$2.0 \geq q_1 > 1.5$	$1.5 \geq q_1 > 1.0$	$1.0 \geq q_1 > 0.5$	$q_1 \leq 0.5$
单位面积分级指标值 q_2 [m^3/(m^2·h)]	$12 \geq q_2 > 10.5$	$10.5 \geq q_2 > 9.0$	$9.0 \geq q_2 > 7.5$	$7.5 \geq q_2 > 6.0$	$6.0 \geq q_2 > 4.5$	$4.5 \geq q_2 > 3.0$	$3.0 \geq q_2 > 1.5$	$q_2 \leq 1.5$

为了保证生产建筑的节能效果，要求外窗具有良好的气密性能，以抵御夏季和冬季室外空气过多地向室内渗漏，因此对外门窗的气密性能有较高的要求。我国国家标准《工业建筑节能设计统一标准》GB 51245—2017 中规定：有保温隔热要求时，外窗气密性等级应符合现行国家标准《建筑外门窗气密、水密、抗风压性能分级及检测方法》GB/T 7106 的有关规定。

4. 外门的设计

门的热阻一般比窗户的热阻大，而比外墙和屋顶的热阻小，因此也是建筑外围护结构保温的薄弱环节。常见门的热工指标见表 5-3。

门的传热系数和传热阻　　表 5-3

门框材料	门的类型	传热系数 K_0[W/(m^2·K)]	传热阻 R_0[(m^2·K)/W]
木、塑料	单层实体门	3.5	0.29
	夹板门和蜂窝夹芯门	2.5	0.40
	双层玻璃门（玻璃比例不限）	2.5	0.40
	单层玻璃门（玻璃比例<30%）	4.5	0.22
	单层玻璃门（玻璃比例为 30%～60%）	5.0	20
金属	单层实体门	6.5	0.15
	单层玻璃门（玻璃比例不限）	6.5	0.15
	单框双玻门（玻璃比例<30%）	5.0	0.20
	单框双玻门（玻璃比例为 30%～70%）	4.5	0.22
无框	单层玻璃门	6.5	0.15

工业建筑生产厂房的性质决定了其外门开启的频繁度，外门频繁开启造成室外冷空气大量进入室内，导致供暖能耗增加，设置门斗可以避免冷空气直接进入室内。因此，严寒和寒冷地区有保温要求时，外门宜通过设门斗、感应门等措施，减少冷风渗透。

同时，生产厂房外门通常较大，通过外门的传热量较多。因此，有保温要求的工业建筑，外门宜采用防寒保温门，外门与墙体之间应采取防水保温措施。

5.2.3 被动式太阳能利用

被动式太阳能房不借助机械动力，而是通过建筑朝向和周围环境的合理布置、内部空间和外部形体的巧妙处理以及建筑围护结构自身构造和材料的恰当选择，使建筑物以热量自然交换的方式（辐射、传导和自然对流），在冬季能集取、保持、储存和分配太阳能，从而解决冬季供暖问题；又能在夏季遮蔽太阳辐射、散逸室内热量而降温，从而达到冬暖夏凉的目的。被动式太阳房的供暖方式主要有以下几种。

1. 直接受益式

如图 5-7（*a*）所示，直接受益式是被动式太阳房中最简单、常用的一种。它是利用南向窗户和天窗直接接收太阳辐射热。采用南向高侧窗和屋顶天窗获取太阳辐射是应用最广的一种方式。太阳辐射通过窗户直接投射到室内地面、墙面及其他物体上，地面、墙面及其他物体表面吸收热量使其温度升高，所吸收的热量一部分以对流换热的方式加热室内空气，另一部分以辐射的方式与其他围护结构内壁面进行热交换，第三部分热量则蓄存在地面、墙面及其他物体内部，使室内温度维持在一定水平。

直接受益式的特点是构造简单，升温快但温度波动稍大。可通过减少玻璃热损失来改善直接受益式被动式太阳能房温度波动大的缺点。夜间对窗玻璃采取有效的保温措施（如保温帘），以减少夜间通过玻璃的热量损失，可使被动式太阳能房昼夜受益。

2. 集热墙式

如图 5-7（*b*）所示，集热墙式被动式太阳房是间接式太阳能供暖系统，它是目前应用最广泛的被动式供暖方式之一。这种形式的太阳房在供热机理上与直接受益式不同。太阳辐射透过玻璃照射在集热墙上，集热墙外表面涂有吸收率高的涂层，其顶部和底部分别设有通风孔。集热墙吸收太阳的辐射热后，一部分热量通过玻璃向室外散热；另一部分热量加热夹层内的空气，通过通风孔向室内对流供暖；第三部分热量则通过集热墙体导热传至室内。

集热墙式的特点是室内温度波动小，但玻璃夹层中间容易积灰，不好清理，影响集热效果。

3. 附加日光间式

如图 5-7（*c*）所示，附加日光间式被动式太阳房是将玻璃与墙之间的空气夹层加宽，使得可以附加日光间。附加日光间是指那些由于直接获得太阳热而使温度产生较大波动的空间，过热的空气可以立即用于加热相邻的房间，或者储存起来留待没有太阳照射时使用。在一天的所有时间内，附加日光间内的温度都比室外高，这一较高的温度使其作为缓冲区减少建筑的热损失。附加日光间式被动式太阳房的前部日光间的工作原理和直接受益式系统相同，后部房间的供暖方式则和集热墙式系统类似。

以上三种是国内外采用较多的被动式太阳能供暖方式，需要注意的是，当利用被动式供暖时，必须使该建筑物的围护结构具有良好的保温性能，这是由于建筑获得的太阳能是

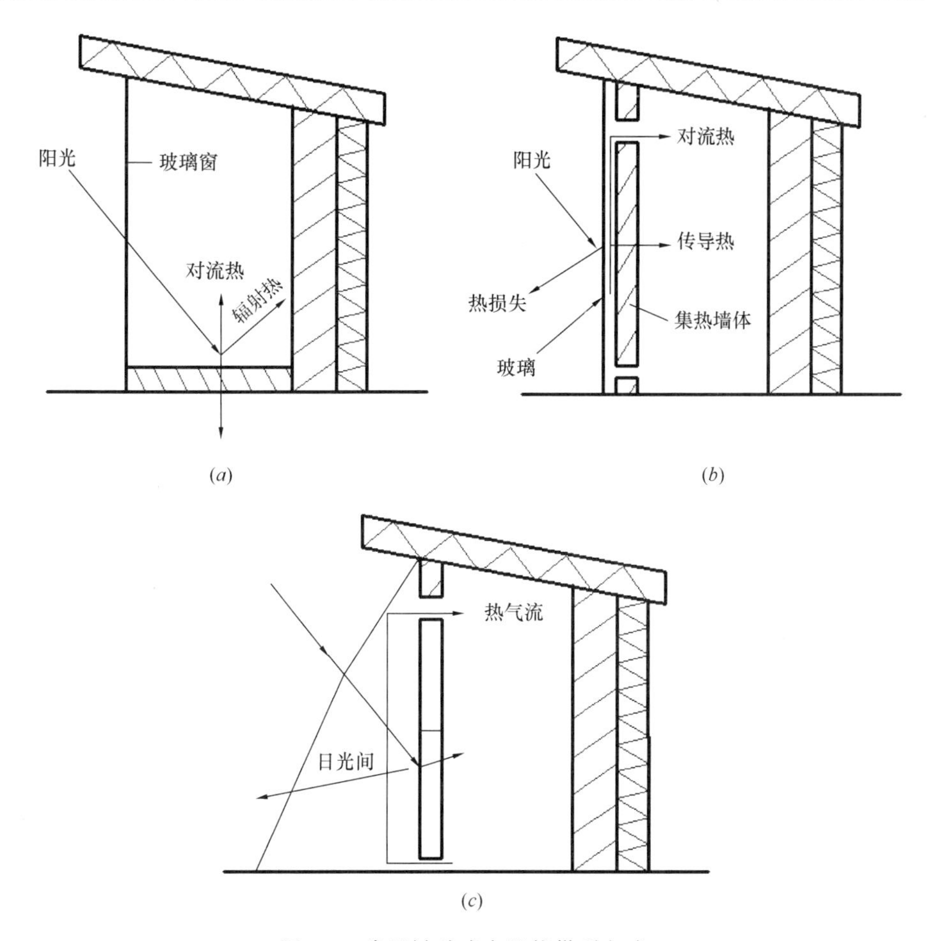

图5-7 常见被动式太阳能供暖方式

有限的，在围护结构平均传热系数很大时，会使被动式供暖系统变得毫无意义。

5.3 工业建筑围护结构防热的基本措施

工业建筑防热不同于民用建筑，由于内热源强度变化范围较大，因此围护结构防热的任务和目标受室内热源强度的影响。在热源强度较小时，防热主要针对夏天隔热，减弱室外气温和太阳辐射对室内热环境的影响。当热源强度较大时，防热既要考虑隔热，又要兼顾排除室内余热，防止室内过热。

建筑围护结构防热设计的主要工作是，减弱不利的室外热作用的影响，使室外热量尽可能地少传入室内，同时，使室内热量尽快地散发出去。工业建筑围护结构防热设计应根据气候特点、建筑使用情况等采取综合的防热措施。减弱室外热作用的措施包括合理选择建筑朝向和布局、外围护结构的隔热、窗口遮阳等。增强散热的措施主要是合理采用自然通风，利用间歇的夜间通风，能够有效降低夏季室内温度。

本节主要介绍围护结构隔热措施和遮阳措施。

5.3.1 屋顶与外墙隔热措施

外围护结构外表面受到的日晒时数和太阳辐射强度，以水平面为最大，东、西向次之，东南和西南又次之，南向较小，北向最小。所以，隔热的重点应在屋顶，其次是西墙与东墙。

（1）屋顶和外墙采用浅色的饰面，以减少对太阳辐射的吸收率，从而降低室外热作用，达到隔热的目的。对于相同的围护结构构造，只要改变外表面颜色，便可取得较好的隔热效果。因此，建筑的外表面宜选择对太阳辐射吸收率小的材料作饰面。

（2）为了减轻屋顶自重，屋顶应采用带有封闭空气间层的围护结构，如空心大板屋面，利用封闭空气间层隔热，为提高间层隔热能力，可在间层内铺设反射系数大的材料，如铝箔，以减少辐射传热量，封闭的铝箔空气间层质量轻，隔热效果好，对发展轻型屋顶很有意义。

（3）外墙采用复合墙体构造，墙体外侧宜采用轻质材料，内侧宜采用重质材料。对于西向墙体，可采用高蓄热材料与低热传导材料组合的复合墙体构造，从而加大对波动的阻尼作用，使围护结构具有较大的衰减倍数和延迟时间，降低围护结构内表面的平均温度和最高温度。

（4）采用通风隔热屋顶和通风墙，通风隔热屋顶比较适合于湿热地区要求围护结构白天隔热好而夜间散热快的建筑。通风隔热屋顶的原理是在屋顶设置通风间层，一方面利用通风间层的上表面遮挡阳光，阻断了直接照射到屋顶的太阳辐射，起到了遮阳板的作用；另一方面，通风间层与室外相通，利用热压和风压作用使间层间的空气流动，从而带走大部分进入间层的辐射热，减少了通过下层屋面板传入室内的热量，有效降低屋顶内表面的温度，达到隔热降温的目的。通风屋顶的构造形式较多，既可用于平屋顶，也可用于坡屋顶，基本构造如图 5-8 所示。

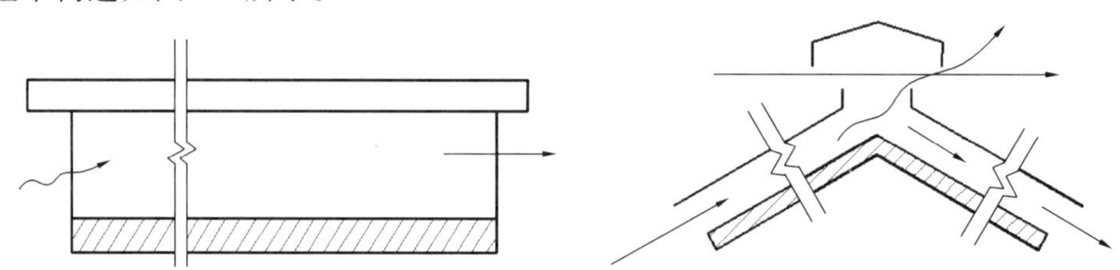

图 5-8　通风屋顶的构造方式

由于屋顶构造关系，通风口的宽度受结构限制往往已固定，在同样宽度的情况下，通风口面积只能通过通风层的高度来控制。间层高度增加，对加大通风量有利，但增高到一定程度之后，其效果渐趋缓慢。图 5-9 所示为通风屋顶在不同高度的空气间层情况下的热工效果。由图可见，间层高度以 0.2～0.24m 为好。

夏热冬冷或夏热冬暖地区的建筑物大都采用通风屋顶进行隔热，收到了良好的效果。某些存放油漆、橡胶、塑料制品等的仓库，由于受太阳辐射的影响，屋顶内表面及室内温度过高，致使所存放的上述物品变质或损坏，乃至有引起自燃和爆炸的危险，除应加强通风外，设置通风屋顶也是一种有效的隔热措施。

夏热冬冷或夏热冬暖地区散热量小于 23W/m^{3}的工业厂房，夏季经围护结构传入的热量，占传入车间总热量的 85%以上，其中经屋顶传入的热量又占绝大部分，以致造成屋顶对工作区的热辐射。为了减少太阳辐射热，当屋顶离地面平均高度小于或等于 8m 时，宜采用屋顶隔热措施。采用通风屋顶隔热时，其通风屋顶的风道长度不宜大于 10m，空气

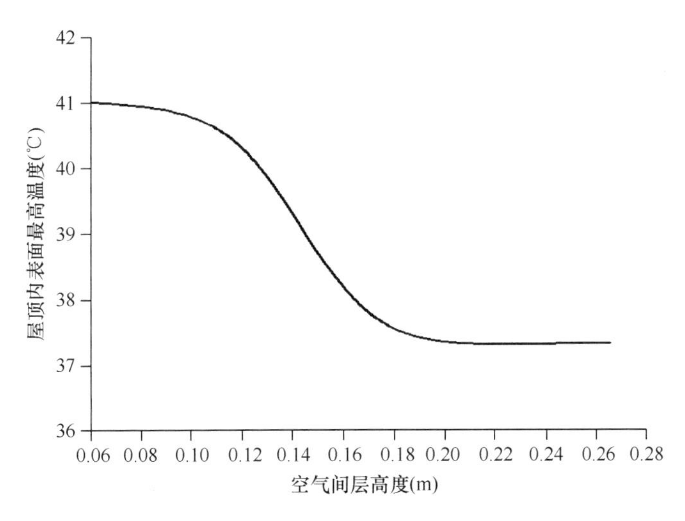

图 5-9　空气间层高度与内表面温度

层高度宜为 0.2m。屋面基层应做保温隔热层，檐口处宜采用兜风构造，通风平屋顶风道口与女儿墙的距离不应小于 0.6m，以保证通风屋顶的通风效果。

通风墙的降温原理与通风屋顶相同。由于通风外墙的进风口和出风口之间的高差较大，热压通风的效果较好，间层厚度可以适当减小，通常用 0.02～0.1m。外墙加通风间层后，其内表面最高温度约可降低 1～2℃，其日照辐射照度越大，通风空气间层的隔热效果越显著。

（5）采用蓄水和种植隔热屋顶，蓄水隔热屋顶就是在屋面上蓄一层水来提高屋顶的隔热能力。其隔热的主要原理是利用水在太阳光的照射下蒸发时需要大量的汽化热，从而大量消耗到达屋面的太阳辐射热，有效地减少了经屋顶传入室内的热量，降低了屋顶的内表面温度，是一种有效的隔热措施。

但蓄水屋顶也存在一些不足的地方，蓄水后其夜间屋顶的外表面温度较高，这时很难利用屋顶散热。同时，蓄水屋顶还增加了结构负荷，如果屋面的防水不当，还可能造成漏水、渗水。

种植隔热屋面是利用屋面上种植的植物阻隔太阳辐射防止房间过热的一项隔热措施。其隔热原理有三个方面：一是利用植被茎叶的遮阳作用可以有效地降低屋面的室外综合温度，减少屋面向室内传递的热量；二是利用植物的蒸腾和光合作用，吸收太阳的辐射热，达到隔热降温的目的；三是植被基层的土壤或水体的蒸发消耗太阳能。种植隔热屋顶的隔热性能和植被的覆盖密度、培养基质的种类和厚度以及基层的构造有关。

种植隔热屋面在构造上无特殊要求，其构造层内是否需要采用保温隔热层应按当地的节能标准和种植屋面的热工性能确定。保温隔热层应选用密度小、压缩强度大、导热系数小、吸水率低的保温隔热材料。

5.3.2　遮阳措施

通过太阳辐射的得热对夏季室内热环境具有非常大的影响，一方面太阳辐射得热会提高外围护结构的综合温度，增大室内得热；另一方面通过太阳光照射的玻璃进入室内的热量，比同等面积普通墙体要高许多倍，而且几乎没有时间延迟。在夏季，太阳辐射不仅会提高室内空气的温度，而且还会提高室内的平均辐射温度，使人感到炎热。大量的调查和测试表明，太阳辐射通过窗进入室内的热量是造成夏季室内过热、空调能耗上升的主要原因。因此，为了节约能源，夏热冬暖、夏热冬冷、温和地区的工业建筑宜采取遮阳措施。

采取遮阳措施可以在很大程度上限制夏季太阳直射辐射的热作用，遮阳可以改善夏季室内热环境，并且对夏季空调房间减少冷负荷是很有利的。

从遮阳设施放置的位置上，可分为：外遮阳、内遮阳和双层玻璃间的遮阳。

从遮阳效果上来看，外遮阳直接将太阳辐射阻隔在室外，遮阳设施在太阳照射的作用下温度升高散出的热量也不会直接进入室内，因此具有较好的防热作用。外遮阳包括遮阳篷、水平悬板、各种肋板等，通过建筑的形式及几何外形的变化也可以起到遮阳的作用，外遮阳的水平悬板及肋板一般都是固定的。

内遮阳的遮阳效果虽不如外遮阳好，但内遮阳具有方便设置、便于维护等优点，内遮阳包括软百叶帘、可卷百叶窗、卷帘及普通窗帘等，它们通常为活动的，即可升降、可卷或可拆卸。

双层玻璃间的遮阳效果也很好，双层玻璃间的遮阳通常为可调节的，或者可在内部伸缩的，常见的有百叶帘。

在设计遮阳时应考虑地区的气候特点和建筑的使用要求以及窗口所在朝向。遮阳设施效果除取决于遮阳形式外，还与遮阳设施的构造处理、安装位置、材料与颜色等因素有关。可以把遮阳做成永久性或临时性的遮阳装置。永久性的即是在窗口设置各种形式的遮阳板；临时性的即是在窗口设置轻便的窗帘、各种金属或塑料百叶等。在永久性遮阳设施中，按其构件能否活动或拆卸，又可分为固定式或活动式两种。活动式的遮阳可视一年中季节的变化，一天中时间的变化和天空的阴暗情况，任意调节遮阳板的角度，在寒冷季节，为了避免遮挡阳光，争取日照，这种遮阳设施灵活性大，还可以拆除。根据不同遮阳形式及特点，建筑东西向宜设置活动外遮阳，南向宜设水平遮阳。

不管什么形式的遮阳设施，其外表面对太阳辐射热的吸收系数越小越好，内表面的辐射系数越小越好。遮阳设施的颜色对其防热效果也有影响，以安装在窗口内侧的百叶窗为例，暗色、中间色和白色对太阳辐射热透过的百分比分别为：86%、74%和62%。

遮阳设施不仅起到防热的作用，对建筑室内光环境、通风、冬季日照、视野等都有可能产生一定的影响，这些因素的相对重要性，在不同的气候条件下和不同的环境中有所不同。在工业建筑遮阳设计时，应兼顾通风及冬季日照。这对设计师提出了很高的要求，遮阳设计往往也成为设计师综合水平的体现。

除了在建筑中设置上述遮阳设施外还可以利用绿化进行遮阳，高大的树木、蔓藤植物或在屋面种植草坪都可以起到良好的遮阳作用，手法可以千变万化，并且植物在遮阳的同时，还起到美化环境、净化空气等作用，是一种非常好的遮阳手段。在利用植物遮阳的同时，仍需注意冬夏对太阳辐射的不同要求，在冬季希望有太阳照射的情况可利用冬季落叶型植物进行夏季遮阳。

遮阳设施遮挡太阳辐射热量的效果，一般以建筑遮阳系数来表示。建筑遮阳系数是指在照射时间内，同一窗口在有建筑外遮阳和没有建筑外遮阳的两种情况下，接收到的两个不同太阳辐射量的比值。建筑遮阳系数越小，说明透过窗口的太阳辐射热量越小，防热效果越好。一般来讲，有效的遮阳可消除90%以上的太阳辐射加热作用。外遮阳的效率高于内遮阳，且外遮阳宜选用颜色深的材料，而内遮阳宜选用颜色浅的材料。

5.4　既有工业建筑围护结构参数调查与分析

工业建筑围护结构热工性能参数是影响室内热环境和运行能耗的重要因素，既有工业建筑围护结构的做法对制定节能设计标准有重要的指导意义。由于工业建筑功能、用途与民用建筑存在不同，导致工业建筑室内环境控制方式、体形系数、窗墙比、屋顶透光部分、围护结构热工性能等参数与民用建筑存在较大的差异。本节对全国 74 个通过工业建筑绿色评价的工业建筑的围护结构参数进行了调研统计，获得工业建筑围护结构热工参数的第一手数据。相对于一般工业建筑，所调研的工业建筑属于较节能的，其围护结构参数对制定工业建筑围护结构节能设计指标有一定的参考意义。

1. 环境控制方式

建筑环境控制方式包括供暖、空调及通风，图 5-10 表示所调研的 74 个工业建筑的环境控制方式。工业建筑的环境控制方式主要包括供暖、空调、自然通风及机械通风。其中，工业建筑中环境控制方式有机械通风的占到 80%以上。

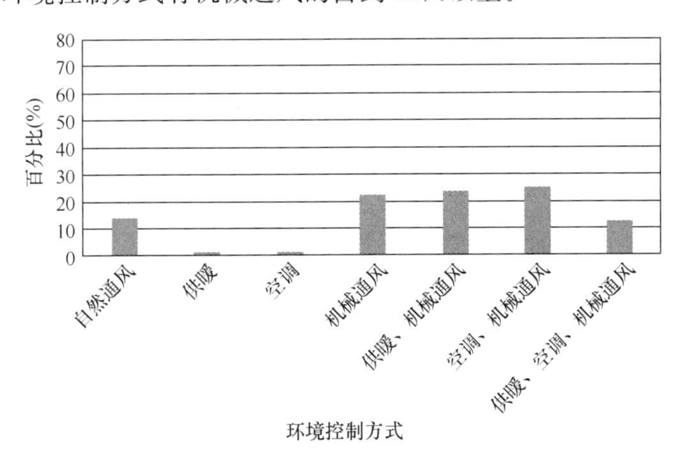

图 5-10　全国 74 个工业建筑的环境控制方式

2. 体形系数

所调研的 74 个工业建筑的体形系数分布如图 5-11 所示，可以看出，工业建筑的体形

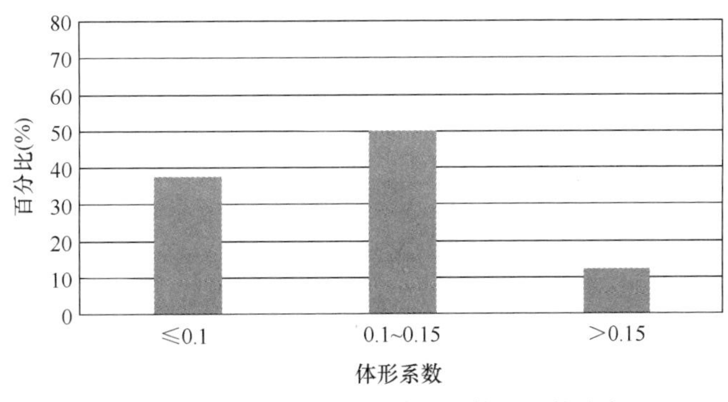

图 5-11　全国 74 个工业建筑的体形系数分布

系数变化不大，在 0.06～0.20 的范围之间。其中，近 90%的工业建筑体形系数在 0.15 以下，且 50%左右的工业建筑体形系数集中在 0.10～0.15。

3. 总窗墙面积比

总窗墙面积比分布如图 5-12 所示，窗墙面积比多数集中在 0.3 以下，占总工业建筑数量的 75.3%。窗墙面积比具体分布为：0.2 及以下的比例为 52.1%，0.2～0.3 的比例为 23.3%，0.3～0.4 的比例为 13.7%，0.4 以上的比例为 11%。

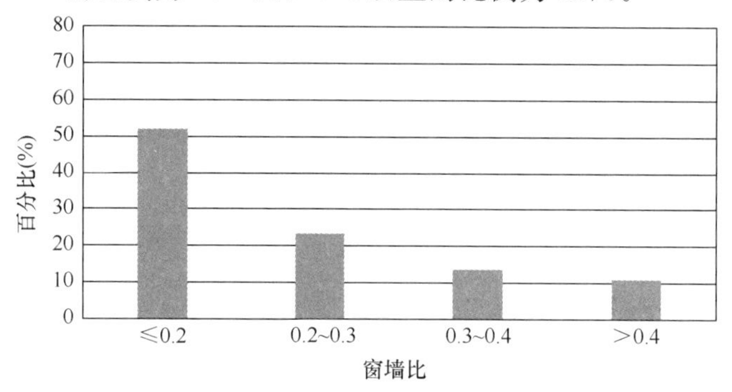

图 5-12　全国 74 个工业建筑的窗墙面积比分布

4. 屋顶透光部分面积比及传热系数

屋顶透光部分面积比是指屋顶透光部分的面积与屋顶总面积的比值。从调研数据来看，屋顶透光部分面积比在 0.02～0.18 的范围之间，即屋顶透光部分面积比都在 20%以下。屋顶透光部分的传热系数变化范围较小，集中在 2.5～3W/(m^2・K)。

5. 围护结构传热系数

从调研的结果来看，屋面传热系数在 0.3～1.2W/(m^2・K) 的范围之间，外墙的传热系数在 0.3～1.6W/(m^2・K) 的范围之间，外窗的传热系数变化范围主要集中在 2～4W/(m^2・K) 的范围之间。

屋面传热系数的分布如图 5-13 所示，屋面传热系数在 0.5W/(m^2・K) 及以下的比例约为 25%，集中在严寒和寒冷地区；屋面传热系数在 0.5～1W/(m^2・K) 的比例约为 75%。在寒冷地区，屋面传热系数集中在 0.6W/(m^2・K) 以下。

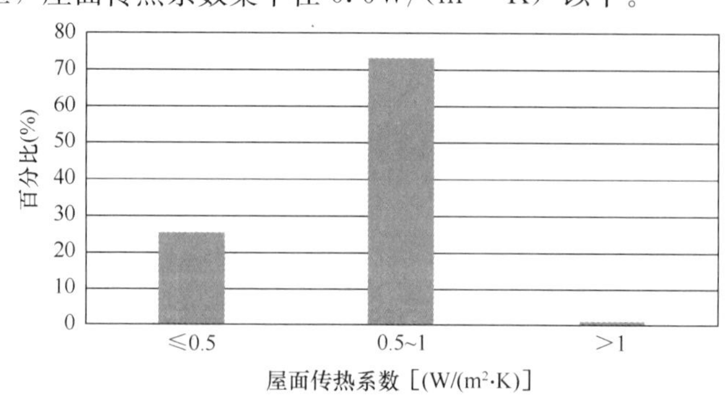

图 5-13　全国 74 个工业建筑的屋面传热系数分布

外墙传热系数的分布如图 5-14 所示，外墙传热系数在 0.3～0.5W/(m^2・K) 的比例约为 25%，集中在严寒和寒冷地区；外墙传热系数在 0.3～1.0W/(m^2・K) 的比例占到了 90%以上。寒冷地区的外墙传热系数集中在 0.7W/(m^2 · K) 以下。

外窗传热系数的分布如图 5-15 所示，外窗传热系数在 2～3W/(m^2 · K) 范围的比例约为 64%，外窗传热系数在 3～4W/(m^2 · K) 范围的比例约为 24%。寒冷地区外窗传热系数则主要集中在 2～3W/(m^2 · K)。

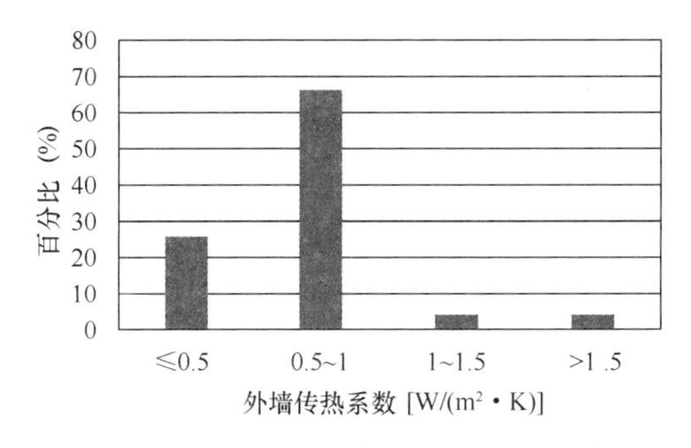

图 5-14　全国 74 个工业建筑的外墙传热系数分布

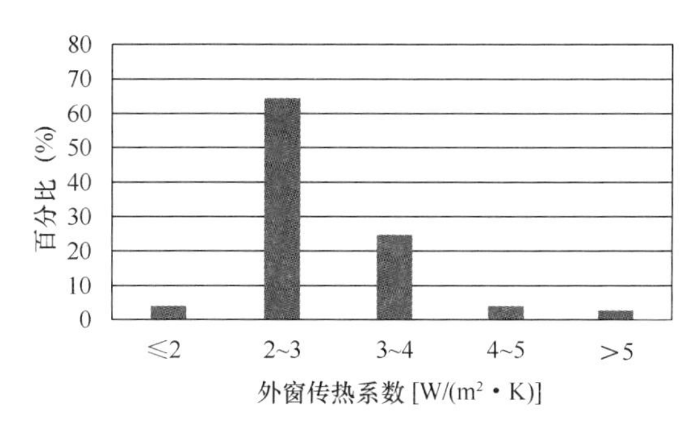

图 5-15　全国 74 个工业建筑的外窗传热系数分布

所调研的全国各个气候区共 74 个工业建筑的围护结构参数汇总统计如表 5-4 所示。

全国 74 个工业建筑的围护结构参数统计　　　　**表 5-4**

气候区	严寒地区	寒冷 A 区	寒冷 B 区	夏热冬冷地区	夏热冬暖地区
典型工程案例数量（个）	1	24	24	16	9
体形系数	0.089	0.08～0.36	0.07～0.185	0.06～0.146	0.07～0.12
窗墙面积比	0.15	0.1～0.45	0.01～0.52	0.023～0.5	0.07～0.44
屋顶透光部分面积比	0	0.03～0.18	0.02～0.12	0.02～0.15	0.04
屋面传热系数 [W/(m^2 · K)]	0.29	0.36～0.55	0.34～0.7	0.51～1.2	0.62～0.78
外墙传热系数 [W/(m^2 · K)]	0.39	0.33～0.63	0.31～1.58	0.48～1.04	0.60～1.1
外窗传热系数 [W/(m^2 · K)]	2	2.1～2.7	1.8～3.6	2.5～6	2.9～3.7
屋顶透光传热系数 [W/(m^2 · K)]	—	2.5～3.0	2.5～3.0	2.9～3.0	3.0

5.5　一类工业建筑围护结构节能设计的方法与指标

一类工业建筑通常无强污染源及强热源，能耗主要由供暖空调能耗组成。一类工业建筑的节能设计的目标是降低供暖空调能耗，节能设计的方法与民用建筑类似，即通过围护结构保温降低冬季供暖能耗；通过围护结构隔热降低夏季空调能耗。

《工业建筑节能设计统一标准》GB 51245—2017 中有两种方法对一类工业建筑围护结构进行节能设计：一种为规定性方法（查表法），如果建筑设计符合工业建筑围护结构热工设计指标中对窗墙面积比、体形系数等参数的规定，可以方便地按设计建筑所在气候区查取相关表格得到围护结构节能设计参数值；另一种为性能化方法（计算法），如果建筑设计不能满足对窗墙面积比、围护结构热工等参数的规定，使用权衡判断法来判定围护结构的总体热工性能是否符合节能要求。规定性方法操作容易、简便；性能化方法则给设计者更多、更灵活的余地。

需要注意的是，一类工业建筑热工设计指标是强制性规定，当设计建筑不满足一类工业建筑热工设计指标规定时，必须进行权衡判断来判定围护结构的总体热工性能是否符合节能要求。

5.5.1 一类工业建筑围护结构节能设计指标

一类工业建筑节能设计思想与公共建筑节能设计思想类似。既在某一典型单层工业厂房的不同室内余热强度条件下，对空调供暖负荷和热工性能参数关系进行分析，并通过经济成本投资回收期进行优化方案比较，确定最优的节能方案。

以严寒C区沈阳为例，该案例厂房长宽高为114m×24m×5m，窗墙面积比为0.2，屋顶透光部分面积与屋顶总面积之比为0.05。室内计算温度考虑在轻劳动强度下，冬季取16℃（非工作时间5℃），夏季取28℃。换气次数夏季取2次/h，冬季取0.5次/h，过渡季取5次/h。夏季时间是7月1日～8月31日，冬季时间是11月15日～次年3月15日，室内热扰作息时间按照一班倒工作制设置（8：00～18：00）。

厂房室内余热强度为5W/m^3，外墙不同传热系数条件下负荷和能耗的变化规律如图5-16所示。相比于外墙传热系数为1.0 W/（m^2·K）时，不同外墙传热系数的经济性分析如表5-5所示。从表可以看出，提高建筑物的保温性能，可以减少建筑物的热量损失，从而减少供暖空调能耗费用，但这也会增加建筑的一次性投资，经济成本投资回收期较长。在进行围护结构节能优化方案比较时，应对可能产生的节能收益和节能投资费用进行计算，将节能投资回收期作为优化方案考虑的重要经济性指标。投资回收期（年）＝优化初投资成本增加费用（元）/因采用此优化方案每年的节能收益（元）。对于投资回收期超过10年的节能方案不应作为推荐优化方案。

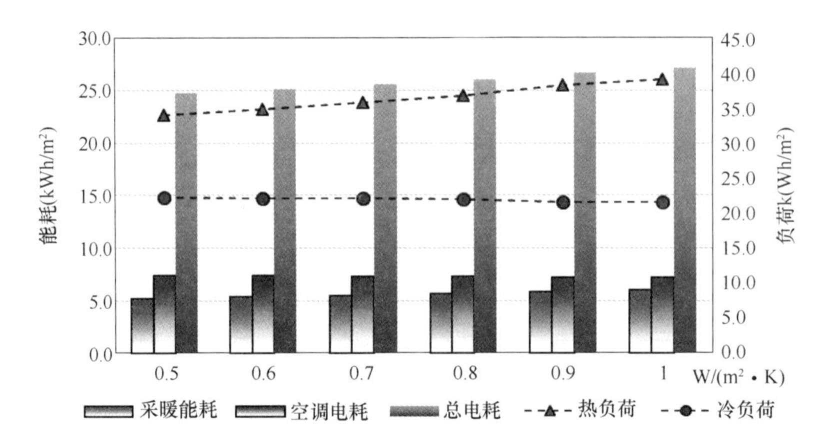

图5-16 外墙不同传热系数条件下负荷和能耗的变化规律

（资料来源：来自清华大学林波荣老师的研究成果）

相比于外墙 K 值为 1.0W/(m²·K) 时，不同外墙传热系数的经济性分析　　表 5-5

节能量	外墙传热系数 [W/(m²·K)]	
	0.7	0.5
供暖能耗	−9%	−13%
空调电耗	2%	3%
总能耗	−6%	−9%
增量成本（元）	20700	41400
回收期（年）	6	8

资料来源：来自清华大学林波荣老师的研究成果。

因此，一类工业建筑围护结构热工限值的确定，主要是通过建筑能耗分析及节能技术经济分析，得到最优节能方案；同时参考了 5.4 节我国既有工业建筑围护结构热工参数的调研分析和《公共建筑节能设计标准》GB 50189—2015 中的围护结构热工限值，一类工业建筑热工限值要求比公共建筑稍低。根据建筑所在地的气候分区，一类工业建筑围护结构的传热系数、太阳得热系数、热阻系数限值应符合国家标准《工业建筑节能设计统一标准》GB 51245—2017 表 4.3.2-1～表 4.3.2-8 的规定。当不能满足规定值时，必须进行权衡判断。

体形系数对建筑能耗影响较大，在建筑节能设计标准中，围护结构热工性能根据不同的体形系数范围给出了不同的限值。由 5.4 节我国既有工业建筑体形系数的特征可知，工业建筑体形系数变化不大，因此，一类工业建筑在体形系数 $S\leqslant 0.1$、$0.1<S\leqslant 0.15$ 和 $S>0.15$ 的范围内给出了严寒和寒冷地区的围护结构热工性能限值，夏热冬冷、夏热冬暖及温和地区的围护结构热工性能限值不考虑体形系数的影响。

窗墙面积比既是影响建筑能耗的重要因素，也是影响建筑日照、采光、自然通风的重要因素。在建筑节能设计标准中，围护结构热工性能根据不同的窗墙面积比给出了不同的限值。由于人们希望公共建筑更加通透、明亮，建筑立面更加美观，建筑形态更为丰富，其窗墙面积比相对于工业建筑和居住建筑要大一些。根据 5.4 节我国既有工业建筑窗墙面积比的特征，一类工业建筑在窗墙面积比 $WWR\leqslant 0.2$、$0.2<WWR\leqslant 0.3$ 和 $WWR>0.3$ 的范围内给出了严寒和寒冷地区的外窗热工性能限值，在窗墙面积比 $WWR\leqslant 0.2$、$0.2<WWR\leqslant 0.4$ 和 $WWR>0.4$ 的范围内给出了夏热冬冷和夏热冬暖地区的外窗热工性能限值。值得注意的是工业建筑窗墙面积比指总的窗墙面积比，民用建筑窗墙面积比指单一立面窗墙面积比。这是由于在工业建筑中，考虑到生产运输的需求，设置较大的外门洞口，造成在单一立面上窗墙面积比过大，不便对单一立面外窗提出窗墙面积比的要求。

本节列举出了《工业建筑节能设计统一标准》GB 51245—2017 中部分气候区一类工业建筑围护结构的热工性能限值（表 5-6～表 5-9）。

严寒 A 区围护结构传热系数限值　　表 5-6

围护结构部位	传热系数 K [W/(m²·K)]		
	$S\leqslant 0.10$	$0.10<S\leqslant 0.15$	$S>0.15$
屋面	≤0.40	≤0.35	≤0.35
外墙	≤0.50	≤0.45	≤0.40

续表

围护结构部位		传热系数 K [W/(m²·K)]		
		S≤0.10	0.10<S≤0.15	S>0.15
立面外窗	总窗墙面积比≤0.20	≤2.70	≤2.50	≤2.50
	0.20<总窗墙面积比≤0.30	≤2.50	≤2.20	≤2.20
	总窗墙面积比>0.30	≤2.20	≤2.00	≤2.00
屋顶透光部分		≤2.50		

寒冷 A 区围护结构传热系数限值　　表 5-7

围护结构部位		传热系数 K [W/(m²·K)]		
		S≤0.10	0.10<S≤0.15	S>0.15
屋面		≤0.60	≤0.55	≤0.50
外墙		≤0.70	≤0.65	≤0.60
立面外窗	总窗墙面积比≤0.20	≤3.50	≤3.30	≤3.30
	0.20<总窗墙面积比≤0.30	≤3.30	≤3.00	≤3.00
	总窗墙面积比>0.30	≤3.00	≤2.70	≤2.70
屋顶透光部分		≤3.30		

夏热冬冷地区围护结构传热系数和太阳得热系数限值　　表 5-8

围护结构部位		传热系数 K [W/(m²·K)]	
屋面		≤0.70	
外墙		≤1.10	
外窗		传热系数 K [W/(m²·K)]	太阳得热系数 SHGC (东、南、西/北向)
立面外窗	总窗墙面积比≤0.20	≤3.60	—
	0.20<总窗墙面积比≤0.40	≤3.40	≤0.60/—
	总窗墙面积比>0.40	≤3.20	≤0.45/0.55
屋顶透光部分		≤3.50	≤0.45

夏热冬暖地区围护结构传热系数和太阳得热系数限值　　表 5-9

围护结构部位		传热系数 K [W/(m²·K)]	
屋面		≤0.90	
外墙		≤1.50	
外窗		传热系数 K [W/(m²·K)]	太阳得热系数 SHGC (东、南、西/北向)
立面外窗	总窗墙面积比≤0.20	≤4.00	—
	0.20<总窗墙面积比≤0.40	≤3.60	≤0.50/0.60
	总窗墙面积比>0.40	≤3.40	≤0.40/0.50
屋顶透光部分		≤4.00	≤0.40

非透光围护结构（外墙、屋面）的热工性能主要以传热系数 K 来衡量；而对于透光围护结构（如窗户），以往建筑节能设计标准中传热系数 K 和遮阳系数 SC 是衡量外窗热工性能的两个指标，而目前建筑节能设计标准中以传热系数 K 和太阳得热系数 $SHGC$ 作为衡量外窗热工性能的两个指标。透光围护结构遮阳系数 SC 是指在照射时间内，透过透光围护结构部件直接进入室内的太阳辐射量与透光围护结构外表面接收到的太阳辐射量的比值。透光围护结构太阳得热系数 $SHGC$ 是指在照射时间内，通过透光围护结构部件的太阳辐射室内得热量与透光围护结构外表面接收到的太阳辐射量的比值。

透光围护结构部件接收到的太阳辐射能量可以分为三部分：第一部分透过透光围护结构部件，以辐射的形式直接进入室内，称为"太阳辐射室内直接得热量"；第二部分则被透光围护结构部件吸收，提高了透光围护结构部件的温度，然后以温差传热的方式分别传向室内和室外，这个过程称"二次传热"，其中传向室内的那部分可称为"太阳辐射室内二次传热得热量"；第三部分反射回室外。透光围护结构遮阳系数 SC 只涉及第一部分太阳辐射热量，不涉及"二次传热"；而透光围护结构太阳得热系数 $SHGC$ 既包括了太阳辐射室内直接得热量，又包括了太阳辐射室内二次传热得热量。因此，太阳得热系数 $SHGC$ 作为衡量透光围护结构性能的参数，一方面符合人们关心的太阳辐射进入室内的热量，另一方面国外标准及建筑能耗软件中也以太阳得热系数 $SHGC$ 作为衡量透光围护结构热工性能的参数。

5.5.2　一类工业建筑围护结构热工性能权衡判断

一类工业建筑围护结构热工性能权衡判断是指当工业建筑设计不能完全满足规定的围护结构热工设计要求时，而进行的围护结构的总体热工性能是否符合节能设计的计算。权衡判断不拘泥于要求建筑围护结构局部的热工性能，而是着眼于总体热工性能是否满足节能标准的要求。

权衡判断是一种性能化的设计方法，具体做法就是先构想出一栋虚拟的建筑，称之为参照建筑，分别计算参照建筑和实际设计的建筑的全年供暖和空调的总能耗，并依照这两个总能耗的比较结果作出判断。

每一栋实际设计的建筑都对应一栋参照建筑，作为计算满足标准要求的全年供暖和空调能耗用的基准建筑。参照工业建筑的窗墙面积比不应大于 0.5，屋顶透光部分面积与屋顶总面积之比不应大于 0.15，且满足围护结构热工性能《工业建筑节能设计统一标准》GB 51245—2017 表 4.3.2-1～表 4.3.2-8 的规定。同时，参照建筑的形状、大小、朝向以及内部的空间划分、使用功能、使用特点必须与设计建筑完全一致，因为这些方面都与供暖和空调能耗直接相关。

1. 一类工业建筑围护结构热工性能权衡判断方法

当一类工业建筑总窗墙面积比大于 0.5，或屋顶透光部分面积与屋顶总面积之比大于 0.15，或围护结构热工性能不能满足《工业建筑节能设计统一标准》GB 51245—2017 表 4.3.2-1～表 4.3.2-8 的规定时，必须进行权衡判断。一类工业建筑围护结构热工性能权衡判断计算应采用参照建筑对比法，具体步骤应符合下列规定：

1）应采用统一的供暖、空调系统，计算设计建筑和参照建筑全年逐时冷负荷和热负荷，分别得到设计建筑和参照建筑全年累计耗冷量 Q_C 和全年累计耗热量 Q_H。

2）应采用统一的冷热源系统，计算设计建筑和参照建筑的全年累计能耗，同时将各类型能耗统一折算成标煤比较，得到所设计建筑全年累计综合标煤能耗 $E_{设}$ 和参照建筑全年累计综合标煤能耗 $E_{参}$。

3）应进行综合能耗对比，并应符合下列规定：

（1）当 $E_{设}/E_{参}\leqslant 1$ 时，应判定为符合节能要求；

（2）当 $E_{设}/E_{参}>1$ 时，应判定为不符合节能要求，并应调整建筑热工参数重新计算，直至符合节能要求为止。

为保证建筑物围护结构的基本热工性能，需设定进行建筑围护结构热工性能权衡判断计算的准入条件，设计建筑的围护结构的传热系数调整值不应超过表 5-10 的规定。除温和地区以外，进行权衡判断的建筑围护结构热工性能应符合要求，若不符合，应采取措施提高相应热工参数，使其达到准入条件后方可按照规定进行权衡判断，判定是否符合节能要求。

建筑围护结构传热系数的最大限值　　表 5-10

气候分区	围护结构部位	传热系数 K [W/(m²·K)]
严寒 A 区	屋面	0.50
	外墙	0.60
	外窗	3.00
	屋顶透光部分	3.00
严寒 B 区	屋面	0.55
	外墙	0.65
	外窗	3.50
	屋顶透光部分	3.50
严寒 C 区	屋面	0.60
	外墙	0.70
	外窗	3.80
	屋顶透光部分	3.80
寒冷 A 区	屋面	0.65
	外墙	0.75
	外窗	4.00
	屋顶透光部分	4.00
寒冷 B 区	屋面	0.70
	外墙	0.80
	外窗	4.20
	屋顶透光部分	4.20
夏热冬冷地区	屋面	0.80
	外墙	1.20
	外窗	4.50
	屋顶透光部分	4.50

续表

气候分区	围护结构部位	传热系数 K [W/(m^2·K)]
夏热冬暖地区	屋面	1.00
	外墙	1.60
	外窗	5.00
	屋顶透光部分	5.00

当送入新风无法使房间维持足够正压的情况下，一类工业建筑参照建筑的换气次数应按表5-11的规定取值。换气次数是影响室内热环境和能耗的重要指标。对于一类工业建筑，空调期或供暖期室外的新鲜空气进入室内，一方面有利于确保室内的卫生条件，另一方面又要消耗大量的新风负荷，换气次数的不同，将会直接影响能耗模拟结果的大小。因此，在进行权衡判断时，需要规范换气次数的设置。考虑厂房的空间差异，对不同体积厂房的换气次数提出了不同的要求。对于空气调节的工业建筑，若室内为正压，则不考虑空气渗透负荷，在进行权衡判断时，换气次数设为0；对于夏季空气调节且室内为正压，冬季供暖且无新风的工业建筑，夏季换气次数设为0，冬季换气次数按照表5-11的规定取值；对于夏季、冬季都采用空气调节，且室内均无法保证正压的工业建筑，夏季、冬季换气次数按照表5-11的规定取值。若设计建筑已进行换气次数考虑，参照建筑的换气次数应与设计建筑一致。

参照建筑的换气次数取值　　表5-11

房间容积 (m^3)	<500	501～1000	1001～1500	1501～2000	2001～2500	2501～3000	>3000
换气次数（次/h）	0.70	0.60	0.55	0.50	0.42	0.40	0.35

注：表中数据适用于一面或两面有门、窗暴露面的建筑，当建筑有三面或四面有门、窗暴露面时，表中数值应乘以系数1.15。

2. 一类工业建筑围护结构热工性能权衡判断实例

某设计建筑为净化厂分析化验室，位于陕西省榆林市，属于寒冷A区，环境控制方式为供暖和空调，属一类工业建筑。建筑沿南北向布置，长宽高分别为：30.9、8.7、3.9m，外窗分别布置于东西外墙，无屋顶透光结构，总窗墙面积比为0.18。外墙、屋面、外窗的传热系数和地面热阻分别为1.28W/(m^2·K)、0.65W/(m^2·K)、2.75W/(m^2·K)和0.98m^2·K/W。其中，围护结构中的外墙和屋面传热系数分别超出寒冷A区围护结构传热系数限值表5-7的规定（外墙和屋面传热系数限值分别为0.6W/(m^2·K)和0.5W/(m^2·K)），因此，该厂房必须进行围护结构热工性能权衡判断。

本实例首先是不满足进行权衡判断的准入条件，因此提高热工参数使满足准入条件后进行权衡判断，第一次权衡判断不符合节能要求，提高热工性能后进行第二次权衡计算，直至满足节能要求。

进行权衡判断的前提是围护结构的传热系数不得超过表5-10规定的权衡判断准入条件。该设计建筑的外墙传热系数超出了0.75W/(m^2·K)，见表5-12。应对设计建筑的外墙构件进行初步调整，本例采用添加EPS保温板的方法调整外墙的传热系数，调整后的外墙传热系数为 0.74W/(m^2·K)，满足权衡判断准入条件。

工业建筑围护结构权衡判断准入条件的判断 表 5-12

项目名称	净化厂分析化验室		
围护结构部位	设计建筑传热系数[W/(m^2·K)]	传热系数最大限值[W/(m^2·K)]	围护结构是否达到权衡判断准入条件
外墙	1.28	0.75	否
屋面	0.65	0.65	是
外窗	2.75	4.00	是

该设计建筑达到围护结构权衡判断准入条件后，外墙、屋面的传热系数分别为 0.74W/(m^2·K) 和 0.65W/(m^2·K)，仍然超出了寒冷 A 区围护结构传热系数限值表 5-7 的规定对该设计建筑进行第一次权衡判断。该设计建筑的围护结构热工性能第一次权衡判断过程如表 5-13 所示。

参照建筑的围护结构热工参数按照寒冷 A 区围护结构传热系数限值（表 5-7）的规定取值。利用 DeST 软件模拟得到设计建筑的全年累计耗冷量 18030kWh 和全年累计耗热量 49727kWh，参照建筑的全年累计耗冷量 17381kWh 和全年累计耗热量 48501kWh。

工业建筑围护结构热工性能权衡判断应采用统一的冷热源系统，计算设计建筑和参照建筑的供暖和空调的总耗煤量作为其能耗判断的依据。设计建筑和参照建筑的全年总标煤能耗的计算按照下列规定：

（1）全年供暖和空调总标煤能耗按式（5-2）计算：

$$E = E_H + E_C \tag{5-2}$$

式中 E——全年供暖和空调总标煤能耗（kgce/m^2）；

E_H——全年供暖标煤能耗（kgce/m^2）；

E_C——全年空调标煤能耗（kgce/m^2）。

（2）全年空调标煤能耗按式（5-3）计算：

$$E_C = \frac{Q_C}{A \times SCOP} q_1 \tag{5-3}$$

式中 A——建筑总面积（m^2）；

Q_C——全年累计耗冷量（kWh）；

q_1——发电煤耗（kgce/kWh），取 0.36kgce/kWh；

$SCOP$——供冷系统综合性能系数，取 3.3。

（3）严寒和寒冷地区全年供暖标煤能耗按式（5-4）计算：

$$E_H = \frac{Q_H}{A \times q_2 \times \eta} \tag{5-4}$$

式中 Q_H——全年累计耗热量（kWh）；

q_2——标准煤热值，取 8.14kWh/ kgce；

η——热源为燃煤锅炉的供暖系统综合效率，取 0.6。

经计算得到设计建筑和参照建筑的全年累计综合标煤能耗 E 分别为 45.19kgce/m^2 和 43.99kgce/m^2，综合能耗比 $E_{设}/E_{参}$ 为 1.03，则设计建筑的围护结构热工性能不合格。

工业建筑围护结构热工性能第一次权衡判断表　　　　表 5-13

项目名称	净化厂分析化验室		
围护结构部位	设计建筑传热系数 [W/(m² · K)]	参照建筑传热系数 [W/(m² · K)]	是否符合标准规定限值
外墙	0.74	0.6	否
屋面	0.65	0.5	否
外窗	2.75	3.3	是
地面（热阻）[(m² · K)/W]	0.98	0.5	是
权衡计算结果	设计建筑		参照建筑
全年累计耗冷量 Q_C (kWh)	18030		17381
全年累计耗热量 Q_H (kWh)	49727		48501
全年累计综合标煤能耗 E (kgce/m²)	45.19		43.99
综合能耗比 $E_设/E_参$	1.03		
权衡判断结论	设计建筑的围护结构热工性能不合格		

由于设计建筑的围护结构热工性能第一次权衡判断不合格，需对设计建筑的围护结构热工参数进行调整后再次进行围护结构热工性能权衡判断，该设计建筑的围护结构热工性能第二次权衡判断过程如表 5-14 所示。增加外墙和屋面的保温层厚度，使外墙和屋面的传热系数分别为 0.61 和 0.51W/(m² · K)，模型其他参数不变，参照建筑不变。模拟得到设计建筑模型的全年累计耗冷量 18095.87kWh 和全年累计耗热量 47470.84kWh。设计建筑的综合标煤能耗 E 为 43.5kgce/m²，综合能耗比 $E_设/E_参$ 为 0.99，此时设计建筑的围护结构热工性能合格。

建筑围护结构热工性能第二次权衡判断表　　　　表 5-14

围护结构部位	设计建筑传热系数 [W/(m² · K)]	参照建筑传热系数 [W/(m² · K)]	是否符合标准规定限值
外墙	0.61	0.6	否
屋面	0.51	0.5	否
外窗	2.75	3.3	是
地面（热阻）(m² · K/W)	0.98	0.5	是
权衡计算结果	设计建筑		参照建筑
全年累计耗冷量 Q_C (kWh)	18095.87		17381

续表

围护结构部位	设计建筑传热系数 [W/(m²·K)]	参照建筑传热系数 [W/(m²·K)]	是否符合标准规定限值
全年累计耗热量 Q_H (kWh)	47470.84		48501
全年累计综合标煤能耗 E (kgce/m²)	43.5		43.99
综合能耗比 $E_{设}/E_{参}$	0.99		
权衡判断结论	设计建筑的围护结构热工性能合格		

5.6　二类工业建筑围护结构节能设计的方法与指标

二类工业建筑大多存在强热源或强污染源，是以通风为环境控制方式，其节能设计思想是在不产生冬季供暖能耗的前提下，满足室内基本温度时所需的热工参数，其节能设计方法与民用建筑存在显著差异。

二类工业建筑节能设计旨在给出满足一定室内设计参数时所需的围护结构热工性能参数，从而避免供暖空调系统能耗。二类工业建筑围护结构节能设计也有两种方法，一种为传热系数推荐值方法（查表法）；另一种为性能化方法（计算法），当工业建筑围护结构设计不能完全符合给出的围护结构热工计算条件时，必须通过性能化计算方法来计算围护结构的总体热工性能是否符合室内环境要求。

5.6.1　二类工业建筑围护结构节能设计指标

二类工业建筑围护结构热工设计指标主要考虑冬季围护结构的热工性能，其节能设计思想是在不产生冬季供暖能耗的前提下，满足室内基本温度时所需的热工参数。本节首先介绍了二类工业建筑围护结构热工设计的计算方法，然后分析了热工参数的影响因素，最后给出了在一定物理模型及计算参数的条件下部分围护结构的热工设计指标。

1. 稳态传热计算方法

新建二类工业建筑大多采用轻型彩钢板，其蓄热小。另外，二类工业建筑围护结构热工性能只考虑了严寒和寒冷地区，其室外温差的波动幅度远小于室内外的温差。因此，二类工业建筑围护结构节能设计可采用稳态传热计算方法。

在不考虑室外太阳辐射和供暖的情况下，冬季建筑的热平衡方程为：

$$Q_n = Q_e + Q_f \tag{5-5}$$

式中　Q_n——室内余热量（W）；

Q_e——通过外围护结构的传热量（W）；

Q_f——通风换气带走的热量（W）。

外围护结构传热量包括墙体、屋面及窗户的传热量，可表示为：

$$Q_e = KF\Delta t \tag{5-6}$$

式中　K——围护结构传热系数 [W/(m²·K)]；

F——围护结构面积 (m²)；

Δt——室内外空气温差（℃），室内温度按照 1.5.2 节的规定取值，室外温度按照《工业建筑供暖通风与空气调节设计规范》GB 50019—2015 的规定取冬季供暖室外计算温度。

通风换气带走的热量可表示为：

$$Q_{\mathrm{f}} = cnV\rho\Delta t \tag{5-7}$$

式中　c——空气比热容，一般取 0.28Wh/(kg·K)；

n——换气次数（次/h）；

V——建筑体积（m³）；

ρ——空气密度，取供暖室外计算温度下的值（kg/m³）。

2. 传热系数影响因素

二类工业建筑常常存在强热源，环境控制方式为通风。除气候分区外，影响工业建筑能耗的因素还有很多。利用稳态传热方法分析室内余热强度、换气次数、体形系数和窗墙比对外墙传热系数的影响。

选取严寒 A 区伊春为代表城市，体形系数和窗墙面积比一定的情况下（$S=0.12$，$WWR=0.4$），屋面和外窗传热系数分别为 0.6 和 3.0W/(m²·K) 时，室内不同余热强度条件下通风换气次数对外墙传热系数的影响如图 5-17 所示。从图中可以看出，通风换气次数和室内余热强度对外墙传热系数影响很大。随着室内余热强度的增大，外墙传热系数呈线性增大。而随着换气次数的增大，外墙传热系数呈线性减小。在进行二类工业建筑节能设计时，通风换气次数和室内余热强度要作为主要因素考虑。

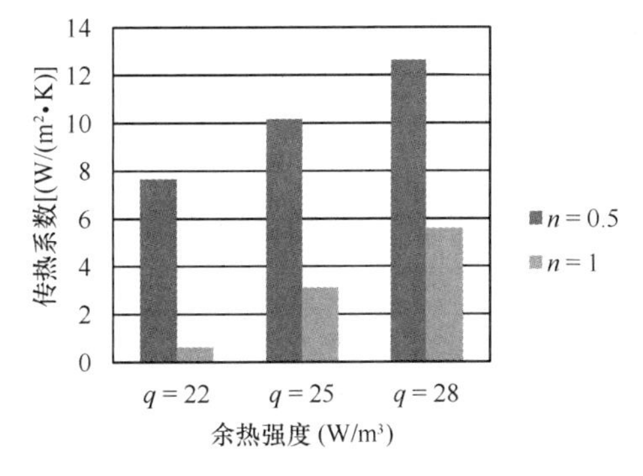

图 5-17　不同余热强度条件下换气次数对外墙传热系数的影响

在通风换气次数和窗墙面积比一定的情况下（$n=1$，$WWR=0.4$），屋面和外窗传热系数分别为 0.6 和 3.0W/(m²·K) 时，体形系数对外墙传热系数的影响如图 5-18 所示。从图中可以看出，体形系数对外墙传热系数的影响很小。

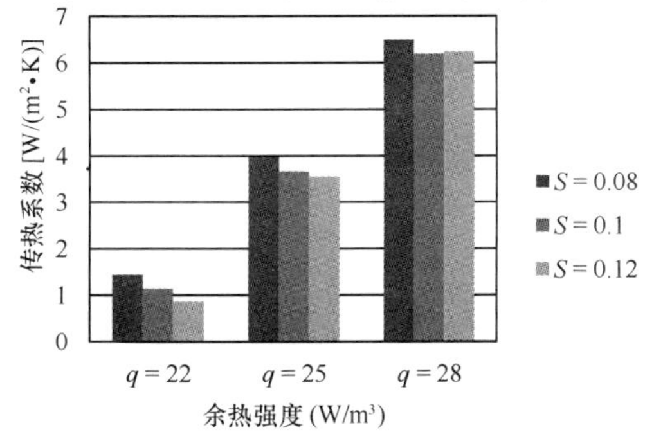

图 5-18　不同余热强度条件下体形系数对外墙传热系数的影响

在通风换气次数和体形系数一定的情况下（$n=1$，$S=0.12$），屋面和外窗传热系数分别为 0.6 和 3.0W/(m²·K) 时，窗墙面积比对外墙传热系数的影响如图 5-19 所示。从图中可以看出，窗墙面积比对外墙传热系数的影响很小。

在 5.4 节工业建筑体形系数和窗墙面积比的调研统计分析中显示，工业建筑体形系数的变化范围较小，近 90%的工业建筑体形系数小于 0.15。而工业建筑外窗形式一般比较单一，窗墙面积比变化不大，近 90%的工业建筑窗墙面积比小于 0.4。因此，在进行二类工业建筑节能设计时，体形系数和窗墙面积比可以不作主要因素考虑。

因此，对于二类工业建筑节能设计，要考虑的主要因素是气候分区、通风换气次数和室内余热强度。这是二类工业建筑与一类工业建筑及民用建筑节能设计方法有显著差异和不同的地方。

3. 围护结构传热系数推荐值

二类工业建筑以通风为环境控制方式，其节能设计旨在给出满足一定室内设计参数时所需的围护结构热工性能参数，从而避免供暖空调系统能耗。对于二类工业建筑，建筑围护结构的传热系数给出的是推荐值，而不是限值。这就意味着二类工业建筑围护结构传热系数值既考虑了冬季的保温要求，也考虑了夏季隔热及散热的需求。围护结构传热系数大于或小于推荐值都不利于室内热环境和节能。

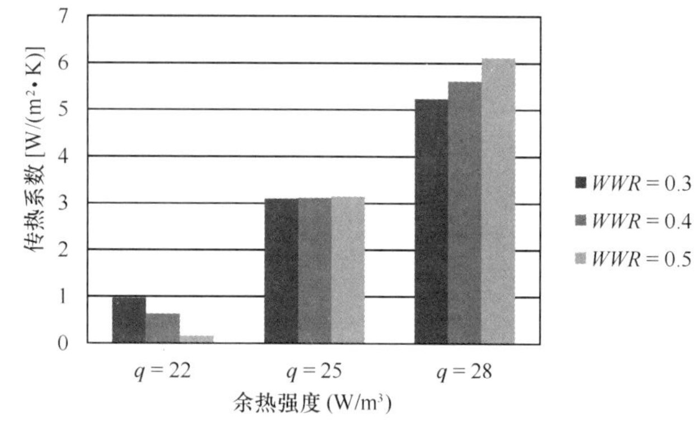

图 5-19　不同余热强度条件下窗墙比对外墙传热系数的影响

物理模型的选取对二类工业建筑围护结构传热系数推荐值有一定的影响，本节物理模型根据 5.4 节工业建筑体形系数和窗墙比的调研分析确定。物理模型的体形系数选 0.12（建筑的长宽高分别为 276、54 和 14m），窗墙面积比的确定考虑不同气候区窗墙面积比的分布，严寒地区取 0.3，寒冷 A 区取 0.4，寒冷 B 区取 0.5。

二类工业建筑围护结构热工设计室内外计算参数的取值：室内节能设计计算温度按 1.5.2 节的规定取值，按照中等劳动强度下取值为 14℃；室外计算温度取值按冬季供暖室外计算温度，各气候区所选代表城市及室外计算温度如表 5-15 所示。

冬季供暖室外计算温度　　　　**表 5-15**

气候区	代表城市	室外计算温度（℃）
严寒 A	伊春	−28.3
严寒 B	哈尔滨	−24.2
严寒 C	沈阳	−16.9
寒冷 A	太原	−10.1
寒冷 B	石家庄	−6.2

在实际工程中需要根据计算结果及围护结构构造的可行性和经济性调整外墙、屋面及外窗的传热系数值，调整原则为：考虑经济性，优先降低外窗的保温要求；屋面传热系数值的调整要考虑夏季隔热要求；考虑可行性，确定给出的围护结构传热系数值有相应常用的构造。同时，二类工业建筑围护结构热工性能要求不高于对应气候区一类工业建筑围护结构热工性能。由于二类工业建筑室内余热强度变化幅度很大，为了在设计中便于使用，《工业建筑节能设计统一标准》GB 51245—2017 表 4.3.3-1～表 4.3.3-5 给出了在不同余热强度范围和典型换气次数条件下的二类工业建筑围护结构传热系数推荐值，本节列举出

其中部分气候区二类工业建筑围护结构传热系数推荐值（表 5-16、表 5-17）。

外墙传热系数推荐值与室内余热强度有很大的关系，在同一气候区，余热强度越低，围护结构传热系数的推荐值也越小，反之，推荐值越大。当室内余热强度大于 50W/m³ 时，不论严寒还是寒冷地区，都不需要考虑保温。在不同气候区及室内热源强度等条件下，屋面传热系数推荐值差别不大，是由于屋面传热系数都要考虑防止夏季太阳辐射得热。外墙传热系数推荐值与通风换气次数也有很大的关系，当实际通风换气次数和计算条件存在较大差异时，应进行围护结构热工性能计算。

严寒 A 区围护结构传热系数推荐值［W/(m²·K)］　　表 5-16

<table>
<tr><th rowspan="3">换气次数（n）</th><th rowspan="3">围护结构部位</th><th colspan="7">余热强度 q（W/m³）</th></tr>
<tr><th rowspan="2">q≤20</th><th colspan="3">20＜q≤35</th><th colspan="3">35＜q≤50</th></tr>
<tr><th>20＜q≤25</th><th>25＜q≤30</th><th>30＜q≤35</th><th>35＜q≤40</th><th>40＜q≤45</th><th>45＜q≤50</th></tr>
<tr><td rowspan="3">n=1</td><td>屋面</td><td>0.50</td><td>0.70</td><td>0.90</td><td>0.90</td><td colspan="3">0.90</td></tr>
<tr><td>外墙</td><td>0.50</td><td>1.25</td><td>3.43</td><td>6.30</td><td colspan="3">6.30</td></tr>
<tr><td>外窗</td><td>3.00</td><td>3.50</td><td>5.70</td><td>6.50</td><td colspan="3">6.50</td></tr>
<tr><td rowspan="3">n=2</td><td>屋面</td><td>0.50</td><td colspan="3">0.50</td><td>0.50</td><td>0.90</td><td>0.90</td></tr>
<tr><td>外墙</td><td>0.45</td><td colspan="3">0.45</td><td>0.46</td><td>2.30</td><td>5.20</td></tr>
<tr><td>外窗</td><td>2.50</td><td colspan="3">3.00</td><td>3.00</td><td>5.00</td><td>6.50</td></tr>
</table>

寒冷 A 区围护结构传热系数推荐值［W/(m²·K)］　　表 5-17

<table>
<tr><th rowspan="3">换气次数（n）</th><th rowspan="3">围护结构部位</th><th colspan="7">余热强度 q（W/m³）</th></tr>
<tr><th colspan="3">q≤20</th><th colspan="3">20＜q≤35</th><th rowspan="2">35＜q≤50</th></tr>
<tr><th>q≤10</th><th>10＜q≤15</th><th>15＜q≤20</th><th>20＜q≤25</th><th>25＜q≤30</th><th>30＜q≤35</th></tr>
<tr><td rowspan="3">n=1</td><td>屋面</td><td>0.70</td><td>0.70</td><td>0.90</td><td colspan="3">0.90</td><td>0.90</td></tr>
<tr><td>外墙</td><td>0.80</td><td>1.67</td><td>6.30</td><td colspan="3">6.30</td><td>6.30</td></tr>
<tr><td>外窗</td><td>3.00</td><td>3.50</td><td>6.50</td><td colspan="3">6.50</td><td>6.50</td></tr>
<tr><td rowspan="3">n=2</td><td>屋面</td><td colspan="3">0.70</td><td>0.90</td><td>0.90</td><td>0.90</td><td>0.90</td></tr>
<tr><td>外墙</td><td colspan="3">0.80</td><td>2.58</td><td>6.30</td><td>6.30</td><td>6.30</td></tr>
<tr><td>外窗</td><td colspan="3">3.20</td><td>3.50</td><td>6.50</td><td>6.50</td><td>6.50</td></tr>
</table>

当室内余热强度不稳定或有值班温度要求时，如果对应工业建筑经济可行的围护结构传热系数，室内温度仍低于要求范围，则需要增加供暖设备以满足冬季室内温度要求。对于余热强度很大时，对应工业建筑一般围护结构传热系数上限值条件下，室内温度仍超过要求范围，需增大窗户开启面积或增加机械通风量，提高换气次数。

5.6.2　二类工业建筑围护结构热工性能计算

二类工业建筑围护结构热工性能计算是指当工业建筑设计不能完全满足规定的围护结构热工计算条件时，而进行的围护结构的总体热工性能是否符合室内环境要求的计算。

对于二类的工业建筑，根据建筑物通风换气次数和室内余热强度的情况分别给出不同气候区的围护结构传热系数推荐值。当设计建筑围护结构热工参数不满足《工业建筑节能设计统一标准》GB 51245—2017 表 4.3.3-1～表 4.3.3-5 的规定，或当实际通风换气次数与计算条件存在较大差异时，需要进行围护结构总体热工性能计算。二类工业建筑围护结构热工性能计算可以按照 5.6.1 节介绍的稳态计算方法进行。

下面给出二类工业建筑围护结构热工性能计算的两个实例。

（1）某设计建筑为热轧厂，位于陕西省西安市，属于寒冷 B 区，环境控制方式为通风，属二类工业建筑。建筑长宽高分别为：216、61.5、17.3m，体形系数为 0.1，总窗墙面积比为 0.4。屋面、外墙和外窗的传热系数分别为 0.8、4 和 3W/(m^2·K)。室内余热强度为 30W/m^3，换气次数为 2 次/h。其中，设计建筑围护结构热工参数不满足《工业建筑节能设计统一标准》GB 51245—2017 表 4.3.3-5 寒冷 B 区围护结构传热系数推荐值的规定（屋面、外墙和外窗的传热系数推荐值分别为 0.9、6.3 和 6.5W/(m^2·K)），因此，该工业建筑需要进行围护结构热工性能计算。

西安冬季供暖室外计算温度为－3.4℃，根据 5.6.1 节介绍的稳态计算方法得出该设计建筑冬季室内空气温度为 26.4℃。比室内节能设计计算温度高 12.4℃，从经济性角度考虑，应当降低外墙和外窗的围护结构热工性能。

（2）设计建筑为冷轧厂，位于陕西省西安市，环境控制方式为通风。物理模型和实例（1）相同。屋面、外墙和外窗的传热系数分别为 0.7、0.6 和 2.8W/(m^2·K)。室内余热强度为 20W/m^3，换气次数为 3 次/h。其中，设计建筑的换气次数与《工业建筑节能设计统一标准》GB 51245—2017 表 4.3.3-5 的计算条件存在较大差异，因此，该工业建筑需要进行围护结构热工性能计算。根据 5.6.1 节介绍的稳态计算方法得出该设计建筑冬季室内空气温度为 11.8℃，基本满足室内环境的要求，可判断该设计建筑的围护结构热工性能合格。

对于二类工业建筑，通过简单的稳态计算方法，在工业建筑中调节各围护结构耗热量与室内余热强度、换气次数之间的关系，得到不同余热强度范围和典型换气次数下的围护结构传热系数推荐值。二类工业建筑围护结构热工性能计算不但适用于新建工业建筑，也适用于既有工业建筑的改造。

参 考 文 献

[1] 赵鸿佐. 室内热对流与通风[M]. 北京：中国建筑工业出版社，2010.
[2] 工业建筑节能统一标准 GB 51245—2017[S]. 北京：中国计划出版社. 2017.
[3] Hazim B. Awbi. 建筑通风[M]. 北京：机械工业出版社，2011.
[4] 张鸿雁. 流体力学[M]. 第2版. 北京：科学出版社，2014.
[5] 刘沛清. 自由紊动射流理论[M]. 北京：北京航空航天大学出版社，2008.
[5] 董志勇. 射流力学[M]. 北京：科学出版社，2005.
[6] 李文科. 工程流体力学[M]. 合肥：中国科学技术大学出版社，2007.
[7] 姜毅. 气体射流动力学[M]. 北京：北京理工大学出版社，1998.
[8] 平浚. 射流理论基础及应用[M]. 北京：中国宇航出版社，1995.
[10] 余常昭. 紊动射流[M]. 北京：高等教育出版社，1993.
[11] 孙一坚. 简明通风设计手册[M]. 北京：中国建筑工业出版社，1997.
[12] 冶金工业部建设协调司，中国冶金建设协会. 钢铁企业采暖通风设计手册[M]. 北京：冶金工业出版社，1996.
[13] 许居鹓. 机械工业采暖通风与空调设计手册[M]. 上海：同济大学出版社，2007.
[14] 孟晓静. 高温热源工业建筑双辐射作用下室内热环境特性研究[D]. 西安：西安建筑科技大学，2016.
[15] 黄艳秋. 工业建筑中高温浮射流作用下室内环境控制特性研究[D]. 西安：西安建筑科技大学，2015.
[16] 孙一坚. 工业通风[M]. 第四版. 北京：中国建筑工业出版社，2016.
[17] 高军. 建筑空间热分层理论及应用研究[D]. 哈尔滨：哈尔滨工业大学，2007.
[18] 朱树园. 室内热源为主的自然通风房间热分布系数的研究[D]. 西安：西安建筑科技大学，2007.
[19] Kukkonen J., Vesala T., Kulmala M. The Interdependence of Evaporation and Settling for Airborne Freely Falling Droplets[J]. Journal of Aerosol Science, 1989, 20(89): 749-763.
[20] 王志. 职业卫生概论[M]. 北京：国防工业出版社，2012.
[21] Wang Y., Ren X., Zhao J., et al. Experimental Study of Flow Regimes and Dust Emission in a Free Falling Particle Stream[J]. Powder Technology, 2016, 292(2): 14-22.
[22] Wang Y. Evaporation and Movement of Fine Water Droplets Influenced by Initial Diameter and Relative Humidity[J]. Aerosol and Air Quality Research, 2016, 16: 301-313.
[23] Wang Y., Cao Z., Wang Y., et al. Industrial Building Environment: Old Prob-

lem and New Challenge[J]. Indoor and Built Environment, 2017, 26(8): 1035-1039.

[24] 杨洋. 液态颗粒物群蒸发运动特性与控制方法研究[D]. 西安：西安建筑科技大学，2016.

[25] 袁竹林. 气固两相流动与数值模拟[M]. 南京：东南大学出版社，2013.

[26] 任晓芬. 自由下落颗粒流扩散及产尘特性研究[D]. 西安：西安建筑科技大学，2017.

[27] Goodfellow H., Tähti E. Industrial Ventilation Design Guidebook[M]. Academic Press, 2001.

[28] 中华人民共和国卫生部. 工作场所有害因素职业接触限值[S]. 北京：人民卫生出版社，2008.

[29] 伍荣林. 风洞设计原理[M]. 北京：北京航空学院出版社，1985.

[30] 陆亚俊. 暖通空调[M]. 第二版. 北京：中国建筑工业出版社，2010.

[31] Executive H. A. S. Controlling Airborne Contaminants at Work[J], 2011.

[32] Health & Safety Authority. Local Exhaust Ventilation (LEV) Guidance [M], 2014.

[33] Devienne R., Fontaine J. R. Experimental Characterisation of a Plume above Rectangular Thermal Sources, Effect of Aspect Ratio[J]. Building and Environment, 2012, 49(49): 17-24.

[34] 马赜纬. ADPV方式作用下的人体微环境流场特性研究[D]. 西安：西安建筑科技大学，2016.

[35] 林太郎. 工厂通风[M]. 北京：中国建筑工业出版社，1986.

[36] 陆耀庆. 使用供热空调设计手册[M].（第二版）. 北京：中国建筑工业出版社，2008.

[37] Huang R. F., Lin S. Y., Jan S. Y., et al. Aerodynamic Characteristics and Design Guidelines of Push-Pull Ventilation Systems[J]. Annals of Occupational Hygiene, 2005, 49(1): 1.

[38] 郑凯. 障碍物对平行流吹吸式通风流场特性影响的研究[D]. 西安：西安建筑科技大学，2012.

[39] 周宇. 基于传质法的吹吸式通风系统流场特性研究[D]. 西安：西安建筑科技大学，2014.

[40] Cao Zhixiang, Wang Yi, Duan Mengjie, et al. Study of the Vortex Principle for Improving the Efficiency of an Exhaust Ventilation System[J]. Energy and Buildings, 2017, 142: 39-48.

[41] 陆亚俊，洪中华. 气幕旋风排气罩的实验研究[J]. 建筑热能通风空调，1992(4): 31-35.

[42] 王鹏飞. 旋转气幕式排风罩数值模拟及实验研究[D]. 长沙：湖南科技大学，2009.

[43] Mardiana-Idayu A., Riffat S. B. Review on Heat Recovery Technologies for Building Applications[J]. Renewable and Sustainable Energy Reviews, 2014, 16(2):

1241-1255.

[44] 中国建筑标准设计研究院. 通风天窗 05J621-3 [S]. 北京：中国计划出版社，2007.

[45] 李庆福. 厂房自然通风设计中应注意的几个问题[J]. 工业建筑，2002，32(6)：25-28.

[46] Kim Y. S. , Han D. H. , Chung H. , et al. Experimental Study on Venturi-Type Natural Ventilator[J]. Energy and Buildings，2017，139：232-241.

[47] 郭娟. 多元通风及太阳能强化自然通风仿真研究[D]. 长沙：湖南工业大学，2013.

[48] 王怡，王乐，刘加平等. 西部典型气候条件下地道送风生态降温技术分析[J]. 建筑热能通风空调，2011，30(1)：47-49.

[49] 刘远禄，王怡，高洁等. 高大空间工业厂房地道通风系统的优化设计研究[J]. 建筑科学，2015，31(6)：35-40.

[50] Pedersen L. , Nielsen P. V. Exhaust System Reinforced by Jet Flow[J]. Indoor Environmental Technology，1991(19).

[51] 庞乐. 精梳分区空调空气幕带隔断设计研究[D]. 郑州：中原工学院，2017.

[52] Wang Y. , Cao Y. , Liu B. , et al. An Evaluation Index for the Control Effect of the Local Ventilation Systems on Indoor Air Quality in Industrial Buildings[J]. Building Simulation，2017，9(6)：669-676.

[53] 刘秋寒. 单侧受限浮射流流场特性及排风罩优化研究[D]. 西安：西安建筑科技大学，2014.

[54] 中华人民共和国国家标准. 建筑节能基本术语标准 GB/T 51140—2015[S]. 北京：中国建筑工业出版社，2015.

[55] 中华人民共和国国家标准. 供暖通风与空气调节术语标准 GB/T 50155—2015[S]. 北京：中国建筑工业出版社，2015.

[56] 中华人民共和国国家标准. 工业建筑供暖通风与空气调节设计规范 GB 50019—2015[S]. 北京：中国标准出版社，2015.

[57] 全国勘察设计注册工程师公用设备专业管理委员会秘书处. 全国勘察设计注册公用设备工程师暖通空调专业考试复习教材[M]. 第三版. 北京：中国建筑工业出版社，2013.

[58] 哈尔滨建筑大学供热研究室. ISO 国际标准低温热水散热器热工性能实验台[J]. 暖通空调，1985(5)：20-22.

[59] 机械科学研究院. 暖风机 JB/T 7225—1994 [S]. 北京：机械科学研究院，1994.

[60] 龙天渝. 流体力学[M]. 北京：中国建筑工业出版社，2010.

[61] 中华人民共和国国家标准. 风机盘管机组 GB/T 19232—2003[S]. 北京：中国标准出版社，2003.

[62] 韩伟国，陆亚俊. 风机盘管加新风空调系统值比较设计方法研究[J]. 暖通空调，2002(5)：80.

[63] 王晓霞，邹平华. 分户热计量供暖系统命名与系统型式的探讨[J]. 暖通空调，2001(4)：35-38.

[64] 王宗藩. 高层建筑分层式热水供暖系统浅析[J]. 区域供热，1997(1)：16-19.

[65] 刘孟真，庄纯旭，李易辛. 高层建筑无水箱直连供暖系统在工程上的应用[J]. 暖通空调，1998(6)：53 -56.

[66] 徐伟，邹瑜. 供暖系统温控与热计量技术[M]. 北京：中国计划出版社，2000.

[67] 中华人民共和国国家标准. 辐射供暖供冷技术规程 JGJ 142—2012[S]. 北京：中国标准出版社，2012.

[68] 蒸发冷却制冷系统工程技术规程 JGJ 342—2014[S]. 北京：中国建筑工业出版社，2015.

[69] 水蒸发冷却空调机组 GB/T 30192—2013[S]. 北京：中国标准出版社，2014.

[70] 蒸发式冷气机 GB/T 25860—2010[S]. 北京：中国标准出版社，2010.

[71] B. Riangvilaikul，S. Kumar. An Experimental Study of a Novel Dew Point Evaporative Cooling System[J]. Energy and Buildings，2010，42(5)：637-644.

[72] 黄翔. 蒸发冷却通风空调系统设计指南[M]. 北京：中国建筑工业出版社，2016.

[73] 赵荣义，范存养，薛殿华，钱以明. 空气调节[M]. 北京：中国建筑工业出版社，2008.

[74] 刘艳华. 暖通空调节能技术[M]. 北京：机械工业出版社，2015.

[75] 吴味隆. 锅炉及锅炉房设备[M]. 北京：中国建筑工业出版社，2006.

[76] Barma M. C.，Saidur R.，Rahman S. M. A.，et al. A Review on Boilers Energy Use，Energy Savings，and Emissions Reductions[J]. Renewable and Sustainable Energy Reviews，2017.

[77] Zhou B.，Hu M. Review on the Consumption Lowering and Emission Reduction of Industrial Circulating Cooling Water Systems[J]. Industrial Water Treatment，2017(37)：16-20.

[78] 马最良等. 空气源热泵技术与应用[M]. 北京：中国建筑工业出版社，2017.

[79] 杨卫波. 土壤源热泵技术及应用[M]. 北京：化学工业出版社，2016.

[80] 马宏权，龙惟定. 水源热泵应用与水体热污染[J]. 暖通空调，2009：66-70.

[81] 孙春锦，吴荣华，孙源渊，郑记莘. 污水源热泵技术研究现状及分析[J]. 暖通空调，2015.

[82] Wu D. W.，Wang R. Z. Combined Cooling，Heating and Power：A Review[J]. Progress in Energy and Combustion Science，2006，32(5)：459-495.

[83] Cho H.，Smith A. D.，Mago P. Combined Cooling，Heating and Power：A Review of Performance Improvement and Optimization[J]. Applied Energy，2014，136：168-185.

[84] 连红奎，李艳，束光阳子，顾春伟. 我国工业余热回收利用技术综述[J]. 节能技术，2011(29)：123-133.

[85] Huang F.，Zheng J.，Baleynaud J. M.，et al. Heat Recovery Potentials and Technologies in Industrial Zones[J]. Journal of the Energy Institute，2016.

[86] Zhang Q.，Zhang Q.，Cao M.，Ji Y. Research on Technologies for the Recovery of the Flue Gas Waste Heat in Gas Boilers[J]. Building Science，2016(32)：

133-141.

[87] Hu R., Niu J. L. A Review of the Application of Radiant Cooling and Heating Systems in Mainland China[J]. Energy and Buildings, 2012: 11-19.

[88] 朱颖心. 建筑环境学[M]. (第四版). 北京：中国建筑工业出版社，2016.

[89] 李先庭，赵彬. 室内空气流动数值模拟[M]. 北京：机械工业出版社，2009.

[90] 陈朝. 工业厂房内具有强热源项热分层特性及通风系统优化研究[D]. 西安：西安建筑科技大学，2015.

[91] Wang Y., Ma Z., Zhou Y., et al. Experimental Investigation on the Airflow Characteristics of an Attachment-Based Personalized Ventilation Method [J]. Building Service Engineering, 2016, 37(6).

[92] Gao J., Wang Y., Wargocki P. Comparative Analysis of Modified PMV Models and SET Models to Predict Human Thermal Sensation in Naturally Ventilated Buildings[J]. Building and Environment, 2015, 92: 200-208.

[93] Wang Y., Meng X., Yang X., et al. Influence of Convection and Radiation on the Thermal Environment in an Industrial Building with Buoyancy-Driven Natural Ventilation[J]. Energy and Buildings, 2014, 75(75): 394-401.

[94] Meng X., Wang Y., Liu T., et al. Influence of Radiation on Predictive Accuracy in Numerical Simulations of the Thermal Environment in Industrial Buildings with Buoyancy-Driven Natural Ventilation [J]. Applied Thermal Engineering, 2016, 96: 473-480.

[95] Huang Y., Wang Y., Ren X., et al. Ventilation Guidelines for Controlling Smoke, Dust, Droplets and Waste Heat: Four Representative Case Studies in Chinese Industrial Buildings[J]. Energy and Buildings, 2016, 128: 834-844.

[96] 陈朝，黄艳秋，王怡等. 浮射流特性对工业建筑室内污染物分布影响研究[J]. 工业安全与环保，2016，42(4).

[97] 王怡，刘秋寒，黄艳秋等. 浮射流上方排风罩的捕集效率分析及优化设计[J]. 环境工程，2015，33(1)：90-94.

[98] 王怡，马骏驰，周宇等. 蜂窝器对送风口特性影响的数值模拟研究[J]. 暖通空调，2014(8)：85-89.

[99] 民用建筑热工设计规范 GB 50176—2016[S]. 北京：中国建筑工业出版社，2017.

[100] 严寒和寒冷地区居住建筑节能设计标准 JGJ 26—2010[S]. 北京：中国建筑工业出版社，2010.

[101] 夏热冬冷地区居住建筑节能设计标准 JGJ 134—2010[S]. 北京：中国建筑工业出版社，2010.

[102] 瞿义勇. 建筑工程节能设计手册[M]. 北京：中国计划出版社，2007.

[103] 陆耀庆. 实用供热空调设计手册[M]. 北京：中国建筑工业出版社，2008.

[104] 吉沃尼·B. 人·气候·建筑[M]. 北京：中国建筑工业出版社，1982.

[105] 哈尔滨建筑工程学院. 工业建筑设计原理[M]. 北京：中国建筑工业出版社，1998.